Python 程序设计教程

程细柱　程心怡　编著

机 械 工 业 出 版 社

本书以游记的方式引导读者由浅入深逐步学习 Python 的开发平台、基础知识、流程控制语句、组合类型、代码复用与函数、类与对象、异常处理、SQLite 数据库编程、文件管理、多线程机制、GUI 编程、模块与库等知识，学习过程轻松愉快，引人入胜。每章都包括学习目标、重点内容、场景引入、主题知识、学习交流、实验、习题 7 方面内容。本书还提供了电子课件、案例源代码、习题答案、实验指导、教学设计和课程标准等相关教学资源。

本书既可以作为计算机科学技术、软件工程、大数据与人工智能、信息系统与信息管理等专业的教材，也可以作为编程爱好者的入门学习用书，还可以作为培训用书。

图书在版编目（CIP）数据

Python 程序设计教程/程细柱，程心怡编著．—北京：机械工业出版社，2022.7

ISBN 978-7-111-71160-5

Ⅰ.①P…　Ⅱ.①程…②程…　Ⅲ.①软件工具－程序设计－高等学校－教材　Ⅳ.①TP311.56

中国版本图书馆 CIP 数据核字（2022）第 115082 号

机械工业出版社（北京市百万庄大街 22 号　邮政编码 100037）
策划编辑：侯宪国　　　　　责任编辑：侯宪国
责任校对：薄萌钰　刘雅娜　封面设计：马若濛
责任印制：郜　敏
中煤（北京）印务有限公司印刷
2022 年 9 月第 1 版第 1 次印刷
184mm×260mm · 18.25 印张 · 393 千字
标准书号：ISBN 978-7-111-71160-5
定价：59.80 元

电话服务　　　　　　　　网络服务
客服电话：010-88361066　机　工　官　网：www.cmpbook.com
　　　　　010-88379833　机　工　官　博：weibo.com/cmp1952
　　　　　010-68326294　金　书　网：www.golden-book.com
封底无防伪标均为盗版　机工教育服务网：www.cmpedu.com

前 言

随着人工智能、大数据与区块链、科学计算等技术的推广应用，社会对软件设计人员的需求越来越大。对于软件设计的初学者，选择一门简单易学、功能强大的编程语言显得非常重要。Python 语言具有简单、易学、规范代码、能交互运行、免费开源、面向对象、可移植性好、可嵌入性强、有丰富的标准库、高层的解释性语言等优点，它常常应用于人工智能、大数据、科学计算、云计算、云服务、网络爬虫、Web 开发、桌面软件开发、游戏开发等领域，是软件开发与研究的首选语言。各大院校相继开设了 Python 语言的课程，相关培训机构也如雨后春笋般涌现。

但形式单一、内容呆板的书籍难以吸引读者深入学习，不适合初学者学习使用，编者在多年的 C、C++ 、C#、Java 以及 Web 程序设计的教学过程中也深有体会。因此，本书尝试采用“故事情节引导、任务驱动”的游记方式由浅入深，逐步介绍 Python 程序设计的相关知识，力求使故事与知识环环相扣，引人入胜，使读者在游玩的过程中逐步掌握 Python 的编程技术。本书知识点介绍详细、覆盖范围广，且注重实战操作，书中实例都取材于生活，做到了理论与实践相结合。

本书以游记的方式引导读者由浅入深逐步学习 Python 的开发平台、基础知识、流程控制语句、组合类型、代码复用与函数、类与对象、异常处理、SQLite 数据库编程、文件管理、多线程机制、GUI 编程、模块与库等知识，学习过程轻松愉快，引人入胜。

本书还提供了电子课件、案例源代码、习题答案、实验指导、教学设计和课程标准等相关教学资源。本书既可以作为计算机科学技术、软件工程、大数据与人工智能、信息系统与信息管理等专业的教材，也可以作为编程爱好者的入门用书，还可作为培训用书。

由于编者水平有限，书中难免存在疏漏和错误之处，恳请广大读者批评指正。

编 者

目 录

第1章

Python的开发平台

本章学习目标

了解Python语言的产生背景和主要特点；
熟悉Python的下载与安装；
掌握Python内置的IDLE开发平台。

本章重点内容

Python的主要特点；
Python的IDLE开发平台。

小明和大智是中学同学，今年有幸都考上了重点大学，二人喜欢玩游戏，暑假期间约好要一起上网玩游戏。然而，有一次当他们正在玩游戏时，突然被一股神奇的力量吸入游戏空间，一位自称是操作系统的鹤发童颜、仙风道骨的老者告诉他们：要想回到现实世界，必须进入Python城堡找P博士，不过只有对城堡语言有所了解的人才可以进入Python城堡。操作系统建议二人先在系统空间参观一下，第二天再前往Python城堡。

1.1 help小精灵的提问

第二天早上，小明和大智乘坐无线飞船到达Python城堡的南大门，接待他们的不是P博士，而是娇小可爱的help小精灵。按照惯例，help小精灵分别问了他们两个问题，小明的问题是“Python是怎么产生的”，大智的问题是“你们为什么要学Python”，由于二人提前做了准备，看到自己的问题后，都露出了自信的笑容。

“Python是由荷兰人Guido van Rossum（吉多·范罗苏姆，中国Python程序员都叫他龟叔）开发的。1989年，Guido参与了ABC语言的开发，ABC语言借鉴了UNIX操作系统Shell脚本的优点，能将用C语言编写的上百行程序用几行ABC代码实现。但ABC语言的编译器很大，对电脑（为了与本书写作风格相适应，统一称计算机为电脑）配置的要求比较高，且语言的可拓展性差，不能直接进行I/O操作，非开放、传播困难。为了克服以上缺点，Guido在同一年利用C语言和Shell脚本的优点，创造了一种功能全面、易学易用、可拓展性高的脚本解释语言，该语言用电视剧Monty Python's Flying Circus中的Python（巨蟒）一词命名。1989年圣诞节期间，Guido开始编写Python的编译器，

1991 年第一个用 C 语言实现的 Python 编译器诞生。由于 Python 具有 C 语言和 Shell 脚本的共同优点，所以很快被其他程序员接受。现在 Python 的最新版本是 3. 10，是 2021 年 10 月 4 日发布的。”小明一口气说完了 Python 的产生背景。

“回答得非常好。” help 小精灵表扬道，并向他竖起大拇指。

大智也不甘示弱，紧跟着说道：“由于 Python 语言具有简单易学、代码规范、能交互运行、免费开源、面向对象、可移植性好、可嵌入性强、丰富的标准库、高层的解释型语言等优点，它常常应用于人工智能、大数据、科学计算、云计算、云服务等领域。”

“看来你们懂得很多啊。” help 小精灵夸奖道。

“这些知识是我们在网上查到的。” 小明不好意思地说道。

help 小精灵笑道：“能虚心学习就好！”

随后二人顺利进入 Python 城堡。

1. 2　初识 Python

help 小精灵建议他们先去“软件开发实训大楼”参观一下。该大楼位于一个园林中，三人进入大厅后，help 小精灵打开一台电脑，在浏览器中输入网址“https：//www. python. org/downloads/”，说道：“这是 Python 开发平台的下载界面，在 Python 城堡主要用 Python 语言交流，它可以运行在 Windows、Linux/UNIX 和 Mac OS 等环境下，你们想学习它吗?”

“当然要学，要不然怎么同城堡内的居民交流。” 二人答道。

1. 2. 1　Python 的下载与安装

小明和大智决定先学习怎么下载和安装，由于以前只学过 Windows 操作系统，所以他们选择下载 32 位 Windows 环境的 Python 3. 7. 2. exe。下载完成后双击该文件，出现图 1-1 所示的安装界面。

图 1-1　Python 安装过程 1

“在该界面中可以选择 Install Now（默认安装）或 Customize installation（自定义安装），如果选择自定义安装，则在后面的步骤中可以选择安装目录，另外如果把下方的‘Add Python 3.7 to PATH’复选框勾选上，则会把 Python 的可执行文件添加到 Windows 的环境变量 PATH 中，方便今后启动相关工具。”help 小精灵介绍道。

小明和大智按照图 1-1 所示选择自定义安装后出现图 1-2 所示的内容。

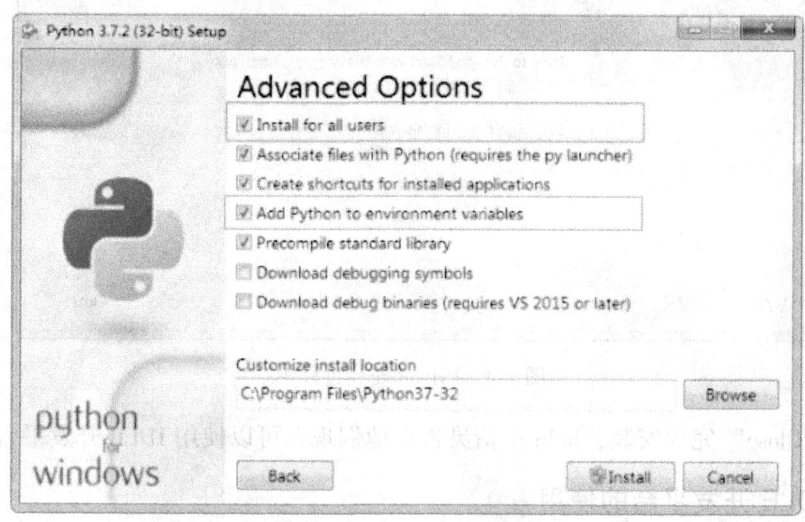

图 1-2　Python 安装过程 2

“你们可以单击‘Browse’按钮选择安装目录，如果不选择则按照默认目录安装。”help 小精灵说道。

小明和大智没有改变安装目录，他们按照图 1-2 所示选择了相关复选框，然后单击“Install”按钮后开始安装，出现图 1-3 所示的安装过程。

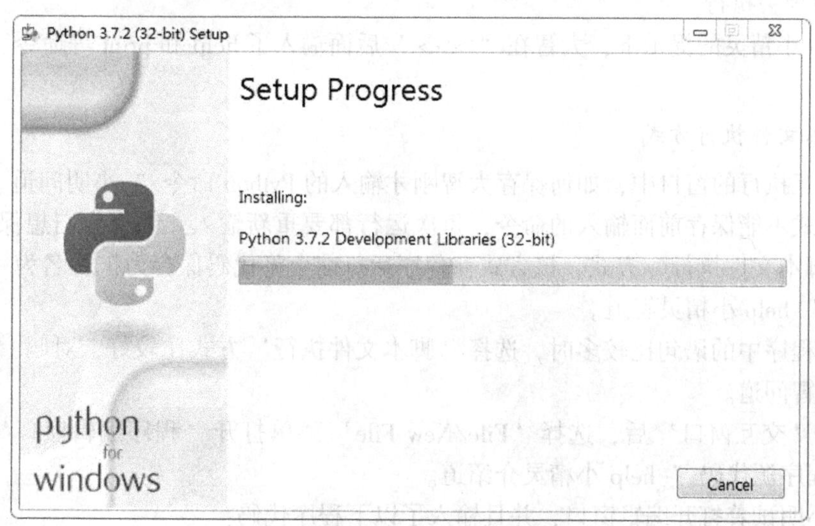

图 1-3　Python 安装过程 3

安装成功，界面如图 1-4 所示。

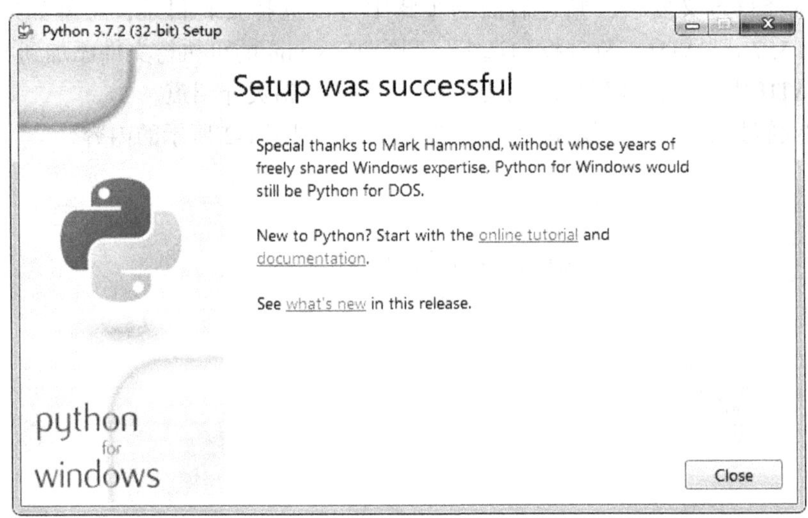

图 1-4　Python 安装过程 4

选择“Close”完成安装，help 小精灵告诉他们现在可以使用 IDLE 开发平台了。

1.2.2　IDLE 开发平台的使用

“IDLE 是 Python 内置的开发平台，它支持交互执行和脚本文件执行两种方式。”help 小精灵介绍道。

1. 交互执行方式

小明从 Windows 的“开始”菜单打开“IDLE（Python 3.7.2）”软件后，出现 IDLE 窗口，help 小精灵说：“这就是‘交互执行’窗口，可在该窗口的‘>>>’后面输入 Python 的命令去执行。”

在 help 小精灵的提示下，大智在“>>>”后面输入了 help 和 print 等命令，如图 1-5 所示。

2. 脚本文件执行方式

“在交互执行的窗口中，如何保存大智刚才输入的 Python 命令？”小明问道。

“该方式不能保存前面输入的命令，每次运行都要重新输入。如果你们想保存，就必须选择‘脚本文件执行’方式，该方式在程序运行前会将代码保存为扩展名为‘.py’的脚本文件。”help 小精灵答道。

“如果程序中的语句比较多时，选择‘脚本文件执行’方式比较好，对吗？具体怎么操作？”大智问道。

“进入‘交互窗口’后，选择‘File/New File’菜单打开‘程序编辑窗口’，可以在其中输入程序源代码。”help 小精灵介绍道。

于是小明试着打开编辑窗口，并且输入了以下程序代码：

```
print("大家好,我是小明!")
```

```
print("大家好,我是大智!")
print("很高兴遇见大家。")
```

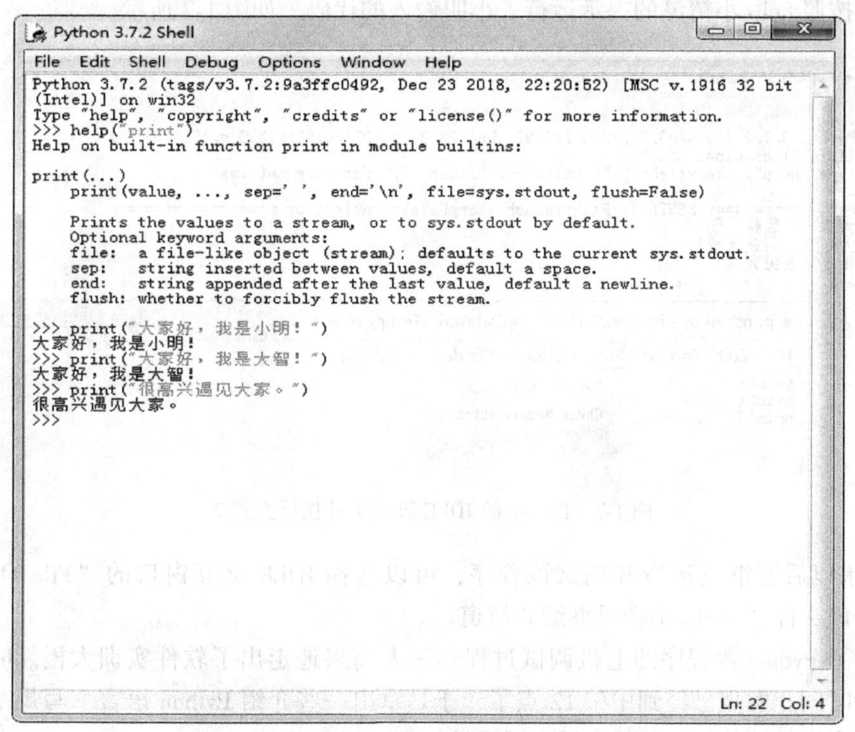

图 1-5　Python 的 IDLE 交互执行方式

“程序代码输入完成后，可以选择编辑窗口中的‘File/Save’菜单保存该程序代码。”help 小精灵继续介绍道。

小明按提示操作后，出现图 1-6 所示的文件保存对话框，她输入文件名“printTest”，并单击“保存（S）”按钮保存了刚才输入的程序代码。

图 1-6　Python 的 IDLE 脚本文件执行方式 1

“现在可以选择窗口的‘Run Module F5’菜单或按快捷键〈F5〉执行该程序了，程序的运行结果会在 IDLE 交互窗口中显示。”help 小精灵介绍道。

大智按照 help 小精灵的提示运行了小明输入的代码，如图 1-7 所示。

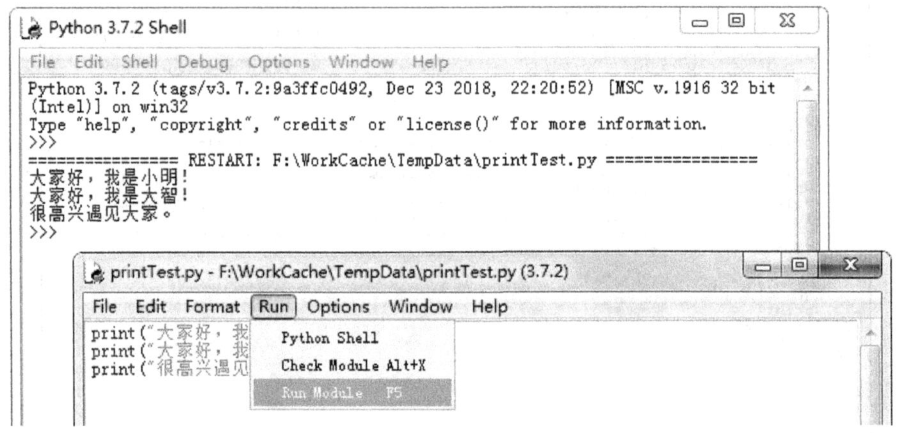

图 1-7 Python 的 IDLE 脚本文件执行方式 2

“如果以后要继续运行和调试该程序，可以选择 IDLE 交互窗口的“File/Open...”菜单打开该文件。”help 小精灵继续介绍道。

掌握了 Python 源程序的上机调试过程，三人高兴地走出了软件实训大楼。help 小精灵看了看时间，发现已经到中午 12 点了，于是拿出一些介绍 Python 语言书写规范的文档给小明和大智，让他们午饭休息后先看看该文档。

1.3 Python 平台的应用实验

明白了 Python 源程序的上机调试过程，大家可以仿照前面介绍的步骤上机调试 Python 源程序。例如，计算圆的周长与面积的程序，下面是本次实验的相关数据。

实验名称：IDLE 的使用方法。

实验目的：掌握 IDLE 的两种执行方式。

实验内容：

已知计算圆的周长与面积的程序代码如下：

```
r = 10
c = 2 * 3.14 * r
s = 3.14 * r * r
print(f"半径为{r}的圆周长是{c},面积是{s}")
```

请按要求完成以下操作：

1）打开 IDLE。

2）用交互执行方式调试该实例的代码。

3）用脚本文件执行方式调试该实例的代码。

1.4　习题

一、判断题

1. Python 不能嵌入到 C、C++ 中，不能为其提供脚本功能。（　　）
2. Python 既支持面向过程，也支持面向对象。（　　）
3. Python 没有垃圾回收机制，程序员必须主动编程释放内存对象。（　　）
4. Python 具有可移植性，能运行在不同的平台上。（　　）
5. Python 拥有许多功能丰富的库。（　　）
6. Python 语言不区分大小写。（　　）
7. Python 是解释型语言，边编译边执行。（　　）

二、单选题

1. 关于 Python 语言的特点，以下选项中描述错误的是（　　）。

A. Python 语言是跨平台语言　　B. Python 语言是非开源语言

C. Python 语言是多模型语言　　D. Python 语言是脚本语言

2. 以下选项中说法不正确的是（　　）。

A. C 语言是静态语言，Python 语言是脚本语言

B. 编译是将源代码转换成目标代码的过程

C. 静态语言采用解释方式执行，脚本语言采用编译方式执行

D. 解释是将源代码逐条转换成目标代码同时逐条运行目标代码的过程

3. 以下选项不属于 Python 语言特点的是（　　）。

A. 支持中文　　B. 与平台无关　　C. 语法简洁　　D. 执行高效

4. 关于 Python 语言的特点，以下选项描述正确的是（　　）。

A. Python 语言不支持面向对象　　B. Python 语言是解释型语言

C. Python 语言是编译型语言　　D. Python 语言是非跨平台语言

5. IDLE 的退出命令是（　　）。

A. Esc()　　B. close()　　C. 按 <Enter> 键　　D. exit()

6. 在 Python 语言中，可以作为源文件后缀名的是（　　）。

A. python　　B. pdf　　C. py　　D. pyc

7. Python 语言属于（　　）。

A. 机器语言　　B. 汇编语言　　C. 高级语言　　D. 科学计算语言

8. Python 程序文件的扩展名是（　　）。

A. . python　　B. . py　　C. . pt　　D. . pyt

9. 以下叙述正确的是（　　）。

A. Python3. x 和 Python2. x 兼容

B. Python 语言只能以程序方式执行

C. Python 是解释型语言

D. Python 语言出现得晚，具有其他高级语言的一切优点

10. Python 这个单词是什么含义（　　）。

A. 喵星人　　B. 蟒蛇　　C. 石头　　D. 袋鼠

11. 在 Python 的 IDLE 集成开发环境中，可使用（　　）快捷键运行程序。

A. Ctrl + S　　B. F5　　C. Ctrl + N　　D. F1

12. 下列选项中，不属于 Python 语言特点的是（　　）。

A. 面向对象　　B. 运行效率高　　C. 可读性好　　D. 开源

13. 下列关于 Python 的说法中，错误的是（　　）。

A. Python 是从 ABC 语言发展起来的

B. Python 是一门高级的计算机语言

C. Python 是一门只面向对象的语言

D. Python 是一种代表简单主义思想的语言

14. 计算机中信息处理和信息存储用（　　）。

A. 二进制代码　　B. 十进制代码　　C. 十六进制代码　　D. ASCⅡ代码

15. Python 源程序执行的方式是（　　）。

A. 编译执行　　B. 解析执行　　C. 直接执行　　D. 边编译边执行

16. Python 文件的后缀名是（　　）。

A. pdf　　B. do　　C. pas　　D. py

三、填空题

1. Python 通过________和能解决循环引用问题的________两种机制实现垃圾回收。
2. Python 的 IDLE 支持________执行和________执行两种执行方式。
3. IDLE 的交互执行方式的提示符是________，可以在其后面输入 Python 命令。
4. 可以用________指令直接查看命令的功能。
5. Python 程序是扩展名为________的脚本程序。

四、简答题

1. 简述 IDLE 脚本程序的调试过程。
2. 简述 Python 语言的优点和应用范围。

第 2 章

Python 的基础知识

本章学习目标

了解 Python 语言的书写规范；
了解 Python 标识符的命名规则；
掌握 Python 的基本数据类型与变量；
掌握 Python 运算符与表达式的应用；
熟悉 Python 运算符的优先级。

本章重点内容

Python 语言的书写规范；
Python 标识符的命名规则；
Python 的基本数据类型；
Python 运算符的应用。

2.1 Python 语言的书写规范

与 help 小精灵分手后，小明和大智选择了一家餐厅的包间。午餐后，他们在包间里认真地看起了 Python 语言的文档。

2.1.1 Python 的语句格式

小明和大智以前没有学过编程，Python 是他们接触到的第一个编程语言，但当二人看到该语言的实例时，就被它吸引了，因为它的书写非常规范，简单易懂。

“Python 的书写特点是一条语句占一行，语句后面不带分号。”大智说道。

“是啊，该语言注重代码块的缩进和注释。”小明答道。

是的，二人了解了 Python 的书写规范，这是该语言与 C、C++ 和 Java 不同的地方。当然，它也可以一行写多条语句，这时每条语句的后面必须带分号，但该格式不美观，所以程序员很少使用。

“有一些语句的行尾有‘\’反斜杠，什么意思啊?”大智问道。

“下面有注解，当一条语句太长，需要跨行时使用它。”小明答道。

“噢，还可以用（）、[ ] 和 { } 等括号将跨行语句括起，表示同一行语句。”大智有点不好意思，赶紧补充道。

于是，他们模仿文档中的实例设计了例 2-1，用来测试 Python 的书写格式。

【例 2-1】 Python 语句格式测试实例源代码。

```
#Python 的语句格式实例：n201statementFormat. py
print("一行写一条语句,语句后面不带分号。")
print("如果一行写多行语句,"); print("每个语句就必须带分号。");
print("如果一条语句太长,需要跨行,可以使用反斜杠分行\
,表示同一行语句。")
str = ("如果一条语句太长,需要跨行,也可以用括号"
    "将跨行语句括起,表示同一行语句。")
print(str)
```

他们在 IDLE 平台测试了以上代码，其运行结果如图 2-1 所示。

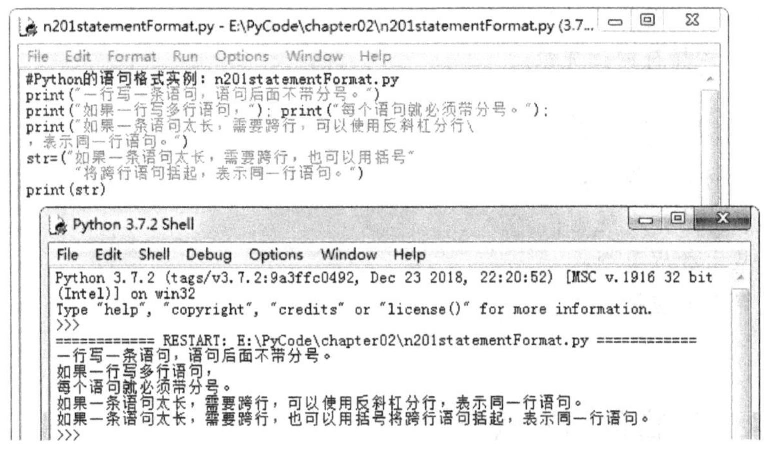

图 2-1　例 2-1 的运行结果

2.1.2　Python 的注释

“程序的运行结果中没有出现‘#’号后面的内容，‘#’号是用来说明程序或语句的功能吗？Python 的解释器好像不运行它。”小明说道。

“是的，‘#’号是 Python 源程序单行注释的开始符，如果注释内容有多行，则用 3 个单引号或者 3 个双引号作为开始符与结束符，请看文档中的实例 2-2。”大智说道。

“单行注释通常是单独一行书写，或者放在一条语句的后部，程序源代码中添加注释会提高代码的可读性。”小明说道。

【例 2-2】 Python 的注释测试源代码。

```
#Python 的注释测试实例：n202annotationTest. py
```

```
#Python 的注释分为单行注释和多行注释两种。
#单行注释以"#"号开头,可以单独一行。
print("注释测试!") #单行注释也可以放在一条语句的后部
'''
多行注释以 3 个引号(单引号或者双引号)作为开始符与结束符,
当要注释的内容比较多时,可以考虑用多行注释。
'''
print("解释器会忽略注释内容,以上注释不会被执行!")
```

程序的调试结果如图 2-2 所示。

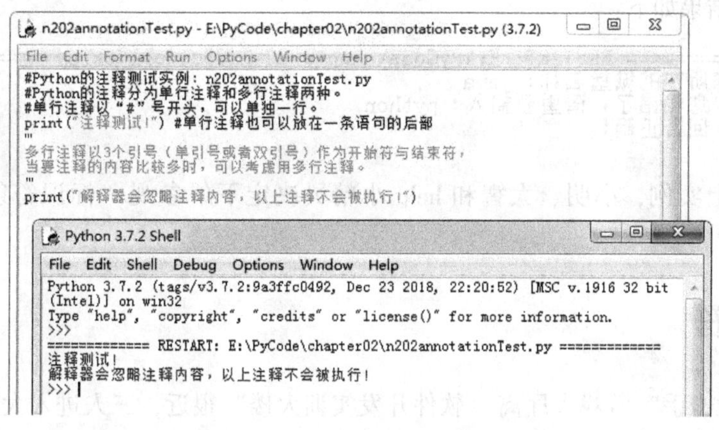

图 2-2　例 2-2 的程序代码运行结果

2.1.3　代码块与缩进

“现在我们来学习代码块吧？文档中说要掌握代码缩进，必须明白什么是代码块。”小明建议道。

“代码块也称为复合语句，它通常由多行代码组成，用于完成某项功能。”大智答道。

“是啊，Python 语言是通过缩进来组织代码块的。例如，‘如果今天气温大于 30℃，我将去买游泳衣和我下河游泳’可以书写如下。”小明说道。

```
if 气温 >30:
    print("我将去买游泳衣")
    print("我下河游泳")
```

“对，Python 用‘if’来表示‘如果’，条件‘气温 >30’后面冒号（:）下面的两条 print 语句向右缩进了。”大智看了看文档说道。

“这两条 print 语句用于输出满足该条件的结果，它们应该是一个代码块。”小明答道。

“帮助文档中说，除了‘if 条件:’后面的语句要向右缩进，还有其他语句（如：‘while 条件:’）也要向右缩进，通常用 4 个空格来表示 1 个缩进层次。”大智说道。

“请看以下程序实例，代码中的 input 语句用于输入一个字符串，while 语句是循环语句，表示满足‘条件’则重复执行其后面的语句块，直到不满足为止，它与 if 语句会在后面的章节中介绍。” help 小精灵答道。

【例 2-3】 测试 Python 语言代码块缩进的程序源代码。

```
#代码块缩进实例：n203codeBlock.py
answer = input("请输入您所在的城堡名称：")
while answer != "python":
    answer = input("对不起,您输错了,请重新输入：")
print("恭喜您,回答正确!")
```

程序运行结果如下：

```
=============== RESTART: E:\PyCode\chapter02\n203codeBlock.py ==========
请输入您所在的城堡名称：java
对不起，您输错了，请重新输入：python
恭喜您，回答正确！
```

运行完以上实例，小明、大智和 help 小精灵决定下午参观“标识符射击手”游戏大厅。

2.2 标识符

“标识符射击手”游戏大厅离“软件开发实训大楼”很近，三人进入大厅后，发现大厅内有多台较大的显示屏，每个显示屏连接一个 VR 立体游戏室，游戏规则是游戏者用电子枪击中一个命名正确的标识符就得十个积分，但击错一个扣二十积分，每人有二十发子弹，得一百积分者可顺利过关，多余的积分可兑换成城堡的 Python 币，其目的是测试初学者是否掌握了标识符的命名规则。

“所谓‘标识符’是指 Python 语言中的各种组成成分（如变量、常量、属性、方法、类、对象、接口等）的名称，大厅公告栏上有命名规则的‘温馨小提示’，你们先看看吧。” help 小精灵建议道。

1）标识符由大小写字母、数字、下画线（_）构成，并且只能以字母或下画线（_）开头，不能以数字开头。

2）标识符的长度虽然没有限制，但实际命名时不宜太长，也不能包含空格。

3）标识符不能和 Python 的关键字（指 Python 语言中事先定义好的、有特别意义的标识符，又叫保留字，如 if 和 while 等）相同。

4）Python 语言对字母的大小写是敏感的，在语法中要严格区分大小写。例如，Students 和 STUDENTS 是不同的标识符。

5）标识符尽量做到见名知义。如：用 Student 表示学生。

二人看了看，觉得比较简单，他们进入游戏室玩了十分钟，小明正确击中十七个标识符，击错三个，取得一百一十分；大智正确击中十八个标识符，击错两个，取得一百四十分。

小明击中的字符串是：Turtle、WHALE、starFish、Stone_turtle、Pearl_scallop、mussel、Nautilus、stigma、Name、Swimming、_float、DFD23fff、ertDFG、hj9HHH、_ggER666、

TREert6、GOOD、Chinese-Limulus、and、None。

大智击中的字符串是：Jellyfish、Hippocampus、SEAL、oyster、Clam、Squid、octopus、Amphioxus、ab567、Bean_sprouts、whale、Crawling、Scallop、characteristics、_WR67ert、_stu、OK、good8、False、as。

当二人走出 VR 游戏室时，help 小精灵走过来向他们表示祝贺，小明和大智将多余的积分兑换成 Python 币，准备去玩“数据传送”的游戏。

2.3　数据传送

“数据传送”是一个关于“变量”和“数据类型”的游戏设施。该游戏的规则是游戏者根据自己随机抽取的数据类型，去内存管理处申请变量的包装箱，然后将相关数据放入包装箱中，并在包装箱上注明变量名（如 x、y、z 等），再通过“模拟数据总线”送到 CPU 工作室，游戏者必须亲自护送包装箱到目的地，请看图 2-3 所示的原理图。

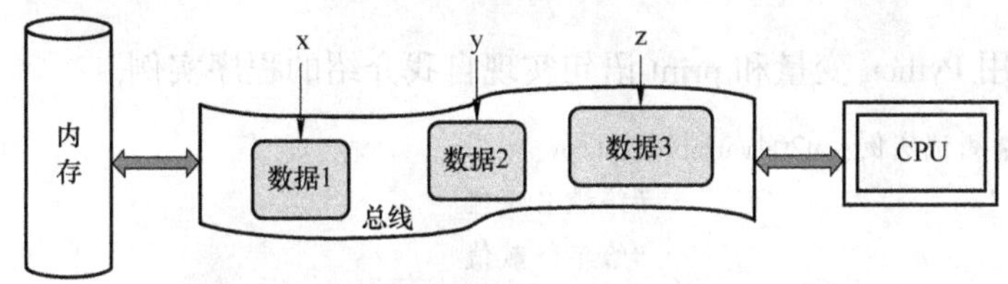

图 2-3　数据传送原理图

“为了防止装错数据，你们必须先掌握‘变量’和‘数据类型’的相关知识。”help 小精灵说道。

2.3.1　Python 的变量

“变量在小学数学中学过，是指其值可变的标识符。”大智说道。

“是的，它是用来保存数据的，不过计算机中的变量与内存直接关联，给变量赋值相当于把数值保存在该变量对应的内存空间中。”help 小精灵介绍道。

“Python 是用等号（=）给变量赋值的，如 r=10 和 c=2*3.14*r，在上一章的实验中测试过。”小明说道。

“是的，Python 中的变量也通过赋值来确定其类型，这点与 C、C++、Java 等语言不同，会在后面介绍其常见的类型。”help 小精灵说完后给出了以下测试。

```
>>> a=b=c=13                 #三个变量指向同一个内存单元，赋相同的值
>>>x,y=58.5,"李四"            #两个变量指向不同的内存单元，赋不同的值
>>> a,b,c,x,y                #输出以上5个变量的值
(13,13,13,58.5,"李四")        #显示的结果
```

“以上测试中的 a、b 和 c 保存了整数 13，x 保存了实数 58.5，y 保存了字符串‘李四’，对吗？”大智问道。

“是的，而且变量的命名还应该满足标识符的命名规则。”help 小精灵补充道。

小明在 Python 开发平台上准备输入以下语句测试：

```
>>>x ="张三"
```

“x 前面赋值了实数，再给它赋值字符串不会出错吗?”大智问道。

“没有关系的，Python 中的变量没有绑定固定类型，变量的类型可以通过赋值内容来改变”help 小精灵解释道。

“通常用 print( )语句来输出变量的内容吧？上一章中的 print （F‘半径为{r}的圆周长是{c}，面积是{s}’）语句中的字符‘f’是什么意思?”小明问道。

“这是字符串的 F - strings 格式化表示，可以把准备输出的变量或表达式放在大括号{}中，然后用 print 语句输出其值，后面的章节会介绍该格式。”help 小精灵解释道。

“语句 print （F‘我的名字叫{x}’）是输出‘我的名字叫张三’吗?”小明继续问道。

“是的，你们可以利用以上知识设计了一个自我介绍的程序实例。”help 小精灵建议道。

【例 2-4】 用 Python 变量和 print 语句实现自我介绍的程序实例。

```
#Python 的变量测试实例：n204variableTest. py
name  ="张三"                          #给姓名赋值
age =18                                #给年龄赋值
weight =48.5                           #给体重赋值
print (F"我的名字叫{name},今年{age}岁")    #F-strings 格式化输出 name 和 age 的值
print (F"我的体重是{weight}公斤")          #F-strings 格式化输出 weight 的值
```

程序的运行结果如下：

```
============== RESTART: E:\PyCode\chapter02\n204variableTest.py ==============
我的名字叫张三，今年18岁
我的体重是48.5公斤
```

“其实，Python 中的数据都是对象，你们可以使用 del 语句将它们从内存中删除，以节省内存空间，如 del name ，age ，weight 等。”help 小精灵补充道。

2.3.2 基本数据类型

这时，一位游客看到他们编写的例 2-4 中的程序代码说道：“你们定义的变量 age 、weight、name 分别是整型、浮点型和字符串类型，前两个是数字类型，后一个是复合类型。”

“什么是数字类型？什么是复合类型?”小明和大智设计代码时，没有考虑变量类型的分类，该游客的话使小明有点迷惑。

“数字类型包含整型（int）、浮点型（float）、布尔型（bool）和复数类型（complex）四种，复合类型包含字符串（String）、列表（List）、元组（Tuple）、集合（Set）、字典（Dictionary）五种。”help 小精灵解释道。

“你们可以用函数 type（<变量>）来查看该<变量>的类型，或者用函数 isinstance（<变量>，<类型>）判断<变量>是否属于该<类型>。”游客得意地说道，并且在

help 小精灵提供的平台上测试了这两个函数。

```
>>> name = "张三"
>>> type(name)              #输出: <class'str'>
>>> isinstance(name,str)    #输出: True
```

“下面先学数字类型，复合类型在以后章节再学习。”help 小精灵建议道。

1. 整型（int）

“整型数就是不带小数点的数吧？它应该同数学中介绍的一样，可分为正整数、负整数和零，其取值范围是负无穷到正无穷，对吗？”小明问道。

“是的，Python 中的整型数没有大小限制，但机器的内存有限，所以使用的整数不可能无限大。”help 小精灵答道。

“以前听说过计算机内部保存的数是二进制数，什么是二进制数啊？”大智问道。

“好像还有八进制、十进制和十六进制，对吗？”小明也问道。

“是的，二进制数是用‘0’和‘1’两个数码表示的数，如 11111100011。”help 小精灵答道。

“噢，十进制数是用 0、1、3、…、9 十个数码来表示的数吧？我们前面用到的数都是十进制数，对吗？”小明问道。

“那八进制数是用 0、1、3、…、7 八个数码来表示的数吗？”大智也问道。

“是的，十六进制是用 0、1、3、…、9 十个数码，再加上 a、b、c、d、e 和 f 六个字母来表示的数。”help 小精灵说道。

“Python 中的整数分别用以下四种形式来书写。”help 小精灵继续说道。

1）十进制：常规形式，例如 13、27、88 等。

2）二进制：以“0b”或者“0B”开头，例如，0b11111100011 是十进制 2019 的二进制表示形式。

3）八进制：以“0o”或者“0O”开头，例如，0o3743 是十进制 2019 的八进制表示形式。

4）十六进制：以“0x”或者“0X”开头，例如，0x7e3 是十进制 2019 的十六进制表示形式。

“它们之间可以相互转换吗？”小明问道。

“可以的，Python 提供了以下进制间的转换函数。”help 小精灵补充道。

1）int(x)：将 x 转换为十进制。例如，int(0o22) = =18、int (0x12) = =18。

2）bin(x)：将 x 转换为二进制。例如，bin(18) = =0b10010。

3）oct(x)：将 x 转换为八进制。例如，oct(18) = =0o22。

4）hex(x)：将 x 转换为十六进制。例如，hex(18) = =0x12。

小明和大智在 IDLE 交互窗口对以上函数进行了测试，过程如下：

```
>>> x=2019
>>> type(x)          #输出 x 的类型,返回<class'int'>
>>> bin(x)           #将 2019 转换为 2 进制数,返回'0b11111100011'
```

```
>>> oct(x)           #将2019转换为8进制数,返回'0o3743'
>>> hex(x)           #将2019转换为16进制数,返回'0x7e3'
```

2. 浮点型（float）

“整型很简单，看看浮点型吧，它是数学中的实数类型吧?”大智问道。

“我想是的，它由整数部分和小数部分组成，如 -3.68、27.9 等。”小明说道。

“没错，在Python中，浮点型占8个字节，其指数形式使用科学计数法表示，例如，-1.65×10^2用科学计数法表示为 -1.65e2 或者 -1.65E2，其中E或e是值为10的基数，浮点数的取值范围是1.7E-308~1.7E+308”help小精灵说道。

于是，他们在Python的IDLE平台上进行了以下测试。

```
>>> x = -1.65e2      #浮点数的科学计数法表示
>>> x                #输出x的值,返回-165.0
>>> type(x)          #显示x的类型,返回<class 'float'>
```

3. 复数类型（complex）

“我们在数学课中还学过复数，它由实部和虚部构成，其中实部和虚部是浮点数。”小明说道。

“Python中的复数可以用real+imagj或者real+imagJ或者complex(real,imag)来表示，其中real和imag分别表示实部数和虚部数，可以用<变量>.real和<变量>.imag来获取该变量的实部数和虚部数，例如，5+6J和complex（7，8）。”游客说道。

于是，大智在IDLE平台测试了游客提供的数，过程如下。

```
>>> x,y =5+6J, complex(7,8)       #给变量x和y赋值
>>> x,y                           #显示变量x和y的值,返回[(5+6j), (7+8j)]
>>> x.real                        #显示x的实数部分,返回5.0
>>> x.imag                        #显示x的虚数部分,返回6.0
>>> type(x)                       #显示x的类型,返回<class'complex'>
```

help小精灵表扬了游客，并且告诉大家可以用函数x.conjugate()求得复数x的共轭复数，例如，5+6j的共轭复数是5-6j。

4. 布尔类型（bool）

“另外，布尔类型也很重要，它是表示‘真’‘假’的类型，Python用常量True和False来表示真与假。”受到help小精灵的表扬，游客继续介绍道。

“是的，在Python中True被当作1，False被当作0参加数值运算，除了把整型的0、浮点型的0.0、复数类型的0.0+0.0j，以及以后要学的复合类型''(空串)、" "（空串)、()（空元组)、[]（空列表)、{}（空字典)、None（空对象）当作False，其他数当作True来参加逻辑运算。”help小精灵补充道。

“它们可以相互转换，如bool(-3)的值是True，而bool(0)和bool(0.0)的值是False”游客说完后给出了以下测试。

```
>>> x,y = bool(-3),bool(0)        #给x和y赋值
```

```
>>> x,y                          #输出 x 和 y 的值,返回(True, False)
>>> (True+2) * (False-3)         #算术运算,返回-9
```

“Python 中包含 and、or 和 not 3 种逻辑运算符，分别表示‘与’‘或’‘非’，后面会介绍其使用方法。”help 小精灵补充道。

小明和大智共同设计了以下测试实例。

【例 2-5】　整数进制间的转换函数测试实例。

```
#进制间的转换测试实例: n205intConversion.py
x = int(input("请输入一个整数:"))
y1,y2,y3 = bin(x),oct(x),hex(x)
print(f"整数{x}的二进制是{y1},八进制是{y2},十六进制是{y3}")
```

程序的运行结果如下：

```
============= RESTART: E:/PyCode/chapter02/n205intConversion.py =============
请输入一个整数: 2019
整数2019的二进制是0b11111100011，八进制是0o3743，十六进制是0x7e3
```

学习这么久，四人决定一起玩“数据传送”游戏，整个游戏过程花的时间虽然较短，但惊险刺激。到了傍晚时分，小明和大智决定找家宾馆休息一下，明天再继续玩。

2.4　数据运算测试游戏

小明和大智第 3 天的学习任务是通过玩游戏掌握 Python 五种运算符的使用，它们分别是算术运算符、关系运算符、逻辑运算符、位运算符和赋值运算符。

见到小明和大智后，小精灵启动了电脑游戏，首先出现的是欢迎界面，然后列出了五个小游戏的菜单。

他们查看了旁边的帮助菜单后，知道了每种运算都要经过写出表达式的结果、根据结果进行表达式填空、根据要求编写计算表达式的程序代码三关，顺利通过 15 关才能达到目标要求，help 小精灵建议他们玩之前先学习这五种运算符。

2.4.1　算术运算符

“算术运算就是 +（加）、-（减）、*（乘）、/（除）吗?”大智边说边在 IDLE 交互窗口进行以下测试。

```
>>> a,b = 10,3         #给 a 和 b 赋值
>>> a + b              #计算得结果 13
>>> a - b              #计算得结果 7
>>> a * b              #计算得结果 30
>>> a / b              #计算得结果 3.3333333333333335
```

“还包含//（整除）、%(取余)、**（幂），一共 7 个，它们都是双目运算符。”help 小精灵说完也给出了以下测试。

```
>>> a//b                #计算得结果 3
>>> a % b               #计算得结果 1
>>> a ** b              #计算得结果 1000
```

“双目运算符是指包含两个操作数的运算符，例如，9 +2、9 * 2、9%2、5 * * 3，对吗？有单目运算符和三目运算符吗？”小明问道。

“Python 中的取正“ + ”和取负“ - ”运算符是单目运算符，它们只有一个操作数，例如，-3。Python 中没有包含三个操作数的三目运算符。”help 小精灵说道。

“除法运算为什么要分为 /（除）、//（整除）、%（取余）三种？”大智觉得这样是多余了。

“因为//和% 运算方便求整除数和余数。”help 小精灵解释道。

“幂运算（**）在小学数学中是以指数形式表示的，Python 中没有采纳该形式，是因为把指数写在右上角不方便书写吗？”小明问道。

“是的，所以用两个‘ * ’号代替，其他计算机语言也是如此。”help 小精灵答道。

2.4.2 关系运算符

“这里的关系运算同数学中的比较运算一样吧？它们是用于比较两个数的大小，对吗？”小明问道。

“是的，它们的运算结果为真（True）或假（False），Python 中有 6 个关系运算符，见表 2-1。”help 小精灵说道。

“在前面的 if 语句和 while 语句中用到过该类运算符。”大智也说道。

“是的，它们常常同后面要介绍的逻辑运算混合使用。”help 小精灵答道。

表 2-1 关系运算符

运 算 符	功 能	范 例	结 果
>	大于	7 >8	False
> =	大于或等于	7 > =6	True
<	小于	7 <8	True
< =	小于或等于	7 < =6	False
= =	等于	7 = =6	False
! =	不等于	7! =6	True

注：Python 中的单个“ = ”为赋值号，两个“ = ”才是等于号。

2.4.3 逻辑运算符

关于逻辑运算，小明和大智以前没有学过，不过好像在哪里听说过，于是大智问道：“逻辑运算的计算结果也是真（True）或假（False）吗？”

“是的，逻辑运算又称为布尔运算，Python 中有 3 个逻辑运算符，见表 2-2。它们构成的表达式称为逻辑表达式，也称为布尔表达式，它们通常用于分支语句和循环语句。”help 小精灵介绍道。

表 2-2　逻辑运算符

运算符	功能	解释	范例
not	逻辑非	真变假、假变真	not True = = False not False = = True
and	逻辑与	两操作数同时为真，则结果为真；其他情况为假	True and True = = True True and False = = False
or	逻辑或	两操作数同时为假，则结果为假；其他情况为真	False or False = = False True or False = = True

为了进一步理解，他们在 IDLE 交互窗口进行了以下测试：

```
>>> x = True                     #给 x 赋值 True
>>> y = not x                    #not 运算,y 的值为 False
>>> x and x , y and y , x and y  #and 运算,输出(True, False, False)
>>> x or x , y or y , x or y     #or 运算,输出(True, False, True)
```

2.4.4　位运算符

关于位运算，小明问道："位运算是对数字的二进制位进行运算吗？"

"是的，在自动控制软件和游戏软件的开发中，经常用二进制位来控制硬件或游戏角色的运行，Python 中有 6 个位运算符，具体内容见表 2-3。" help 小精灵答道。

表 2-3　位运算符

运算符	功能	解释	范例
~	位取反	1 变 0、0 变 1	~1 = =0 ~0 = =1
&	位与	两操作数同时为 1，结果为 1；其他情况为 0	1 & 1 = =1 1 & 0 = =0
|	位或	两操作数同时为 0，结果为 0；其他情况为 1	0 | 0 = =0 1 | 0 = =1
^	位异或	操作数相异时（一个为 1 一个为 0），结果为 1； 操作数相同时（同为 1 或同为 0），结果为 0	1^1 = =0 1^0 = =1
< <	位左移	向左移若干位，左边移出，右边补 0	10110110 < <2 = =11011000
> >	位右移	向右移若干位，右边移出，左边补 0	10110110 > >2 = =00101101

大智看了看表格，说道："前面 3 个运算符的原理好像同逻辑运算差不多，只是将 'True' 改为 '1'，把 'False' 改为 '0'。"

小明问道："两个整数进行位运算，是先将整数转换为二进制形式，再逐位运算吗？"

"是的，请看以下测试结果。" help 小精灵答道。

```
>>> a = 182          #给 a 赋值 182
```

```
>>> bin(a)            #将 a 转换为二进制,得'0b10110110'
>>> b = ~a            #位取反运算后赋值给 b
>>> bin(b)            #得'-0b10110111',是'0b01001001'的补码
>>> b = 123           #给 b 赋值 123
>>> bin(b)            #将 b 转换为二进制,得'0b1111011'
>>> c = a & b         #位与运算后赋值给 c
>>> bin(c)            #将 c 转换为二进制,得'0b110010'
>>> c = a | b         #位或运算后赋值给 c
>>> bin(c)            #将 c 转换为二进制,得'0b11111111'
>>> c = a ^ b         #位异或运算后赋值给 c
>>> bin(c)            #将 c 转换为二进制,得'0b11001101'
>>> c = a << 2        #将 a 左移 2 位赋值给 c
>>> bin(c)            #将 c 转换为二进制,得'0b1011011000'
>>> c = a >> 2        #将 a 右移 2 位赋值给 c
>>> bin(c)            #将 c 转换为二进制,得'0b101101'
```

他们又顺利通过了位运算游戏的三关。

2.4.5 赋值运算符

“赋值运算‘<变量> = <表达式>’用于将右边表达式的值赋给左边的变量，在前面介绍的程序实例中已经出现过多次了，如 a = 2 * 3。”大智说道。

“是的，还可以用‘<变量 1> = <变量 2> = … = <变量 n> = <表达式>’格式给多个变量赋相同的值，如 a = b = c = 2020。”help 小精灵答道。

“在前面的实例中还用‘<变量 1>，<变量 2>，…，<变量 n> = <表达式 1>，<表达式 2>，…，<表达式 n>’的格式给多个变量赋不同的值，如 a，b，c = 7，8，9。”小明也说道。

“另外，赋值运算符还可以同其他运算符组合使用，形成复合赋值运算，如 x += a 等价于 x = x + a 语句。”help 小精灵补充道。

小精灵写出了以下常见复合赋值运算符的等价表达式。

运算符	实例	等价于
+=	x += a	x = x + a
-=	x -= a	x = x - a
*=	x *= a	x = x * a
/=	x /= a	x = x/a
%=	x %= a	x = x%a
//=	x //= a	x = x//a
**=	x **= a	x = x ** a

2.4.6 运算符优先级

“Python 的‘数字类型’运算符已经介绍完了，当然‘复合类型’还有其他的运算

符，在后面的章节介绍。大家必须掌握它们的优先级，因为表达式中通常包含多个不同种类的运行符，见表2-4。”help 小精灵说道。

表 2-4 数字类型运算符的优先级

优先次序	运 算 符
1	** （幂运算）
2	~ （位反）、+ （正号）、- （负号）
3	* （乘）、/ （除）、% （取余）、// （整除）
4	+ （加）、- （减）
5	>> （位右移）、<< （位左移）
6	& （位与）
7	^ （位异或）
8	| （位或）
9	<= （小于或等于）、< （小于）、> （大于）、>= （大于或等于）
10	== （相等）、!= （不等）
11	not （逻辑非）
12	and （逻辑与）、or （逻辑或）
13	赋值：=、+=、-=、*=、/=、%=、//=、**=

“如果有括号就先计算括号中的表达式，没有括号，则根据优先级从高到低运算吗？”小明问道。

“如果优先级相同，则‘先左后右’的顺序运算吗？”大智也问道。

“是的，大部分都是按照‘先左后右’的顺序，但是 +（正号）、-（负号）、~（位反）、not（逻辑非）等单目运算符则是‘先右后左’的顺序运算，例如，-~1 等价于 -（~1）” help 小精灵答道。

“表达式 80+20>>4*2//2**3 等价于(80+20)>>((4*2)//(2**3))，值为 50 吧？”：小明说。

“是的，你们已经掌握了所有运算符，以及它们的优先级与结合性。” help 小精灵表扬了他们。

2.5 数据运算实验练习

明白了本章的相关知识点后，大家可以仿照前面介绍的程序实例设计和调试若干个 Python 源程序，具体内容如下：

实验名称：基本数据类型与表达式运算。

实验目的：

1）了解 Python 的数据类型。

2）掌握 Python 基本运算符的使用方法。

实验内容：设计若干程序实例，测试算术运算符、关系运算符、逻辑运算符、位运算符和赋值运算符的应用。

2.6 习题

一、判断题

1. Python 有规范的代码，采用强制缩进的方式使代码具有极佳的可读性。 （ ）
2. Python 是静态类型语言。 （ ）
3. Python 使用#号表示单行注释。 （ ）
4. Python 中的标识符不区分大小写。 （ ）
5. Python 中的代码块使用缩进来表示。 （ ）
6. Python 中有一个三目运算，那就是?：条件运算符。 （ ）
7. 在 Python 中可以使用 if 作为变量名。 （ ）
8. Python 变量使用前必须先声明类型，并且一旦声明就不能在当前作用域内改变其类型。 （ ）
9. 任何程序设计语言都会出现整数溢出的问题，这是因为计算中的数字或结果需要的存储空间超过了计算机所能提供的存储空间。 （ ）

二、单选题

1. 关于 Python 程序格式框架的描述，以下选项中错误的是（ ）。

A. Python 语言的缩进可以采用 Tab 键实现

B. Python 单层缩进代码属于之前最邻近的一行非缩进代码，多层缩进代码根据缩进关系决定所属范围

C. 判断、循环、函数等语法形式能够通过缩进包含一批 Python 代码，进而表达对应的语义

D. Python 语言不采用严格的“缩进”来表明程序的格式框架

2. 关于 Python 语言的注释，以下选项中描述错误的是（ ）。

A. Python 语言的单行注释以“#”开头

B. Python 语言的单行注释以单引号开头

C. Python 语言的多行注释以三个单引号开头和结尾

D. Python 语言有两种注释方式：单行注释和多行注释

3. 以下对 Python 程序设计风格描述错误的选项是（ ）。

A. Python 程序通常一行写一条语句，如果书写多条语句，则必须用分号隔开

B. Python 语句中，增加缩进表示语句块的开始，减少缩进表示语句块的退出

C. Python 可以将一条长语句分成多行显示，使用续航符“\”结束一行

D. Python 程序中不允许把多条语句写在同一行

4. 以下关于 Python 缩进的描述中，错误的是（ ）。

A. Python 用严格的缩进表示程序的格式框架，所有代码都需要在行前至少加一个空格

B. 缩进是可以嵌套的，从而形成多层缩进
C. 缩进表达了所属关系和代码块的所属范围
D. 判断、循环、函数等都能够通过缩进包含一批代码
5. 以下选项中，不属于 Python 语言特点的是（　　）。
A. 变量声明：Python 语言使用变量具有需要先定义后使用的特点
B. 平台无关：Python 程序可以在任何安装了解释器的操作系统环境中执行
C. 黏性扩展：Python 语言能够集成 C、C ++ 等语言编写的代码
D. 强制可读：Python 语言通过强制缩进来体现语句间的逻辑关系
6. 以下选项中符合 Python 语言变量命名规则的是（　　）。
A. as　B. 3ab　C. sd@ cc　D. aB_f6
7. 以下选项中不符合 Python 语言变量命名规则的是（　　）。
A. abc　B. _ab　C. 7xy　D. x001
8. 以下不属于 Python 语言保留字的是（　　）。
A. do　B. while　C. True　D. pass
9. 下面哪个不是 Python 合法的标识符（　　）。
A. int32　B. 40XL　C. self1　D. _name_
10. 以下 Python 注释代码，不正确的是（　　）。
A. #Python 注释代码　B. #Python 注释代码 1　#Python 注释代码 2
C. """ Python 文档注释"""　D. //Python 注释代码
11. 下列选项中，（　　）的布尔值不是 False。
A. None　B. 0　C. ()　D. 1
12. 下列选项中，Python 不支持的数据类型有（　　）。
A. int　B. char　C. float　D. dictionary
13. 假设 a = 9，b = 2，那么下列运算中，错误的是（　　）。
A. a + b 的值是 11　B. a//b 的值是 4　C. a% b 的值是 1　D. a ** b 的值是 18
14. 下列表达式中，返回 True 的是（　　）。
A. a = b = 2，a = b　B. 3 > 2 > 1　C. True and False　D. 2! = 2
15. 下列哪个语句在 Python 中是非法的？（　　）。
A. x = y = z = 1　B. x = (y = z + 1)　C. x, y = y, x　D. x + = y
16. 下列选项中，幂运算的符号为（　　）。
A. *　B. ++　C. %　D. **
17. 以下代码的输出结果是（　　）。

```
x = 6 - 7 * ((8 + 9)//2 - 3)%2
print(x)
```

A. 13.25　B. 5.4　C. 5　D. 13
18. 表达式 4 * 3 * * 2//5%5 的计算结果是（　　）。
A. 2　B. 3　C. 4　D. 5
19. Python 表达式中，下列可以控制运算顺序的是（　　）。

A. 圆括号( )　　B. 方括号[ ]　　C. 大括号{ }　　D. 尖括号 < >

20. Python 语言采用严格的“缩进”来表明程序的格式框架，下列说法不正确的是（　）。

A. 缩进指每一行代码开始前的空白区域，用来表示代码之间的包含和层次关系

B. 代码编写中，缩进可以用 Tab 键实现，也可以用多个空格实现，但两者不混用

C. “缩进”有利于程序代码的可读性，并不影响程序结构

D. 不需要缩进的代码顶行编写，不留空白

21. 数学关系表达式 3 < =x < =10 表示成正确的 Python 表达式为（　）。

A. 3 < =x <10　　B. 3 < =x and x <10

C. x > =3 or x < =10　　D. 3 < =x and x < =10

22. 语句 eval（'2 +4/5'）执行后的输出结果是（　）。

A. 2.8　　B. 2　　C. 2 +4/5　　D. '2 +4/5'

23. 计算表达式 1234%1000//100 的值为（　）。

A. 1　　B. 2　　C. 3　　D. 4

24. 若字符串 s ='a\nb\tc'，则 len(s)的值是（　）。

A. 7　　B. 6　　C. 5　　D. 4

25. 以下不合法的表达式是（　）。

A. x in [1,2,3,4,5]　　B. x -6 >5

C. e >5 and 4 = =f　　D. 3 =a

26. 关于 Python 中的复数，下列说法错误的是（　）。

A. 表示复数的语法是 real + imagej

B. 实部和虚部都是浮点数

C. 虚部必须加后缀 j，且必须是小写

D. complex(x)会返回以 x 为实部，虚部为 0 的复数

27. 已知 x =3，语句 x * =x -1 执行后，x 的值是（　）。

A. 3　　B. 4　　C. 5　　D. 6

28. 设存款的月利息是千分之五，以下计算存款 1000 元一年的本息错误的是（　）。

A. 1000 *(1.005 ** 12)　　B. pow(1.005,12) * 1000

C. 1000.005 ** 12　　D. pow(1 +0.005,12) * 1000

29. 下列表达式的值为 True 的是（　）。

A. 2! =5 or 0　　B. 3 >2 >2　　C. 1 and 5 = =0　　D. 1 or True

30. 表达式 10/4-3 * * 2 * 8/10%5//2 的值为（　）。

A. 1　　B. 1.5　　C. 2.0　　D. 2

31. 与关系表达式 x = =0 等价的表达式是（　）。

A. x =0　　B. not x　　C. x　　D. x! =1

32. 下列表达式中，值不是 1 的是（　）。

A. 4/3　　B. 15%2　　C. 1^0　　D. ~1

33. 关于 Python 内存管理，下列说法错误的是（　）。

A. 变量不必事先声明　　　　　　　　B. 变量无须先创建和赋值而直接使用
C. 变量无须指定类型　　　　　　　　D. 可以使用 del 释放资源

34. Python 语言语句块的标记是（　　）。
A. 分号　　B. 逗号　　C. 缩进　　D. /

35. 关于赋值语句，下列选项中描述错误的是（　　）。
A. 在 Python 语言中，有一种赋值语句，可以同时给多个变量赋值
B. 执行 x, y = y, x 语句可以实现变量 x 和 y 值的互换
C. 在 Python 语言中，语句 a + =1 和语句 a = a + 1 的功能相同
D. 在 Python 语言中，运算符“=”用于比较左右操作数是否相等

36. 关于 Python 的复数类型，以下选项中描述错误的是（　　）。
A. 复数的虚数部分通过后缀“J”或者“j”来表示
B. 对于复数 z，可以用 z. real 获得它的实数部分
C. 对于复数 z，可以用 z. imag 获得它的实数部分
D. 复数类型表示数学中的复数

37. 以下选项中不是 Python 语言的保留字的是（　　）。
A. except　　B. do　　C. pass　　D. while

38. 以下选项中，Python 语言中代码注释使用的符号是（　　）。
A. /… …/　　B. !　　C. #　　D. /

39. 以下选项中，属于 Python 语言中合法的二进制整数是（　　）。
A. 0B1010　　B. 0B1019　　C. 0bC3F　　D. 0b1708

40. 关于 Python 语言数值操作符，以下选项中描述错误的是（　　）。
A. x//y 表示 x 与 y 之整数商，即不大于 x 与 y 之商的最大整数
B. x ** y 表示 x 的 y 次幂，其中 y 必须是整数
C. x% y 表示 x 与 y 之商的余数，也称为模运算
D. x / y 表示 x 与 y 之商

41. print(0.1 +0.2 ==0.3)的输出结果是（　　）。
A. False　　B. -1　　C. 0　　D. while

42. 以下对 Python 程序缩进格式描述错误的选项是（　　）。
A. 不需要缩进的代码顶行写，前面不能留空白
B. 缩进可以用 tab 键实现，也可以用多个空格实现
C. 严格的缩进可以约束程序结构，可以多层缩进
D. 缩进的功能只是美化 Python 程序代码

43. 以下关于同步赋值语句描述错误的选项是（　　）。
A. 同步赋值能够使得赋值过程变得更简洁
B. 判断多个单一赋值语句是否相关的方法是看其功能上是否相关或相同
C. 多个无关的单一赋值语句组合成同步赋值语句，会提高程序的可读性
D. 设 x, y 表示一个点的坐标，则 x = a; y = b 两条语句可以用 x, y = a, b 一条语句来赋值

44. 以下关于 Python 程序语法元素的描述，错误的选项是（　　）。
A. 段落格式有助于提高代码可读性和可维护性
B. 并不是所有的 if、while、def、class 语句后面都要用“:”结尾
C. 虽然 Python 支持中文变量名，但从兼容性角度考虑还是不要用中文名
D. true 并不是 Python 的保留字
45. 以下选项中，正确地描述了浮点数 0.0 和整数 0 相同性的是（　　）。
A. 它们使用相同的计算机指令处理方法
B. 它们具有相同的数据类型
C. 它们具有相同的值
D. 它们使用相同的硬件执行单元
46. 关于 Python 语言的变量，下列选项中说法正确的是（　　）。
A. 随时声明、随时使用、随时释放
B. 随时命名、随时赋值、随时使用
C. 随时声明、随时赋值、随时变换类型
D. 随时命名、随时赋值、随时释放
47. 关于 Python 语言的浮点数类型，以下选项中描述错误的是（　　）。
A. 浮点型表示带有小数的类型
B. Python 语言要求所有浮点数必须带有小数部分
C. 小数部分不可以为 0
D. 浮点型与数学中实数的概念一致
48. Python 语言提供的 3 个基本数字类型是（　　）。
A. 整型、浮点型、复数类型
B. 整型、二进制类型、浮点型
C. 整型、二进制类型、复数类型
D. 整型、二进制类型、浮点型
49. 下列对数值运算操作符描述错误的选项是（　　）。
A. Python 提供了五种数值运算操作符
B. Python 数值运算操作符也叫作内置操作符
C. Python 数值运算操作符需要引用第三方库 math
D. Python 二元数值操作符都有与之对应的增强赋值操作符
50. 以下选项不属于 Python 整型的是（　　）。
A. 二进制　　B. 十二进制　　C. 八进制　　D. 十进制
51. 以下不是 Python 语言关键字的选项是（　　）。
A. None　　B. as　　C. raise　　D. function
52. Python 中对变量描述错误的选项是（　　）。
A. Python 不需要显式声明变量类型，在第一次变量赋值时由值决定变量的类型
B. 变量通过变量名访问
C. 变量必须在创建和赋值后使用

D. 变量 PI 与变量 Pi 被看作相同的变量

53. 关于 Python 整型，以下选项描述正确的是（　　）。

A. 8.0 是整型的数值

B. type(13) 表达式结果是 <class'float'>

C. oct(10) 表达式结果是'0o12'

D. hex(10) 表达式结果获得八进制数

54. 语句 type(abs(-3+4j)) 输出的 Python 数据类型是（　　）。

A. 字符串类型　　B. 浮点型　　C. 整型　　D. 复数类型

55. 以下选项，不是 Python 保留字的选项是（　　）。

A. del　　B. pass　　C. not　　D. String

56. 下面代码的输出结果是（　　）。

```
x = 12.34
print(type(x))
```

A. <class 'int'>　　B. <class 'float'>

C. <class 'bool'>　　D. <class 'complex'>

57. 下面代码的输出结果是（　　）。

```
x = 10
y = 3
print(x% y,x * * y)
```

A. 3 1000　　B. 1 30　　C. 3 30　　D. 1 1000

三、填空题

1. 布尔类型的值包括________和________。

2. 若 a=7，b=8，那么 a and b 结果为________。

3. 若 a=7，b=8，那么 a or b 的值为________。

4. 数字类型包含整型（int）、________、________和________四种。

5. 数值类型包含算术运算、________、________、________和赋值运算五种运算符。

四、名词解释

1. 动态类型语言
2. 动态编程语言
3. 强类型定义语言
4. 标识符
5. 变量

第 3 章

流程控制语句

本章学习目标

熟悉 Python 的 3 种分支结构；
掌握 Python 的 2 种循环结构；
学会用 3 种分支结构编写程序实例；
学会用 2 种循环结构编写程序实例；
掌握流程控制的辅助语句。

本章重点内容

单分支 if 语句；
双分支 if... else 语句；
多分支 if... elif... else 语句；
遍历循环 for 语句；
条件循环 while 语句；
break 和 continue 跳转语句。

第 3 天，help 小精灵有事不能陪小明和大智，不过建议二人去城堡东面大山内的“语句黑洞迷宫”中探秘，在游玩的过程中可以掌握 Python 的流程控制语句，于是小明和大智就来到了迷宫的入口。

3.1 选择结构

进洞不久，小明和大智遇到的第一道关口是“因果桥”，桥已经上锁，小明发现旁边的岩壁上有“温馨提示”，写道：要开此锁，必须用 Python 语言的‘选择结构’正确设计一个描述因果关系的程序实例，这样才能获取开锁密码。二人不知什么是“选择结构”，所以向 help 小精灵发送信号求助，help 小精灵很快发回了帮助文档，二人认真看起来。

“噢，就是前面遇到的条件结构，流程控制中包含顺序、选择和循环 3 种结构，这里应该用 if 条件语句来实现。”大智说道。

“是的，顺序结构是按顺序一条条执行所有语句的，循环结构是重复执行部分语句的，它们都不符合该应用场景。”小明说道。

“条件语句也叫分支语句，有单分支、双分支和多分支三种。”大智看了帮助文档说道。

“是的，它们的格式如下介绍。”小明答道。

3.1.1 单分支 if 语句

该语句比较简单，其格式如下。

```
if <条件>:
    <语句块>
```

其功能是判断“条件”是否为 True（满足），如果为 True 则执行 <语句块>，否则执行其下一条语句。为了帮助理解其运行过程，帮助文档中还提供了程序流程图（见图 3-1）。

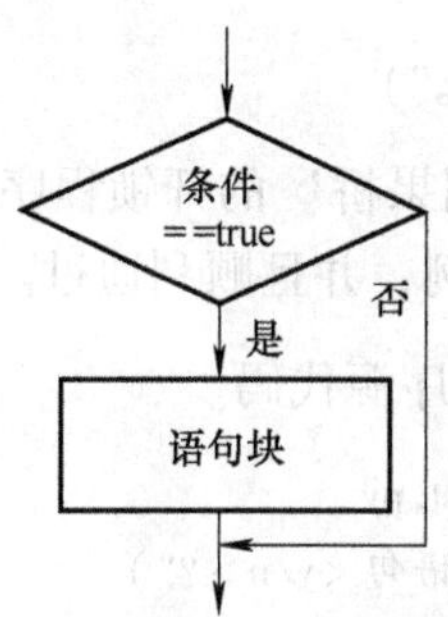

图 3-1　if 单分支流程图

“通常用布尔表达式或者关系表达式作为条件吧。”大智说道。

“是的，不过上一章说过，Python 的其他类型常量也可以转换为 True 或 False，所以它们也可以作为‘条件’，不过最好用布尔表达式或关系表达式作为条件。”小明答道。

他们测试了以下判断一个人是否成年的单分支例子。

```
age = int(input("请问您多少岁了?"))
if age >= 18:
    print("您已经成年了。")
```

当然，要注意语句块的缩进，一般缩进 4 个空格。

3.1.2 双分支 if... else 语句

“双分支语句多了一个 else 分支，如果‘条件’为 True（满足）则执行 <语句块 1>，为 False（不满足）则执行 <语句块 2>。”大智指着以下格式说道。

```
if <条件>:
    <语句块 1>
else:
    <语句块 2>
```

“是啊，看图 3-2 所示的程序流程图更加直观。” 小明答道。

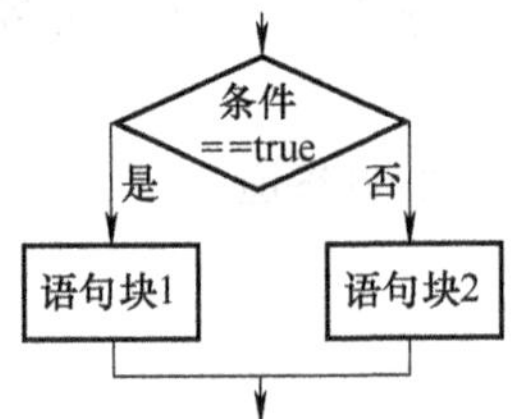

图 3-2　if... else 双分支流程图

小明和大智测试了以下判断成绩是否及格的程序代码。

```
score = float(input("您上次考试得了多少分数?"))
if score >=60:
  print("还可以,成绩及格了。")
else:
  print("成绩不及格,要继续努力啊。")
```

“我们模仿以上实例，设计‘因果桥’的开锁程序吧？” 小明建议道。

于是，二人设计了以下程序实例，并且顺利通过。

【例 3-1】 “因果桥” 的开锁程序源代码。

```
#Python 的选择结构实例 1: n301ifTest.py
status = input("用户是否已经掌握 if 语句 <y/n>?")
if status == "y":
    print("可以让他(她)通过此桥。")
else:
    print("对不起,请他(她)继续学习。")
```

程序的运行结果如下：

```
================ RESTART: E:\PyCode\chapter03\n301ifTest.py ================
用户是否已经掌握if语句<y/n>? n
对不起，请他（她）继续学习。
>>>
================ RESTART: E:\PyCode\chapter03\n301ifTest.py ================
用户是否已经掌握if语句<y/n>? y
可以让他（她）通过此桥。
>>>
```

3.1.3　多分支 if... elif... else 语句

二人成功过桥后，转弯来到了一个空旷大厅，这是黑洞迷宫的 “缸底大厅”，需要正确设计一个选择结构的程序，才能到达下一关。

“有 3 种选择，所以要用多分支语句来实现，其语句格式如下。” 大智指着岩壁上的 “温馨提示” 说道。

```
if <条件1>:
   <语句块1>
```

```
elif <条件2>:
    <语句块2>
……
elif <条件n>:
    <语句块n>
else:
   <语句块n+1>
```

“是啊，如果满足‘条件1’则执行<语句块1>；不满足则看‘条件2’是否满足，满足则执行<语句块2>；以此类推，如果所有的条件都不满足，则执行<语句块n+1>，多分支程序流程图如图3-3所示。”小明说道。

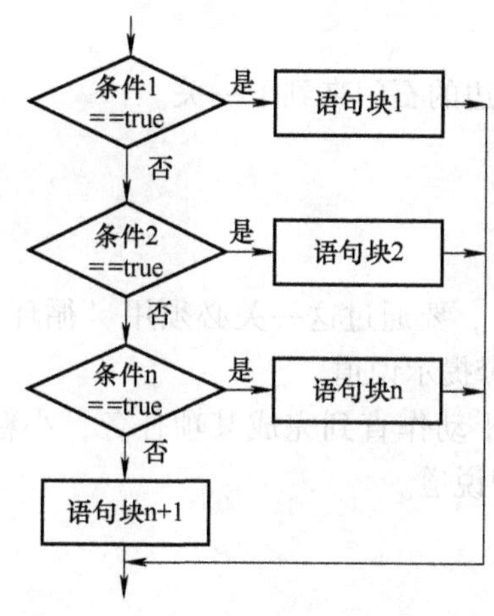

图3-3　多分支程序流程图

二人测试了以下程序代码：

```
x = int(input("您想了解哪种选择结构<1-3>?"))
if x = =1:
  print("单分支介绍")
elif x = =2:
  print("双分支介绍")
elif x = =3:
  print("多分支介绍")
else:
  print("您输入错误!")
```

于是，他们模仿以上代码设计了通过第二关的程序。

【例3-2】　出洞选择程序源代码。

```
#Python 的选择结构实例 2: n302if_elifTest. py
skill = input("请输入您选择的出洞方式<1/2/3>:")
if skill = ="1":
```

```
    print("您选择了徒步登梯法,请坚持走完上坡隧道!")
elif skill == "2":
    print("您选择了攀岩走石功,请好好修炼您的外功!")
elif skill == "3":
    print("您选择了腾空跳跃功,请好好修炼您的内外功!")
else:
    print("您输入的出洞方式不正确,请重新选择<1/2/3>!")
```

程序的运行结果如下:

```
============== RESTART: E:\PyCode\chapter03\n302if_elifTest.py ==============
请输入您选择的出洞方式<1/2/3>: 1
您选择了徒步登梯法，请坚持走完上坡隧道!
>>> |
```

调试正确后，顺利打开右边的石门来到下一关。

3.2 循环结构

“这一关称为‘缸口环道’，要通过这一关必须用‘循环语句’编程，破解出口石门密码。”小明指着岩壁上的温馨提示说道。

“循环的意思是指重复若干动作直到完成某项任务，小精灵提供的文档中介绍有 for 和 while 两类循环语句。”大智说道。

3.2.1 遍历循环 for 语句

“‘遍历循环’语句的功能是循环变量每次从‘序列对象’中取出一个元素，就执行‘循环体的代码块’一次，直到遍历完序列中的所有元素时，循环才结束，其格式如下。”小明说道。

```
for <循环变量> in <序列对象>:
    <循环体的代码块>
```

“是的，其程序流程图如图 3-4 所示。”大智说道。

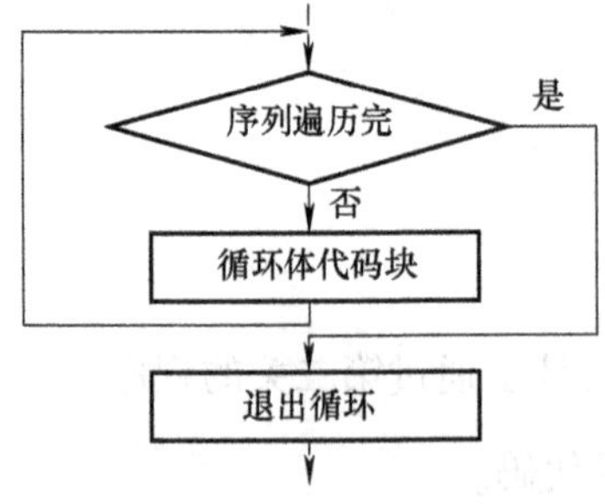

图 3-4 for 循环流程图

小明和大智为环道中的按摩椅设计了以下代码，用于显示按摩 300 次的结果，代码中的 range（1，301）表示从 1 到 300 的整数，该函数的格式是 range（start，stop，step），其功能是返回一个从 start 开始（默认从 0 开始），到 stop 结束（不包括 stop），步长为 step（默认为 1）的序列数。

```
  #num 为按摩次数
for num in range(1,301):
  print (f"按摩第{num}次")
```

运行结果是：

```
按摩第 1 次
按摩第 2 次
按摩第 3 次
……
按摩第 300 次
```

二人发现岩壁上有一个考题，要求游客使用 for 循环语句实现如下实例。

【例 3-3】 假如张三在该“环形大厅”的环形跑道上跑第 1 圈要花 6min 的时间，跑第 2 圈要花 8min，跑第 3 圈要花 10min，依此类推，每增加 1 圈就要增加 2min，一共跑 10 圈，总共要花多长时间？

显然，该实例要用循环语句来实现，循环变量的取值范围是从 1 到 10，可以用 range（1，11）来表示，单圈时间的初值为 6，每增加 1 圈加 2；总时间的初值为 0，每增加 1 圈则加上该圈的时间，程序代码如下：

```
#Python 的 for 循环实例：n303forTest.py
t,s =6,0      #t 为单圈时间变量、s 为总时间变量
for n in range(1,11):
   s=s+t  #累加每圈花的时间
   t=t+2  #增加 1 圈,时间加 2
print (F"跑 10 圈总共要花费：{s}分钟。")
```

二人测试了他们设计的以上程序，运行结果如下：

```
跑 10 圈总共要花费：150 分钟。
```

3.2.2 条件循环 while 语句

“如果代码中不用序列对象，可以用 while 循环实现，其功能是‘循环条件’满足则执行循环体，否则退出 while 循环。”大智指着以下 while 循环语句的格式说道。

```
while <循环条件>:
    <循环体>
```

“是的，但是如果条件永远为 True，则程序不会结束，进入死循环。”小明说道。

“看来‘循环体’内要有改变‘循环条件’值的语句。”大智也认同小明的观点。

二人认真看起了 while 循环的程序流程图（见图 3-5），知道改变条件的语句称为迭代语句。

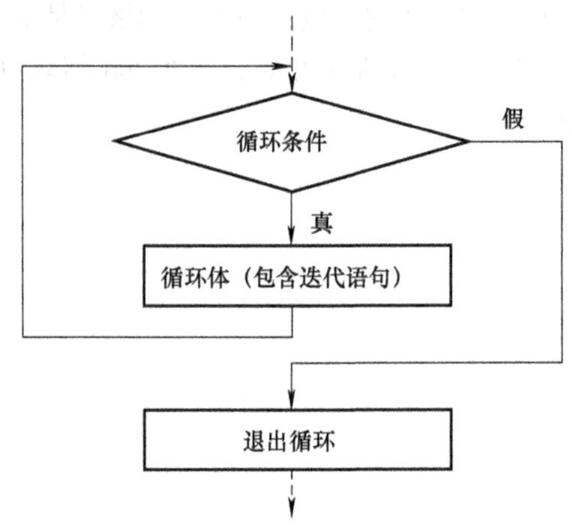

图 3-5 while 循环程序流程图

二人修改了前面按摩椅的实例，改用 while 循环语句来实现，其代码如下：

```
num = 1   #num 为按摩次数
while num < =300:
    print (f"按摩第{num}次")
    num + =1   #按摩次数加 1
```

同样，他们也修改了例 3-3 的程序，也用 while 语句来实现。

【例 3-4】 例 3-3 的 while 语句实现，程序源代码如下：

```
#Python 的 while 循环实例: n304whileTest.py
n,t,s = 1,6,0            #n 表示圈数,t 为单圈时间变量,s 为总时间变量
while n < =10:
    s = s + t            #累加每圈花的时间
    t = t + 2            #增加 1 圈,时间加 2
    n = n + 1            #圈数加 1,改变'循环条件'的值
print(F"跑 10 圈总共要花费: {s}分钟。")
```

程序的运行结果如下：

```
跑 10 圈总共要花费: 150 分钟。
```

3.2.3 流程控制的辅助语句

“还有 3 条与循环有关的辅助语句，它们可以控制流程的转移。” 小明看了帮助文档说道。

1. break 跳转语句

“这个简单，从其英文含义可以判断它的功能是跳出 for 或 while 循环。” 大智说道。

“是的，有时需要提前中止循环的运行。” 小明答道。

二人测试了以下程序实例，证明了他们的分析。

【例 3-5】　用 break 语句设计代码统计多项运动的总成绩，程序源代码如下。

```
#Python 的 break 语句实例：n305breakTest.py
i = s = 0
while True:
    x = input("请输入本次运动的成绩(输入*号结束)：")
    if x == '*':
        break               #跳出循环
    s = s + int(x)          #累加总成绩
    i += 1                  #运动项目数加 1
print(F"您{i}项运动的总成绩是：{s}分。")
```

以上程序只有当用户输入“*”号时才结束，其运行结果如下：

```
请输入本次运动的成绩(输入*号结束)：93
请输入本次运动的成绩(输入*号结束)：88
请输入本次运动的成绩(输入*号结束)：79
请输入本次运动的成绩(输入*号结束)：*
您 3 项运动的总成绩是：260 分。
```

2. continue 跳转语句

“continue 不是继续的意思吗？难道阻止循环结束？”大智对该语句的功能不解。

“下面有个实例，其中有备注。”小明提示道。

【例 3-6】　用 continue 语句设计删除‘*P*y*thon*’中的字母‘*’的程序源代码。

```
#Python 的 continue 语句实例：n306continueTest.py
print ("删除'*P*y*thon*'中字母'*'后的结果:")
for letter in"*P*y*thon*":
    if letter == '*':
        continue          #终止当前循环,进入下一轮循环
    print (letter,end = '')
```

运行结果如下：

```
删除'*P*y*thon*'中字母'*'后的结果:
Python
```

二人认真分析以上程序及其结果发现：如果 letter 等于‘*’号，则跳过后面的 print 语句，进入下一轮循环；否则，执行 print 语句输出 letter 的值。原来 continue 语句的功能是结束本轮循环，继续下一轮循环，它不像 break 语句是直接终止整个循环。

3. 循环结构中的 else 语句

“for 循环与 while 循环中也可包含 else 语句，它同 if 中的 else 功能相似吧？”大智指着以下两种包含了 else 的循环语句问道。

1）包含 else 语句的 for 循环结构：

```
for <循环变量> in <序列对象>:
    <代码块1>
else:
    <代码块2>
```

2）包含 else 语句的 while 循环结构：

```
while <循环条件>:
    <代码块1>
else:
    <代码块2>
```

“我们还是先看看以下程序实例再说吧。”小明建议道。

【例 3-7】 用 for else 求 20 以内质数的程序源代码。

```
#Python 的 for else 实例：n307for_else_Test.py
#算法：如果 m 不能被 2 到 m-1 中的数整除,则 m 是质数
for m in range(2,20):              #外循环,求 20 以内的质数
    for n in range(2,m):           #内循环,判断 m 是否质数
        if m % n ==0:
            break                  #m 不是质数,跳出内循环
    else:                          #如果内循环非 break 结束,则
            print(m,end=" ")       #输出质数
```

程序的运行结果如下：

```
2 3 5 7 11 13 17 19
```

“该实例的程序用到了二重循环，内循环用于判断一个数是否是质数，外循环利用内循环查找 2 至 20 之间的质数。”小明说道。

“是的，如果内循环是正常执行完的（即不是通过 break 中断的），就执行 else 后面的语句，输出质数。”大智说道。

调试通过以上程序代码后，二人顺利通过溶洞的关口。

走出溶洞后，发现山脚下有一条河流，他们乘小船回城堡，艄公给他们讲述了关于恶龙的故事。

3.3 流程控制实验练习

实验名称：Python 的流程控制语句练习。

实验目的：

1）掌握 3 种分支结构。

2）掌握 2 种循环结构。

3）学会用流程控制语句编程。

实验内容：

1）用 3 种分支结构编写程序实例。

2）用 2 种循环结构编写程序实例。

3.4　习题

一、判断题

1. break 和 continue 语句可以单独使用。（　　）
2. pass 语句的出现是为了保持程序结构的完整性。（　　）
3. if 语句、while 语句、for 语句都可以代码嵌套编程。（　　）
4. 成员符号 in 和 for 语句里的 in 返回结果类型一样。（　　）
5. range(10)函数是一个数字序列函数。（　　）
6. 在 Python 中没有 switch-case 语句。（　　）
7. input()函数输入的数据类型默认为字符串型。（　　）
8. elif 可以单独使用。（　　）
9. 每个 if 条件后面都要使用冒号。（　　）
10. 在 while 循环中，只能将循环条件设置为 True 或 False。（　　）
11. Python 语法认为条件 X ≤ Y ≤Z 是合法的。（　　）

二、单选题

1. 以下关于 Python 循环结构的描述中，错误的是（　　）。

A. continue 只结束本次循环

B. 遍历循环中的遍历结构可以是字符串、文件、组合数据类型和 range()函数

C. Python 通过 for、while 等保留字构建循环结构

D. break 用来结束当前循环语句，但不跳出当前的循环体

2. 以下代码的输出结果是（　　）。

```
for s in"PythonPython":
    if s=="t" or s=="h":
      continue
    print(s,end='')
```

A. PythonPython　　B. PyonPyon　　C. Python　　D. Pyth

3. 以下代码的输出结果是（　　）。

```
for i in range(1,6):
    if i%4 ==0:
      break
    else:
      print(i,end=",")
```

A. 1，2，3，5，　　B. 1，2，3，4，　　C. 1，2，3，　　D. 1，2，3，5，6，

4. 以下代码的输出结果是（　　）。

```
sum =0
for i in range(10):
    if(i%2):
        continue
    sum = sum  + i
print(sum)
```

A. 50　　B. 20　　C. 25　　D. 30

5. 下列选项中，会输出 1，2，3 三个数字的是（　　）。

A.

```
for i in range(3)
  print(i)
```

B.

```
for i in range (2):
  print(i +1)
```

C.

```
a_list = [0,1,2]
for i in a_list:
  print(i +1)
```

D.

```
i =1
while i <3:
    print (i)
    i =i +1
```

6. 下列说法中哪项是错误的（　　）。

A. while 语句的循环体中可以包括 if 语句　　B. if 语句中可以包括循环语句

C. 循环语句不可以嵌套　　D. 选择语句可以嵌套

7. 下列哪一项不属于 while 循环语句的循环要素（　　）。

A. 循环变量的初值和终值　　B. 输出语句的确定

C. 循环体　　D. 循环变量变化的语句

8. 已知 x =1，y =2，z =3；以下语句执行后 x，y，z 的值是（　　）。

```
if x  < y:
   z =x
   x =y
   y =z
```

A. 1，2，3　　B. 2，3，1　　C. 2，1，1　　D. 3，2，10

9. 已知 x =0，以下语句执行后 y 的值是（　　）。

```
if x  < =0:
  if x  < 0:
     y =x  - 1
  else:
     y =x
else:
```

```
y = x + 1
```

A. -1　　B. 0　　C. 1　　D. 2

10. 以下语句执行后 x 的值是（　　）。

```
x,y,z = 6,9,8
if x <= y:
   if y < z:
      x = z
   elif y > z:
      x = y
   else:
      x = 0
else:
   x = 1
```

A. 0　　B. 6　　C. 9　　D. 8

11. 对于以下代码，说法正确的是（　　）。

```
for i in range(10):
        ...
```

A. range 函数产生的序列从 0 开始，到 9 结束（不包括 9）
B. range 函数产生的序列从 0 开始，到 9 结束（包括 9）
C. range 函数产生的序列从 1 开始，到 10 结束（不包括 10）
D. range 函数产生的序列从 1 开始，到 10 结束（包括 10）

12. Python 中的 for 语句不涉及的序列是（　　）。

A. 列表　　B. 字符串
C. range 函数产生的序列　　D. 关系表达式

13. 以下关于在 for 循环语句中使用 else 的说法正确的是（　　）。

A. else 语句和 for 循环语句一起使用，else 语句块只在 for 循环正常终止时执行
B. else 语句和 for 循环语句一起使用，else 语句块只在 for 循环不正常终止时执行
C. else 语句和 for 循环语句不能一起使用
D. 以上说法都正确

14. 以下关于在 while 循环语句中使用 else 的说法正确的是（　　）。

A. else 语句和 while 循环语句一起使用，且当条件变为 True 时，执行 else 语句
B. else 语句和 while 循环语句一起使用，且当条件变为 False 时，执行 else 语句
C. else 语句和 while 循环语句不能一起使用
D. 以上说法都正确

15. 为了给整型变量 x、y、z 赋初值 30，下面正确的 Python 语句是（　　）。

A. xyz = 30　　B. x = 30 y = 30 z = 30
C. x = y = z = 30　　D. x = 30，y = 30，z = 30

16. Python 语句 print（1，2，3，sep ='+'）的输出结果是（　　）。

A. 1 2 3　　B. 123　　C. 1，2，3　　D. 1 +2 +3

17. 语句 x =input( )执行时，如果从键盘输入 13 并按 <Enter>键，则 x 的值是（　　）。

A. '13'　　B. （13）　　C. 13　　D. 13.0

18. 已知变量 c =97，是字符'a'的 ASCⅡ，执行语句 print（"%c,%c"%（c，c +2））后，输出结果是（　　）。

A. 97，99　　B. a，c　　C. a，99　　D. 97，c

19. 执行下列 Python 语句将产生的结果是（　　）。

```
x =8
y =8.0
if(x = =y):
  print("Equal")
else:
  print("No Equal")
```

A. Equal　　B. Not Equal　　C. 编译错误　　D. 运行时错误

20. Python 程序的 print（1 = =True and'A' <'B'）语句的运行结果是（　）。

A. True　　B. False　　C. 0　　D. 1

21. Python 语句 print（0xA +0xB）的输出结果是（　）。

A. 0xA +0xB　　B. A + B　　C. 0xA +0xB　　D. 21

22. 代码 print（0.1 +0.2==0.3）的输出结果是（　　）。

A. True　　B. False　　C. －1　　D. 0

23. 在屏幕上打印输出 Hello World，使用的 Python 语句是（　　）。

A. print('Hello World')　　B. println("Hello World")

C. print(Hello World)　　D. printf('Hello World')

24. 以下 for 语句中，（　　）不能完成 1 –10 的累加功能。

A. for i in range(10,0)：sum + =i

B. for i in range(1,11)：sum + =i

C. for i in range(10,0, –1)：sum + =i

D. for i in(10,9,8,7,6,5,4,3,2,1)：sum + =i

25. 下列程序的输出结果是（　　）。

```
sum =0
for i in range(10,0, –1):
  if(i%2):
    continue
  sum = sum +i
print(sum)
```

A. 10　　B. 20　　C. 25　　D. 30

26. 以下程序的输出结果是（　　）。

```
n =5
```

```
while n > 2:
    print(n)
    n = n - 1
```

A. 5 4　　B. 5 4 3 2 1　　C. 5 4 3　　D. 4 3 1

27. 若 k 为整型，下述 while 循环执行的次数为（　　）。

```
k = 100
while k > 1:
    print(k)
    k = k//2
```

A. 5　　B. 6　　C. 10　　D. 100

28. 下列 for 循环执行后，输出结果的最后一行是（　　）。

```
for i in range(1,3):
  for j in range(2,5):
    print(i * j)
```

A. 2　　B. 6　　C. 8　　D. 15

29. 执行 list(range(2,10,2))后的运行结果是（　　）。

A. [2,4,6,8]　　B. [2,4,6,8,10]　　C. (2,4,6,8)　　D. (2,4,6,8,10)

30. 设有如下程序段：

```
k = 10
while k:
        k = k - 1
        print(k)
```

则下面语句描述中正确的是（　　）。

A. 循环体语句一次也不执行　　B. 循环体语句执行一次

C. while 循环执 10 次　　D. 循环是无限循环

31. 下列语句不符合语法要求的表达式是（　　）。

```
for var in ________:
    print(var)
```

A. range(1,2,3,4)　　B. Hello'　　C. (1,2,3,4)　　D. {1,2,3,4}

32. 下列说法中正确的是（　　）。

A. break 只能用在 for 语句中，而 continue 只能用在 while 语句中

B. break 只能用在 while 语句中，而 continue 只能用在 for 语句中

C. continue 能结束循环，而 break 只能结束本次循环

D. break 能结束循环，而 continue 只能结束本次循环

33. 以下 while 语句中的表达式“not E”等价于（　　）。

```
while not E:
        pass
```

A. E = =0　　B. E! =1　　C. E! =0　　D. E = =1

34. 下列 Python 语句正确的是（　　）。

A. min = x if x < y else y　　B. max = x > y ? x : y

C. if x < y print x　　D. if (x > y) print x

35. 以下程序的输出结果是（　　）。

```
for c in"Python":
    if c = ="h":
        break
        print("end")
print(c)
```

A. end　　B. h　　C. endh　　D. 无输出

36. 以下程序的输出结果是（　　）。

```
for num in range(1,5):
    sum + =num
print(sum)
```

A. 9　　B. 10　　C. 11　　D. NameError 出错

37. 以下程序的输出结果是（　　）。

```
sum =0
for num in range(1,5):
    sum + =num
print(sum)
```

A. 9　　B. 10　　C. 11　　D. TypeError 出错

38. 下面代码的输出结果是（　　）。

```
for i in range(10):
  if i%2:
    continue
  else:
    print(i, end =",")
```

A. 2,4,6,8,　　B. 0,2,4,6,8,

C. 0,2,4,6,8,10,　　D. 1,3,5,7,9,

三、填空题

1. 在循环语句中，跳出循环控制用________语句；跳回循环开始位置用________语句。

2. Python 中的________表示的是空语句。

3. 如果希望循环是无限的，我们可以通过设置条件表达式永远为________来实现无限循环。

4. 在循环语句中，序列的遍历循环使用________语句。

5. ________语句是 else 语句和 if 语句的组合。

四、程序分析题

1. 简述以下代码的功能。

```
for m in range(1,10):
    for n in range(1,m+1):
        print(f"{m} * {n} = {m * n:2}",end='')
    print('')
```

2. 简述以下代码的功能。

```
l1 = [3,9,7,15,5,13,11,1]
for i in range(0, len(l1) - 1):
    for j in range(i+1, len(l1)):
        if l1[i] > l1[j]:
            l1[i], l1[j] = l1[j], l1[i]
print(l1)
```

3. 简述以下代码的功能。

```
n = input("请输入整数 n:")
s = 0
for i in range(int(n)):
    s + = i + 1
print(s)
```

4. 简述以下代码的功能。

```
s = 0
for i in range(2,101,2):
    s + = i
print(s)
```

五、程序设计题

1. 设计一个程序，当用户输入的分数大于或等于 90，则输出“优秀”；大于或等于 80 且小于 90，则输出“良好”；大于或等于 70 且小于 80，则输出“中等”；大于或等于 60 且小于 70，则输出“及格”；小于 60，则输出“不及格”。

2. 能被 100 整除又能被 400 整除或者不能被 100 整除但能被 4 整除的年份是闰年，其他的年份不是闰年，编程判断是不是闰年。

3. 编程求 1 ~ 100 之间的所有奇数之和。

4. 编程计算 1 + 2! + 3! + ... + 10! 的结果。

5. 编写一个程序，输入一个正整数 N（N≤100），输出所有满足“完美立方等式”的四元组，即满足 a^3=b^3+c^3+d^3 的四元组（a,b,c,d），其中 a,b,c,d 都大于 1，小于等于 N，且 b<=c<=d，例如，请输入 12，则输出如下结果：

(6,3,4,5)

(12,6,8,10)

6. 用 while 语句编写一个跟电脑玩剪刀、石头、布的游戏程序，输入数字 1 代表剪刀，2 代表石头，3 代表布，0 则手动退出，其他数字则输出错误。

7. 编程求两个整数的最大公约数和最小公倍数。

8. 编写猜数字游戏的小程序，要求如下。

1）系统随机生成一个 1～100 的数字；

2）如果用户猜测的数字大于系统给出的数字，则打印“太大了”；

3）如果用户猜测的数字小于系统给出的数字，则打印“太小了”；

4）如果用户猜测的数字等于系统给出的数字，则打印“恭喜您，猜对了”，并且退出循环；

5）用户共有 5 次猜数字的机会。

9. 设计一个验证输入的用户名和密码是否正确的程序，正确的用户名和密码分别是“root”和“12345”，仅有三次输入机会。

第4章 Python的组合类型

本章学习目标

了解组合类型的共同特点与基本定义；
熟悉字符串、元组和列表3种序列类型的应用环境和使用方法；
掌握集合类和字典类的定义、特点、应用环境和使用方法；
学会正确使用以上5种组合数据类型编写Python应用程序。

本章重点内容

字符串类的转义字符、格式化、运算符与处理函数；
元组（Tuple）类的创建方法与基本操作；
列表（List）类的创建方法与基本操作；
集合（Set）类的创建方法与基本操作；
字典（Dict）类的创建方法与基本操作。

由于昨天游黑洞迷宫比较疲劳，小明和大智很早就休息了。第二天一大早，help小精灵跑来告诉他们，说城堡中有居民离奇失踪了。其实，几年前这里就出现了怪物，它们用一道透明的屏障控制了城堡西北角的整个森林公园，除了外号叫‘码痴’的一位程序员以外，其他人员（包括P博士）都困在其中，但码痴本人也疯了，见人就说“恶龙来了”。

“有没有留下什么线索?”大智想到昨天艄公讲的故事，问道。

“这是码痴的笔记本和U盘，其中记录了很多‘组合类型’的实例和数据。另外，民间还流传着一首打油诗，其内容是：闰年生怪物，二十世纪间。组合数中找，快乐数旁边。”help小精灵说道。

“难道可以用‘组合数’来解密吗?”小明说道。

“要想救出其中被困的工作人员和居民，可能要先学习组合类型。”help小精灵说道。

4.1 组合类型

“什么是组合类型？它有什么特点？”大智问道。

“组合数据类型可以将不同类型的数据组织在一起，实现复杂数据的表示与处理，你们前面章节学的是基本数据类型，只能处理少量分散的数据。” help 小精灵解释道。

“组合数据类型分为几类?” 小明问道。

“分为有序类型和无序类型两类，前者又叫序列类型，因为它包含的数据成员前后有序，该类型可分为字符串、元组和列表 3 种；后者是无序的，有集合和字典 2 种。” help 小精灵答道。

“看来，我们必须先学好组合类型，才能找出事件的原因。” 小明建议道。

4.2 字符串

“字符串在前面的学习中曾多次遇到过，是用单引号（'）或者双引号（"）包裹的有序序列，是由 0 个或 0 个以上的字符组合而成的。” 大智说完举例如下。

```
>>> s1 ='我是 Python 城堡精灵'
>>> s2 ="欢迎你们光临"
```

“是的，如果一行写不完，要在下一行继续写，可以在每一行的后面加‘\’号来连接。” 小明也举例如下。

```
>>> s3 ="我是 Python 城堡精灵,\欢迎你们光临。"
>>> print(s3)  #输出的内容为:我是 Python 城堡精灵,欢迎你们光临。
```

“说得很正确，当字符串的内容有多行时，还可以用三引号（""" 或'''）包裹，例如，用字符串保存红尘笠翁的鹧鸪天词《园丁颂》，可以如下书写。” help 小精灵说道。

```
>>> sc ="""桃李芬芳翠绿中,春苗长大郁葱葱。
拓荒松土黄牛力,育种施肥花匠功。
灯塔志,蜡烛功,芸窗夜课与君同。
如今纵使白霜染,一世清白两袖风。
"""
>>> print(sc)  #输出 sc 的内容如下:
桃李芬芳翠绿中,春苗长大郁葱葱。
拓荒松土黄牛力,育种施肥花匠功。
灯塔志,蜡烛功,芸窗夜课与君同。
如今纵使白霜染,一世清白两袖风。
```

help 小精灵继续说道：“如果要访问字符串中的部分内容，可以通过‘变量［头索引:尾索引］’来访问，索引从头到尾则以 0 开始，从尾到头则以 -1 开始。例如，设 s = ‘Python 城堡精灵’，则 s[4:8]等于 s[-6:-2]等于‘on 城堡’，其索引如下所示。”

从头开始索引:	0	1	2	3	4	5	6	7	8	9
s=	P	y	t	h	o	n	城	堡	精	灵
从尾开始索引:	-10	-9	-8	-7	-6	-5	-4	-3	-2	-1

小明测试了对该字符串的访问，结果如下。

```
>>> s ='Python 城堡精灵'
>>> s[0]             #返回'P'
>>> s[-1]            #返回'灵'
>>> s[4:8]           #返回'on 城堡'
>>> s[-6:-2]         #返回'on 城堡'
```

“另外，Python 的字符串默认用 16 位的 Unicode 编码，如果要明确标明，可以在字符串前面加上前缀 u 显式表式，如 u'help 小精灵'。” help 小精灵补充道。

4.2.1　字符串的转义字符

“什么是转义字符？是用反斜杠（\）来表示吗？”大智问道。

“是的，转义字符用来表示不可见的字符，如‘\a’代表响铃符，转义字符有以下 3 种应用。” help 小精灵答道。

1. 控制文档显示的转义字符

1）回车：\r　　2）换行：\n　　3）换页：\f

4）横向制表符：\t　　5）纵向制表符：\v　　6）退格(Backspace)：\b

7）空格：\0　　8）续行符：\(在行尾时)

2. 以字符编码表示的字符

1）八进制字符编码：\0dd　　#例如，\012 代表换行，其中 0 是数据零。

2）十六进制字符编码：\xdd　　#例如，\x20 代表空格。

3. 普通反斜杠、单引号和双引号的表示

1）反斜杠：\\　　2）单引号：\'　　3）双引号：\"

“如果字符串中包含反斜杠(\)，是用“\\”表示吗？”小明问道。

“是的，如果单引号包裹的字符串中有单引号，或者双引号包裹的字符串中有双引号，也要转义。” help 小精灵举例如下。

```
>>> s1 ='我的名字叫\'help 小精灵\',很高兴遇到你们'
>>> s2 ="我的名字叫\"help 小精灵\",很高兴遇到你们"
```

“如果单双引号相互包裹要不要用转义符？”大智问道。

“不用，请看以下语句。” help 小精灵答道。

```
>>> s3 ="我的名字叫'help 小精灵',很高兴遇到你们"
>>> s4 ='我的名字叫"help 小精灵",很高兴遇到你们'
```

于是他们设计了例 4-1 来测试以上知识。

【**例 4-1**】　字符串的定义与转义实例。

```
#字符串测试：n401StringTest.py
```

```
var1 ='欢迎来到 Python 城堡'
var2 ="Hello Python!"
var3 ="""多行字符串实例测试,在字符串中可插入转义符,如:
第 2 行字符串插入换行符(\n),第 3 行字符串插入制表符 TAB(\t),等等。
"""
var4 ="在字符串中插入双引号(\")、插入空格(\0)、插入续行符\
和插入反斜杠(\\)等。"
var5 =u"help 小精灵"
print(var1)
print(var2)
print(var3)
print(var4)
print(var5)
```

程序的运行结果如下:

```
=============== RESTART: E:\PyCode\chapter04\n401StringTest.py ===============
欢迎来到Python城堡
Hello Python!
多行字符串实例测试，在字符串中可插入转义符，如:
第2行字符串插入换行符(
)，第3行字符串插入制表符TAB(	)，等等。

在字符串中插入双引号(")、插入空格( )、插入续行符和插入反斜杠(\)等。
help小精灵
```

4.2.2 字符串的格式化输出

"前面的例子中，print()语句是用 F-strings 格式输出字符串的，可以介绍下其输出格式吗?" 大智问道。

"可以，F-strings 是现在使用较普遍的格式，还有其他 2 种，下面分别介绍它们。" help 小精灵答道。

1. 用 F-strings 格式化

f"{表达式:格式说明符}"

"该格式{}中的冒号(:)前面的'表达式'的值是要输出的内容，冒号(:)后面的'格式说明符'是用来控制内容的输出格式，对吗?" 小明问道。

"是的，{}是占位符，字符串的前面可以加上大写 F 或者小写 f，格式说明符用于控制字符串、整数和浮点数的输出格式，其语法如下。" help 小精灵答道。

格式说明符的语法: [**填充符**] [**对齐方式**] [**正负号**] [**#**] [**0**] [**宽度**] [**.精度**] [**类型**]

"为了方便理解，我们分别介绍。" help 小精灵补充道。

1) [填充符] [对齐方式] [宽度] 的格式应用。如:

```
>>> s ="城堡"
>>> print(f"{s:*>6},{s:#^6},{s:$<6}")
```

说明：<、^、>表示左、中、右对齐，＊号是填充符，6 是 s 占用的宽度，其运行结果是：＊＊＊＊城堡，##城堡##，城堡 $ $ $ $。

2）[#] [类型] 的格式应用。

说明：十进制、二进制、八进制、十六进制和字符等类型分别用“d、b、o、x、c”表示，“#”给二进制数、八进制数和十六进制数分别加上 0b、0o 和 0x 前缀说明，如：

```
>>> x =65
>>> print(f"{x:d},{x:#b},{x:#o},{x:#x},{x:c}")
```

运行结果为：65，0b1000001，0o101，0x41，A。

3）[.精度] [类型] 的格式应用。

说明：“f、e、%”分别表示数字格式化为浮点数、科学计数法格式数、百分号格式数，“精度”表示保留几位小数点，如：

```
>>> y =56.789
>>> print(f'{y:.2f},{y:.2e},{y:.2%}')
```

运行结果：56.79，5.68e+01，5678.90%。

“该格式是最常用的字符串的输出格式，它有什么优点？”小明问道。

“它是 Python3.6 以后版本提出的一种新型字符串格式化机制，也称为字符串插值，具有更易读、更简洁、运行速度更快，且不易出错的优点，该输出格式基本取代了其他两种输出格式。”help 小精灵说道。

小明和大智设计了以下实例来测试该输出格式。

【例 4-2】 字符串的 F-strings 格式化输出应用实例。

```
#F-strings 格式化输出测试：n402FstringsTest.py
a,b,c,d ="小明","城堡","Python",3.14159
print(f"{a}在{c}{b}学习{c}语言")
print(f"字符串{c}的大写字符是{c.upper()}")      #函数调用
print(f"{b:*>6},{b:#^6},{b:$<6}")              #填充、对齐、宽度等格式
print(f"{d:$<5.2f},{d:.2e},{d:.2%}")           #浮点数、科学计数法、百分比和宽度与精度等
```

程序的运行结果如下：

```
============== RESTART: E:\PyCode\chapter04\n402FstringsTest.py ==============
小明在Python城堡学习Python语言
字符串Python的大写字符是PYTHON
****城堡，##城堡##，城堡$$$$
3.14$,3.14e+00,314.16%
```

2. 用 format()格式化

"{[字段名[:格式说明符]]}".format(<表达式>)

“该输出格式推出的时间比第 1 种早一点，是在 Python2.6 开始提出，其功能是将 format 中<表达式>的值按‘格式说明符’的要求插入到大括号 {} 中的‘字段名’位置。其中，字段名可以是空，或者数字（即索引）、变量、索引.属性、索引 [下标]、索引

[键名] 等，‘格式说明符’同第1种格式相同。” help小精灵介绍道。

“既然该格式现在很少用了，为什么还要学习它?” 大智问道。

“为了方便阅读以前编写的程序代码，请看以下测试实例。” help小精灵答道。

【例 4-3】 字符串的 format 格式输出应用实例。

```
#format 格式测试: n403formatTest.py
#1)通过位置匹配参数
print('我在{},我学习{}'.format('城堡','Python'))
print('{1}{0}用{1}语言'.format('城堡','Python'))
#2)通过变量名匹配参数
print('{p}{c}用{p}语言'.format(p='Python',c='城堡'))
#3)通过对象的属性匹配参数
c=51+88j                        #定义复数 c
print('复数{0}的实部是{0.real},虚部是{0.imag}'.format(c))
#4)通过元组或列表的下标匹配参数
d=('Python','城堡')             #定义元组 d
print('我在名为{0[0]}的{0[1]}中'.format(d))
#5)通过字典的键名匹配参数
e={'name':'小精灵','age':17}    #定义字典 e
print('我名叫{0[name]},今年{0[age]}岁'.format(e))
```

程序运行结果如下:

```
=============== RESTART: E:\PyCode\chapter04\n403formatTest.py ===============
我在城堡，我学习Python
Python城堡用Python语言
Python城堡用Python语言
复数(51+88j)的实部是51.0，虚部是88.0
我在名为Python的城堡中
我名叫小精灵，今年17岁
```

3. 用%控制符

"%格式化模板"%（<表达式>）

“该格式是最早版本吧? 学习它也是为了方便阅读以前编写的代码吗?” 小明问道。

“是的，其功能是将右边<表达式>的值插入到左边格式化模板中的‘%格式控制符’位置。其中，格式化模板的语法是‘[格式控制符][对齐与辅助][宽度][.精度]’，请看以下实例。” help小精灵说道。

【例 4-4】 字符串的%格式化模板应用实例。

```
#格式化模板测试: n404strTemplate.py
print("字符%c 的 ASCII 码是%d。"%(65,65))
print("整数%d 的八进制是%#o,十六进制是%#x。"%(65,65,65))
print("浮点数%f 的科学计数法格式是%e。"%(38.9,38.9))
#符号"-"是左对齐,"+"是右对齐,这点与 F-strings 不同
print("我叫%s,今年%-3d 岁,体重%6.2f 公斤。"%('小精灵',17,38.9))
```

小明和大智测试了该程序，其运行结果如下：

```
============== RESTART: E:\PyCode\chapter04\n404strTemplate.py ===========
字符A的ASCII码是65。
整数65的八进制是0o101，十六进制是0x41。
浮点数38.900000的科学计数法格式是3.890000e+01。
我叫小精灵，今年17 岁，体重 38.90公斤。
```

4.2.3　字符串的运算符

“掌握了字符串的输出，现在来学习字符串的运算，表4-1给出了Python常见的字符串运算符。”help小精灵说道。

表4-1　字符串运算符

运算符	功能	解释（设a="Python",b="城堡"）
+	连接运算	两个字符串相连接，例如，a+b的值是"Python城堡"
*	重复运算	重复输出字符串，例如，a*2的值是"PythonPython"
[i]	索引运算	通过索引获取字符串中第i个字符，例如，a[0]的值是"P"
[:]	切片运算	截取字符串中的一部分，遵循左闭右开原则。例如，a[2:4]的值是"th"
>，<，>=，<=，==，!=	比较运算	比较两个字符串的大小或是否相等。例如，a==b的值是False
in和not in	成员判断	判断左字符串是否在右字符串中。例如，"th" in a的值是True，"城" not in b的值是False
is和is not	相同判断	判断两个字符串是否是相同对象。例如，"aaa" is "aaa" 的值是True，"aaa" is not "bbb" 的值是True
r或R	原始字符串	在字符串的第一个引号前加上r或R，表示该字符串都按照字面意思使用，用于替代转义符，例如，R"\n"输出的结果是"\n"，而不是换行

小明设计了以下实例来测试上述运算符。

【例4-5】　Python的字符串运算符测试实例。

```
#Python的字符串运算符实例：n405strOperator.py
a = "Python"
b = "城堡"
print(f"a=={a}")
print(f"b=={b}")
print(f"a+b=={a+b}")                           #连接,字符串a和字符串b相连
print(f"a*2=={a*2}")                           #重复,字符串a重复2次
print(f"a!=b是{a!=b},a>b是{a>b}")             #比较运算
print(f"a[0]=={a[0]}")                         #索引,获取a的第0个字符
print(f"a[-1]=={a[-1]}")                       #索引,获取a的倒数第1个字符
```

```
print(f"a[2:4]=={a[2:4]}")              #切片,截取 a 的第 2 至第 3 之间的子串
print(f"a[-4:-1]=={a[-4:-1]}")          #切片,截取 a 的倒数第 4 至倒数第 2 的子串
print(f"a[:]=={a[:]}")                  #切片,截取 a 的全部字符
if("P" in a):
  print(f"P 在{a}中")
else:
  print(f"P 不在{a}中")
if("Q" not in a):
  print(f"Q 不在{a}中")
else:
  print(f"Q 在{a}中")
print('\n')                             #转义符,换行
print(R'\n')                            #原始字符串,输出\n
```

程序的运行结果如下：

```
============== RESTART: E:\PyCode\chapter04\n405strOperator.py ==============
a==Python
b==城堡
a+b==Python城堡
a*2==PythonPython
a!=b是True, a>b是False
a[0]==P
a[-1]==n
a[2:4]==th
a[-4:-1]==tho
a[:]==Python
P在Python中
Q不在Python中


\n
```

4.2.4 字符串的处理函数

“码痴的笔记本中记录了很多动物名，建议用字符串处理函数来分析它们。”小明提醒道。

“好，现在开始学习 Python 提供的字符串处理的内置函数，不过内容比较多，你们要有耐心。”help 小精灵说完，分类列举了以下常用函数。

1. 字符串的大小写转换函数

“这部分函数用于对字符串中的字符进行大小写转换，见表 4-2 对字符串的大小写转换函数的介绍。”help 小精灵说道。

表 4-2 字符串的大小写转换函数

函 数 名	功能描述	实 例
s. lower( )	将字符串 s 中的所有大写字母转换为小写	'PYTHON'. lower( )的值是 python

（续）

函数名	功能描述	实例
s. upper( )	将字符串 s 中的所有小写字母转换为大写	'python'. upper( )的值是 PYTHON
s. swapcase( )	将字符串 s 中大写转换为小写，小写转换为大写	'PYthon'. swapcase( )的值是 pyTHON
s. capitalize( )	将字符串 s 的第一个字母转换为大写	'python castle'. capitalize( )的值是 Python castle
s. title( )	将字符串 s 中的所有单词都以大写开始，其余字母均为小写	'python castle'. title( )的值是 Python Castle

2. 字符串的判断函数

这部分函数用于判断，函数返回值是 True 或 False，字符串的判断函数见表4-3。

表 4-3 字符串的判断函数

函数名	功能描述	实例
s. islower( )	如果字符串 s 中的所有字母都是小写，则返回 True，否则返回 False	'python'. islower( )的值是 True
s. isupper( )	如果字符串 s 中的所有字母都是大写，则返回 True，否则返回 False	'Python'. isupper( )的值是 False
s. isalpha( )	如果字符串 s 中的所有字符都是字母则返回 True，否则返回 False	'Python'. isalpha( )的值是 True
s. isnumeric( )	如果字符串 s 中只包含数字字符，则返回 True，否则返回 False	'123 +45'. isnumeric( )的值是 False
s. isdigit( )	如果字符串 s 中只包含数字字符，则返回 True 否则返回 False	'12345'. isdigit( )的值是 True
s. isdecimal( )	如果字符串 s 中只包含十进制字符，则返回 True，否则返回 False	'12345'. isdecimal( )的值是 True
s. isalnum( )	如果字符串 s 中的所有字符都是字母或数字，则返回 True，否则返回 False	'123add45'. isalnum( )的值是 True
s. isspace( )	如果字符串 s 中只包含空白，则返回 True，否则返回 False	''. isspace( )的值是 True
s. istitle( )	如果字符串 s 是标题化的，则返回 True，否则返回 False	'Python Castle'. istitle( )的值是 True

“现在我们来设计一个识别 Python 标识符的实例吧？还记得标识符的命名规则吗？”

大智建议道。

"由字母、数字或下画线构成，第一个字符必须是字母或下画线，可以利用表中的 isalpha( )和 isalnum( )函数试试。"小明说道。

于是设计了以下判断标识符的程序实例。

【例 4-6】 根据 Python 标识符的命名规则设计检测标识符合法性的程序。

```
#标识符判断实例：n406Identification.py
list1 = [" $Turtle","123","good8","12stu","Stone_678"]   #保存被判断的字符串
list2 = []                          #保存合法标识符
for s in list1:
  if not(s[0].isalpha() or s [0] =='_'):
    continue                        #如果首字符不是字母和下划线，则跳过
  else:                             #如果首字符满足要求，则分析其他字符
    for c in s [1:]:
      if not (c.isalnum() or c =='_'):
        break                       #如果其他字符不是字母、数字或下划线，则结束内循环
    else:
      list2.append (s)              #将满足要求的字符串添加到列表 list2 中
print (f'列表 {list2} 中的单词是合法标识符')
```

程序的运行结果如下：

```
列表['good8','Stone_678']中的单词是合法标识符
```

3. 字符串的查找与替换函数

以上程序测试成功，大家很高兴，准备继续学习用于字符串查找与替换的函数，help 小精灵给出了表 4-4。

表 4-4 字符串的查找与替换函数

函数名	功能描述	实例
s.find(str, beg=0, end=len(string))	返回 str 在 s 的指定范围内的索引值，如果检测不到 str 则返回 -1	'I love Python Castle'.find('o',1,15)的值是 3
s.index(str, beg=0, end=len(string))	与 find( )方法一样，只不过如果检测不到 str 则产生异常	'I love Python Castle'.index('o',1,15)的值是 3
s.rfind(str, beg=0, end=len(string))	类似于 find( )函数，但是从右边开始查找	'I love Python Castle'.rfind('o')的值是 11
s.rindex(str, beg=0, end=len(string))	类似于 index( )函数，但是从右边开始	'I love Python Castle'.rindex('o')的值是 11
s.startswith(str,beg=0, end=len(string))	在指定范围内检查字符串 s 是否以 str 开头，是则返回 True，否则返回 False	'Python Castle'.startswith('Python')的值是 True

（续）

函 数 名	功能描述	实 例
s. endswith(str, beg = 0, end = len(string))	在指定范围内检查字符串 s 是否以 str 结束，是则返回 True，否则返回 False	'Python Castle'. endswith ('Castle') 的值是 True
s. replace(old, new [, max])	把字符串 s 中的 old 替换成 new，如果 max 指定，则替换不超过 max 次	'Python Castle'. replace('Python', 'Java') 的值是 Java Castle
s. maketrans(intab, outtab)	创建字符映射的转换表，将 intab 中的字符分别替代为 outtab 中的字符	t = ''. maketrans('abc', '123') #t 的值是 {97: 49, 98: 50, 99: 51}
s. translate(table)	用字符映射表 table 来转换字符串 s 中的字符	'abcdef'. translate(t) 的值是'123def'
s. expandtabs(size)	把字符串 s 中的 tab 符号转为 size 个空格，默认空格数是 8	'Python\tCastle'. expandtabs(3) 的值是 'Python　Castle'

4. 字符串的拆分与合并函数

字符串的拆分与合并函数见表 4-5，这部分函数用于对字符串的拆分与合并函数。

表 4-5　字符串的拆分与合并函数

函 数 名	功能描述	实 例
s. split(str = " " , num)	以 str 为分隔符截取字符串 s，如果 num 有指定值，则仅截取 num + 1 个子字符串	'love, Python'. split(',') 的值是 ['love', 'Python']
s. splitlines(f = False)	按照行（'\r'，'\r\n'，\n'）分隔，返回一个包含各行作为元素的列表，如果参数 f 为 True 则保留换行符，默认为 False	'Python\nCastle\n'. splitlines( ) 的值是 ['Python', 'Castle']
s. join(seq)	以字符串 s 作为分隔符，将序列 seq 中所有的字符串元素合并为一个新的字符串	' - '. join (['love', 'Python']) 的值是 love - Python

"如果分隔符有多个，则用正则表达式模块 re 中的 split（<正则表达式>，<字符串>）函数表示更加方便，该函数的<正则表达式>通常包含多个分隔符，用于分隔<字符串>，使用前先用 import re 语句导入，请看以下实例。" help 小精灵补充道。

如：re. split（'［#,］'，'I#love，Python'）的值为［'I'，'love'，'Python'］，正则表达式'［#,］'表示"#"和"，"两个字符。

"码痴笔记本中记录了很多动物名，而且在'南''蜥'等字的下面画了下画线，说不定这就是码痴口中的'恶龙'。"小明说道。

"我们设计一个查找以'南'开头，以'蜥'结尾的动物名的程序吧？"大智建议道。

由于码痴笔记本中记录的动物名很多，所以他们只选择了部分名词来测试，见例 4-7。

【例 4-7】 用 split( )、startswith( ) 和 endswith( ) 函数查找恶龙。

#字符串提取实例：n407strExtract. py

```
s ="红海胆、南洋水龙、北洋弓头鲸、亚洲鲸、南洋巨蜥、美洲象龟、海生蛤蜊"
word1 = s.split("、")
word2 = [s for s in word1 if s.startswith('南')]        #找"南"开头的单词
word3 = [s for s in word2 if s.endswith('蜥')]          #找"蜥"结尾的单词
print(word3)
```

程序的运行结果如下：

```
['南洋巨蜥']
```

"是'南洋巨蜥'吗？有点像'恶龙'啊。"大智看了以上结果，惊呼道，但没有查找全部数据，所以还不能确认。

"函数还没有学完，继续往下看吧。"help 小精灵建议道。

5. 删除字符串的空白函数

删除字符串的空白函数见表4-6，这部分函数用于删除字符串中多余的空白。

表 4-6 删除字符串的空白函数

函数名	功能描述	实例
s.lstrip([chars])	删除字符串 s 开头的 chars 或空白字符(包括'\t', '\n', '\r', '')	'132Python312'.lstrip('123')的值是'Python312'
s.rstrip([chars])	删除字符串 s 末尾的 chars 或空白字符(包括'\t', '\n', '\r', '')	'132Python312'.rstrip('123')的值是'132Python'
s.strip([chars])	在字符串上执行 lstrip()和 rstrip()	'132Python312'.strip('123')的值是 Python

6. 字符串的计算函数

字符串的计算函数见表4-7，这部分函数用于统计字符串的长度等信息。

表 4-7 字符串的计算函数

函数名	功能描述	实例
len(str)	返回字符串 str 的长度	len('Python')的值是 6
s.count(str,beg=0, end=len(string))	返回 str 在字符串 s 的指定范围内出现的次数	'PythonLovePython'.count('Python')的值是 2
max(str)	返回字符串 str 中最大的字母	max('Python')的值是 y
min(str)	返回字符串 str 中最小的字母	min('Python')的值是 P

7. 字符串的对齐函数

字符串的对齐函数见表4-8，这部分函数用于字符串的排版与对齐。

表 4-8 字符串的对齐函数

函数名	功能描述	实例
s. center(width, fillchar)	返回一个字符串 s 的居中对齐，并使用 fillchar 填充至长度 width ，fillchar 默认为空格	'Python'. center(10, ' * ') 的值是 ** Python **
s. ljust(width[, fillchar])	返回一个字符串 s 的左对齐，并使用 fillchar 填充至长度 width ，fillchar 默认为空格	'Python'. ljust(10, ' * ') 的值是 Python ****
s. rjust(width, [, fillchar])	返回一个字符串 s 的右对齐，并使用 fillchar 填充至长度 width ，fillchar 默认为空格	'Python'. rjust(10, ' * ') 的值是 **** Python
s. zfill （width）	返回长度为 width 的字符串，字符串 s 右对齐，前面填充 0	'Python'. zfill(10) 的值是 0000Python

8. 字符串的编码与解码函数

字符串的编码与解码函数见表 4-9，这部分函数用于字符串的编码与解码。

表 4-9 字符串的编码与解码函数

函数名	功能描述	实例
s. encode(encoding = 'UTF - 8', errors = 'ValueError')	以 encoding 编码格式编码字符串 s，如果出错则产生 ValueError 异常，除非 errors 指定的是'ignore'或者'replace'	'Python'. encode( ) 的值是 b'Python'
bytes. decode (encoding = " utf - 8" , errors = " ValueError")	Python3 中没有 decode 方法，但我们可以使用 bytes 对象的 decode( ) 方法来解码给定的 bytes 对象，这个 bytes 对象可以由 str. encode( ) 编码得到	b'Python'. decode( ) 的值是'Python'

终于学习完了以上函数，小明和大智用 IDLE 平台对它们进行了测试，但是没有找到关于“恶龙”的新线索，不过知道了字符串的处理方法，说不定以后会用到它们，所以二人并没有感到遗憾，他们决定继续从其他组合类型中寻找线索。

4.3 元组

“元组（Tuple）也是有序类型，你们以前没有遇到过，它包含 0 个或多个可重复的、有顺序的数据成员序列。其中每个数据成员称为元素，元素间用逗号“,”分隔，元素类型可以不同。”help 小精灵介绍道。

“例 4-6 中的 list1 和 list2 是元组吗？”大智问道。

“元组还有一个特点，就是定义好后，其元素个数和顺序不可改变，并且用小括号( )包裹。例 4-6 中的 list1 和 list2 是列表，其内容和顺序可以改变，并且用中括号[ ]包裹，所以不是元组。” help 小精灵解释道。

4.3.1 元组的创建方法

“元组是用小括号( )或 tuple（参数）函数创建的吗?” 小明问道。

“是的，它一旦被创建，就不能修改或删除其中包含的任意元素。” help 小精灵答道。

1. 使用( )创建一个元组

“还记得拜访‘码痴’家时经过的商业街吗? 那里商品琳琅满目，好多商品放在长长的容器中，一排排的，非常有规律，我们用元组来定义它们吧?” 大智建议道。

小明给出了以下定义：

```
>>> Vegetables = ("黄瓜","茄子","辣椒","番茄","空心菜")
>>> sc1 = (["黄瓜",1.6,True],["茄子",1.8,False])  #蔬菜名称、单价、有货否
>>> sc2 = ("空心菜")
>>> sc3 = ()
```

“元组中可以包含不同类型的元素，但只要包含元素，逗号就不能省略，所以 sc2 的定义有误。” help 小精灵说完后修改了 sc2 的定义，如下所示。

```
>>> sc2 = ("空心菜",)
```

小明用 type(sc2)函数测试了 sc2 前后定义的类型，发现前面的定义返回 <class 'str'>，后面的定义返回 <class 'tuple'>。

2. 使用 tuple(参数)创建一个元组

“如果想浅拷贝已经存在的元组，或者用存在的对象创建元组，则用构造函数 tuple（参数）创建，如果无参数则创建一个空元组。” help 小精灵说完，给了以下实例。

```
>>> t1 = tuple('Python')            #用字符串创建元组
>>> t1                              #输出 t1 的值
('P', 'y', 't', 'h', 'o', 'n')
>>> t2 = tuple(Vegetables)          #浅拷贝 Vegetables
>>> t2                              #输出 t2 的值
('黄瓜', '茄子', '辣椒', '番茄', '空心菜')
>>> id(t2),id(Vegetables)           #获取 t2 和 Vegetables 的内存地址
(37066720, 37066720)
>>> t3 = tuple()                    #创建空元组
```

4.3.2 元组的运算符

“元组的常用运算符见表 4-10，它同字符串的运算符相似。” help 小精灵介绍道。

表 4-10 元组的常用运算符

运 算 符	功 能	解释［设 a =（66, True), b =（8.8, 'ok')］
+	合并运算	两个元组合并，例如，a + b 的值是（66, True, 8.8, 'ok')
*	重复运算	重复元组元素，例如，a * 2 的值是（66, True, 66, True)
[i]	索引运算	通过索引获取元组中第 i 个元素，例如，a［1］的值是 True
[:]	切片运算	截取元组中的部分元素，遵循左闭右开原则。例如，a［1：2］的值是（True,)
>, <, >=, <=, ==, !=	比较运算	两个元组的包含、被包含或相等的判断。例如，a == b 的值是 False
in 和 not in	成员判断	判断数据是否在元组中。例如，66 in a 的值是 True，" ok" not in b 的值是 False
is 和 is not	相同判断	判断两个元组是否是相同对象。例如，a is a 的值是 True，a is not b 的值是 True

小明和大智测试元组运算符的代码如下：

```
>>> x = (1.8,True,"ok",3)
>>> x[0]                        #索引,即:x 的第 0 个元素值,返回 1.8
>>> x[-1]                       #索引,即:x 的倒数第 1 个元素值,返回 3
>>> x[0:2]                      #切片,即:x 的第 0 至第 1 元素值,返回(1.8, True)
>>> x[2:]                       #切片,即:x 的第 2 以后的元素值,返回('ok', 3)
>>>"t" in x                     #判断"t"在元组 x 中,返回 False
>>>"t" not in x                 #判断"t"不在元组 x 中,返回 True
>>> y = tuple(x)                #用元组 x 创建元组 y
>>> y                           #显示 y,返回(1.8, True, 'ok', 3)
>>> x is y                      #判断 x 和 y 是否引用相同对象,返回 True
>>> x is not y                  #判断 x 和 y 是否引用不同对象,返回 False
>>> x + ("辣椒","茄子")          返回(1.8, True, 'ok', 3, '辣椒', '茄子')
>>> ("辣椒","茄子") * 2          #返回('辣椒', '茄子', '辣椒', '茄子')
>>> x == y                      #判断 x 和 y 的内容是否相等,返回 True
>>> x > y                       #判断 x 的内容是否大于 y 的内容,返回 False
```

4.3.3 元组的处理函数

“可以在 Python 解释器中使用 dir（tuple）来查看元组的内置函数。”help 小精灵说道，并给出了几个常用的元组函数，见表 4-11。

表 4-11 元组的处理函数

函 数 名	功 能 描 述	实例(设 t 等于(3,6,1,3,2))
len(t)	求元组 t 中的元素个数	len(t) 等于 5
max(t)	求元组 t 中的最大元素	max(t) 等于 6

（续）

函 数 名	功 能 描 述	实例(设 t 等于(3,6,1,3,2))
min(t)	求元组 t 中的最小元素	min(t)等于 1
sum(t)	对元组 t 中的每个元素求和	sum(t)等于 15
set(t)	将元组 t 转换为集合	执行 set(t)后,返回{1, 2, 3, 6}
list(t)	将元组 t 转换为列表	执行 list(t)后,返回[3, 6, 1, 3, 2]
sorted(t[,key = None][,reverse = False])	返回元组 t 排序后的列表副本,不改变 t 的原来顺序。其中,reverse 的值为 False 或者 True 表示是否逆序,默认为正序;key 接受一个根据元组元素计算比较值的单参数函数,默认为 None,即直接比较每个元素	执行 sorted (t, reverse = True)后,返回列表[6, 3, 3, 2, 1]
t. count(object)	统计 object 在元组 t 中出现的次数	t. count(3)等于 2
t. index(object,[start, [stop]])	返回数据 object 在元组 t 的 start: stop - 1 范围中的第一个索引位置,如果元素不存在报错	t. index(3)等于 0

“函数 sorted 中的参数 key 接受一个根据元组元素计算比较值的单参数函数，请看以下实例。” help 小精灵补充道。

```
>>> t1 = ('hello', 'good', 'Python')
>>> sorted(t1,key = lambda k : len(k))          #按元组 t1 的元素长度排序
#返回列表['good', 'hello', 'Python']
```

小明和大智则设计了一个蔬菜选择的程序实例。

【例 4-8】 用元组实现蔬菜选择的程序实例。

```
#元组实例: n408TupleExample. py
Vegetables = ("黄瓜","茄子","辣椒","番茄","空心菜")
print("欢迎光临,本店有以下蔬菜:")
n = len(Vegetables)
for i in range(0,n):
    print(f"{i+1}: {Vegetables[i]}",end = ' ')
number = int(input("\n 您选择第几个?"))
if number < 1 or number > n:
    print(f"您选择的蔬菜不存在")
else:
    v = Vegetables[number - 1]
    print(f"您选择了: {v}")
```

程序的运行结果如下：

```
============== RESTART: E:\PyCode\chapter04\n408TupleExample.py ==============
欢迎光临，本店有以下蔬菜：
1: 黄瓜 2: 茄子 3: 辣椒 4: 番茄 5: 空心菜
您选择第几个？3
您选择了：辣椒
```

4.4 列表

“列表同元组相似，不同的是其元素序列可改变，另外它使用中括号［］包裹，对吧？”大智问道。

“是的，列表被创建后，可以插入、替换或删除其中包含的任意元素。”help 小精灵答道。

4.4.1 列表的创建方法

“列表包含以下3种创建方法。”help 小精灵说完，列举了相关的方法。

1. 使用中括号[]创建列表

“列表中的元素类型也可以不同吧？前面介绍的基本类型、字符串、元组或列表都可以吗？”小明问道。

“可以，如果中括号内不包含内容，则创建一个空列表，请看以下语句。”help 小精灵说道。

```
>>> l1 = [False,[789,23.6],(12,True),"hello"]     #创建列表 l1
```

2. 用 list()函数创建列表

“如果使用其他对象创建列表，或者拷贝已经存在的列表，是用构造函数 list（参数）创建吗？”大智问道。

“是的，如果参数为空，则创建空列表，请看以下例子。”help 小精灵答道。

```
>>> t = ('hello',  'Python')          #创建元组 t
>>> l1 = list(t)                     #l1 的值是['hello', 'Python']
>>> l2 = list('Python')              #l2 的值是['P', 'y', 't', 'h', 'o', 'n']
>>> l3 = list(l1)                    #用列表 l1 创建列表 l3
>>> l4 = list()                      #创建空列表 []
```

3. 用列表内涵创建列表

“另外，还可以用列表内涵创建列表，列表内涵是一个带可选条件的循环表达式，可选条件用于过滤不需要的数据项，请看以下语法格式。”help 小精灵继续介绍道。

格式：［**<表达式> for <数据项> in <可迭代式>** ［**if <条件>**］］

其功能是重复从<可迭代式>中获取全部或部分满足条件的元素赋值给<数据项>，用<表达式>的运算结果生成新的列表。例如：

```
>>> x = [n for n in (1,2, -3) if n > 0]
>>> x          #输出 x 的值,返回[1, 2]
```

“还可以用多重循环，如下例子。”help 小精灵补充道。

```
>>> s = [x + y for x in"ab" for y in "123" ]
>>> s          #输出 s 的值,返回['a1', 'a2', 'a3', 'b1', 'b2', 'b3']
```

“闰年是能被400整除或者被4整除但不被100整除的，可以用表达式（year%400 = =0）or（year%4 = =0 and year%100 ! =0）来描述，建议设计一个查找二十世纪内闰年的程序。”大智建议道。

于是大家用列表内涵创建了以下列表：

```
>>> leaps = [year for year in range(1901, 2000) if (year%400 = =0) or (year%4 = =0 and year%
100 ! =0)]
>>> leaps                    #输出 leaps 的值如下：
[1904, 1908, 1912, 1916, 1920, 1924, 1928, 1932, 1936, 1940, 1944, 1948, 1952, 1956, 1960,
1964, 1968, 1972, 1976, 1980, 1984, 1988, 1992, 1996]
```

“以上闰年哪些同‘快乐数’有关呢？为了缩小范围，建议继续学习。”help小精灵建议道。

4.4.2 列表的运算符

“列表与元组一样，也包含索引（[i]）、切片（[:]）、成员判断（in与not in）、相同判断（is与is not）、合并（+）、重复（*）、比较（<、<=、>、>=、==、!=）等运算符吧？”大智问道。

“应该还包含赋值（=），因为列表元素能被修改。”小明说道。

“是的，你们说得对，甚至可以替换整个切片，如果用空列表替换切片会删除该切片，例如x=[True,"hello",2]，则x[1:]=[8]后，x变为[True,8]。”help小精灵答道。

小明和大智对以上运算符进行了如下测试：

```
>>> x = [1.8,True,"ok",3]          #创建列表 x
>>> y = x[1]                       #索引，y 的值为 True
>>> x[-1] = 88                     #索引，将 x 的倒数第 1 个元素值改为 88
>>> x[:3] = [7,8]                  #切片，将 x 的第 3 个以前的元素改为 7,8
>>> x                              #输出 x 的值，返回[7, 8, 88]
>>> 8 in x                         #判断 8 在列表 x 中，返回 True
>>> 8 not in x                     #判断 8 不在列表 x 中，返回 False
>>> x + = [1,]                     #将列表[1,]的值合并到列表 x 的尾部
>>> x                              #输出 x 的值，返回[7, 8, 88, 1]
>>> y = [7,8,88,1]                 #创建列表 y
>>> x is y                         #判断 x 和 y 是否引用相同对象，返回 False
>>> x is not y                     #判断 x 和 y 是否引用不同对象，返回 True
>>> x = = y                        #判断 x 和 y 的值是否相等，返回 True
>>> x*2                            #返回[7, 8, 88, 1, 7, 8, 88, 1]
```

“另外，还可以利用星号（*）对列表进行拆分，它用在赋值语句中，功能是将右边数据项按位置依次赋值给左边变量，然后将剩余的所有数据都赋给带有*号的变量。”help小精灵说完，给出了如下实例。

```
>>> first, *rest, last = [1, 2, 3, 4, 5]
>>> first,rest,last                #返回结果：(1, [2, 3, 4], 5)
```

4.4.3　列表的处理函数

“列表的处理函数比元组多，可以在 Python 解释器中使用 dir（list）来查看列表的内置函数，常见的处理函数见表4-12”help 小精灵说道。

表 4-12　列表的处理函数

函 数 名	功 能 描 述	实例(lt 等于[1, 8, 9, 2, 8])
len(lt)	求列表 lt 中的元素个数	len(lt)等于5
max(lt)	求列表 lt 中的最大元素	max(lt)等于9
min(lt)	求列表 lt 中的最小元素	min(lt)等于1
sum(lt)	对列表 lt 中的每个元素求和	sum(lt)等于28
tuple(lt)	将列表 lt 转换为元组	执行 tuple(lt)后,返回(1, 8, 9, 2, 8)
set(lt)	将列表 lt 转换为集合	执行 set(lt)后,返回{8, 1, 2, 9}
sorted(lt[,key = None] [,reverse = False])	生成 lt 排序后的副本,不过它不改变 lt 的顺序。如果 reverse 的值为 True 则为逆序,默认为 False 是正序;key 接受一个根据列表元素计算比较值的单参数函数,默认为 None，即直接比较每个元素	执行 sorted(lt, reverse = True)后,返回[9, 8, 8, 2, 1],但 lt 的值不变
lt. sort([key = None] [,reverse = False])	其功能与 sorted 函数相似,不过它是将列表 lt 原地排序	执行 lt. sort()后，lt 变为 [1, 2, 8, 8, 9]
lt. reverse()	对列表 lt 进行原地反转	执行 lt. reverse()后，lt 变为 [8, 2, 9, 8, 1]
lt. count（object）	统计 object 在列表 lt 中出现次数	lt. count（8）等于2
lt. index（object, [start, [stop]]）	返回数据项 object 在 lt 的 start：stop－1 分片中第一个出现的索引位置，如果元素不存在报错	lt. index（8）等于1
lt. insert（index, object）	在索引位置 index 之前插入元素 object	lt. insert（1," 城堡"）后，lt 变为 [1, '城堡', 8, 9, 2, 8]
lt. append（object）	将数据项 object 追加到列表 lt 的末尾	lt. append（" 语言"）后，lt 变为 [1, 8, 9, 2, 8, '语言']
lt. extend（lst）	把另一个列表 lst 扩展进本列表 lt 中，功能同 lt + = lst 运算一样	设 lst = ['我', '爱']，执行 lt. extend（lst）后，lt 变为 [1, 8, 9, 2, 8, '我', '爱']
del lt [i：j：k]	删除 lt 的第 i 到 j－1 步长为 k 的元素	执行 del lt[0:－1:2]后,lt 变为[8, 2, 8]
lt. remove（object）	从 lt 中移除最左边的数据项 object，如果没找到 object 产生 ValueError 异常	执行 lt. remove(8)后,lt 变为[1, 9, 2, 8]

（续）

函 数 名	功 能 描 述	实例(lt 等于[1, 8, 9, 2, 8])
lt. pop([index])	移除并返回索引 index 上的数据项，如没有参数 index，则默认移除最后一项，如果是一个空列表或者索引的值超出列表的长度则报错	执行 lt. pop( )后，返回 8，lt 变为 [1, 8, 9, 2]
lt. clear( )	清除列表 lt 中的所有元素	如执行 lt. clear( )后，lt 等于 [ ]
lt. copy( )	对 lt 进行复制	执行 lt2 = lt. copy( )后，得 lt2 等于 [1, 8, 9, 2, 8]

“另外，Python 的 heapq 模块还提供了 nlargest（n，lt）函数和 nsmallest（n，lt）函数分别从列表 lt 中获得 n 个最大元素或者 n 个最小元素组成新的列表，请看以下测试例子。” help 小精灵补充道。

```
>>> import heapq                #导入 heapq 模块
>>> lt = [2, 1, 8, 9, 3]        #定义列表
>>> heapq. nlargest(2,lt)       #返回[9, 8]
>>> heapq. nsmallest(2,lt)      #返回[1, 2]
```

“‘码痴’的笔记本上有‘快乐数’的定义：**如果一个正整数用其每位数的平方之和取代它，重复这个过程，如果最终结果为 1，则该数称为快乐数。**” 大智说道。

例如，19 是快乐数，其计算过程如下：

1^2 + 9^2 = 82

8^2 + 2^2 = 68

6^2 + 8^2 = 100

1^2 + 0^2 + 0^2 = 1

于是，大家设计以下代码来计算同二十世纪闰年有关的快乐数。

【例 4-9】 编程计算 10 至 99 之间的快乐数，参考代码如下：

```
#快乐数实例：n409happyNumber. py
list1 = [ ]          #保存已经计算过的整数
list2 = [ ]          #保存快乐数
for num in range(10,100):
    temp = num
    while (temp not in list1) and(temp ! =1):
        list1. append(temp)                #添加准备分析的数
        a = temp % 10                      #求 temp 的最低位
        b = temp // 10 % 10                #求 temp 的中间位
        c = temp // 100                    #求 temp 的最高位
        temp = a * *2 + b * *2 + c * *2    #计算每位数的平方和
    if temp = =1:
```

```
        list2.append(num)          #添加快乐数
    #输出快乐数
    print(list2)
```

程序的运行结果如下：

```
[10, 19]
```

“闰年1908和1912与1910靠近，它们与打油诗‘闰年生怪物，二十世纪间。组合数中找，快乐数旁边’吻合，难道码痴口中的‘恶龙’是出生在1908或者1912年的‘南洋巨蜥’？”小明说道。

“继续寻找线索吧，例4-7只测试了笔记本中记录的部分动物，可能还有其他动物”help小精灵建议道。

4.5　集合

“集合（set）是0个或多个元素构成的无序组合，元素间用逗号分隔，集合用大括号{}包裹。”help小精灵介绍道。

“数学中学过集合，它具有无序、不重复的特点。”大智说道。

“是的，集合中的每个元素都是独一无二的，可以通过s = set（lst）语句删除列表lst中的重复数据项。”help小精灵答道。

4.5.1　集合的创建方法

“Python中提供了可变集合set和固定集合frozenset两种类型，set的值是可变的，但frozenset一旦创建了就不可修改。”help小精灵继续介绍道。

“集合中的元素可以是数字（int、float、complex、bool）、字符串（string）、元组（tuple）等类型吗？”小明问道。

“可以的，还可以是固定集合（frozenset），但不能是列表（list）、集合（set）和字典（dict）等可变数据类型，因为集合中的元素要求是不可变数据类型的数，如{6, True, "Python", ("大智", 14), 3.14}是可以的。”help小精灵答道。

1. 可变set的创建

“是用{}或set（参数）方法创建一个可变集合吧？如果set()无参数则创建一个空集，如果参数是已经存在的集合或者是其他对象，则生成该参数的浅拷贝或者将参数对象转换为集合对象吧？”大智问道。

“是的，但如果要想创建空集合，则必须使用set()构造函数，如果用{}会创建成一个空的字典，因为后面要介绍的字典也是用大括号{}包裹的。”help小精灵补充道。

小明和大智测试了以下语句：

```
>>> s1 = {'英语', '计算机'}         #使用{}创建集合s1
>>> 1 = ['小明', '大智']            #创建列表1
>>> s2 = set(1)                    #用列表创建集合,s2的值是{'小明', '大智'}
```

```
>>> s3 = set('ok')              #用字符串创建集合,s3 的值是{'o', 'k'}
```

2. 固定 frozenset 的创建

“固定集合是指一旦创建就不能修改的集合，只能使用 frozenset（参数）方法创建，如果不带参数则创建一个空的固定集合。” help 小精灵说完，给出了以下实例。

```
>>> l = ['小明', '大智']          #创建列表 l
>>> fs = frozenset(l)           #用列表 l 创建固定集合 fs
>>> fs                          #显示 fs 的内容是 frozenset({'大智', '小明'})
```

3. 使用集合内涵创建

“用集合内涵创建集合的语法格式同用列表内涵创建列表的语法格式相似吧?” 小明说完，给出了以下语法格式。

格式：{ **<表达式> for <数据项> in <可迭代> [if <条件>]** }

“是的，请看以下实例。” help 小精灵答道。

```
>>> names = ('小明', '大智')                                  #创建元组 names
>>> hobby = ['英语', '语文']                                  #创建列表 hobby
>>> s = set(x + '爱' + y for x in names for y in hobby)   #创建集合 s
>>> s   #显示 s 为{'小明爱英语','大智爱英语','小明爱语文','大智爱语文'}
```

4.5.2 集合的运算符

“集合的常用运算符见表 4-13。” help 小精灵继续说道。

表 4-13　集合的常用运算符

运　算　符	功　　能	解释 [设 a = {66, True}, b = {66, 'ok'}]
|	并集运算	两个集合合并，例如，a|b 的值是 {True, 66, 'ok'}
&	交集运算	获取两个集合中相同的元素，例如，a&b 的值是 {66}
^	补集运算	获取两个集合中不同的元素，例如，a^b 的值是 {'ok', True}
-	差集运算	一个集合减去两个集合中相同的元素，例如，a - b 的值是 {True}
>, <, >=, <=, ==, !=	比较运算	两个集合的包含、被包含或相等判断。例如，a == b 的值是 False
in 和 not in	成员判断	判断数据是否属于集合。例如，66 in a 的值是 True，66 not in b 的值是 False
is 和 is not	相同判断	判断两个集合是否是相同对象。例如，a is a 的值是 True，a is not b 的值是 True

小明和大智用以下代码测试了表中的运算符。

```
>>> s = {'羽毛球', '爬山', '游泳'}
>>> t = {'游泳', '篮球'}
>>> s&t                         #返回{'游泳'}
```

```
>>> s^t                      #返回{'羽毛球', '爬山','篮球'}
>>> s|t                      #返回{'羽毛球', '爬山', '游泳','篮球'}
>>> s-t                      #返回{'羽毛球', '爬山'}
>>> s = =t                   #返回 False
>>> s! =t                    #返回 True
>>> s>{'羽毛球', '游泳'}      #返回 True
>>>'游泳' in s               #返回 True
>>>'游泳' not in s           #返回 False
```

4.5.3 集合的处理函数

"set 中的内容可变，但无序，所以只包含列表中的部分方法吧?"大智问道。

"是的，集合的处理函数见表4-14。"help 小精灵说道。

表 4-14 集合的处理函数

函 数 名	功 能 描 述	解释(设 s 等于{'音乐', '诗歌'})
len(s)	返回集合 s 的元素个数	len(s)值为 2
max(s)	返回集合 s 中的最大元素	max(s)值为'音乐'
min(s)	返回集合 s 中的最小元素	min(s)值为'诗歌'
sum(s)	对集合 s 中的每个元素求和	sum({1,2,3})值为 6
s. add(object)	如果 object 不在集合 s 中,将 object 增加到 s 中	s. add('天文'),则 s 的值为{'音乐', '诗歌', '天文'}
s. remove(object)	移除 s 中元素 object,如果 object 不在集合 s 中,产生 KeyError 异常	s. remove('音乐'),则 s 的值为{'诗歌'}
s. discard(object)	移除 s 中元素 object,如果 object 不在集合 s 中,不报错	s. discard('音乐'),则 s 的值为{'诗歌'}
s. pop()	随机返回并移除 s 中的一个元素，若 s 为空产生 KeyError 异常	s. pop()，则可能弹出'音乐'，s 值变为 {'诗歌'}
s. clear()	清空 s 中所有元素	s. clear()，则 s 的值为空
s. copy()	返回 s 的浅拷贝	t = s. copy()，则 t 的值为 {'音乐', '诗歌'}
s. isdisjoint (t)	如果 s 与 t 没有相同的项，则返回 True	s. isdisjoint ({'诗歌'}) 返回 False
sorted (s [, key = None] [, reverse = False])	返回 s 排序后的列表。其中 reverse 的值为 False 或 True 表示是否逆序，默认正序；key 接受一个计算比较值的单参数函数，默认为 None，即直接比较每个元素	sorted (s) 返回 ['诗歌', '音乐']

"另外，集合的以下运算有对应的函数。"help 小精灵补充道。

1) s< =t 对应 s. issubset (t)
2) s> =t 对应 s. issuperset (t)
3) s&t 对应 s. intersection (t)
4) s& =t 对应 s. intersection_ update (t)

5）s|t 对应 s. union（t）
6）s－t 对应 s. difference（t）
7）s－＝t 对应 s. difference_ update（t）
8）s^t 对应 s. symmetric_ difference（t）
9）s^＝t 对应 s. symmetric_ difference_ update（t）

大智在测试以上集合处理函数时，小明发现码痴的 U 盘中有一个 txt 文件，其中保存了以下动物名：

红海胆、南洋水龙、北洋弓头鲸、亚洲鲸、南洋巨蜥、美洲象龟、海生蛤蜊、亚洲巨蜥、亚洲水龙、亚洲弓头鲸、南洋弓头鲸、美洲巨蜥……

由于动物名很多，不方便全部显示，所以用符号“……”省略。另外，她还找到了处理该文件的程序实例 4-10，其中包含了打开文件的方法。

【例 4-10】 Python 集合的基本操作实例，过程如下。

```
#文件集合实例：n410setExample. py
fname ="n410 码痴的笔记 . txt"
word1 = set( )
word2 = set( )
f1 = open（fname）                                         #打开文件
for line in f1：                                           #读取文件中的每行
    line = line. strip( )                                  #删除每行的首尾空白符
    word = line. split（"、"）                              #以"、" 分隔每行的单词
    word1 | = {s for s in word if s. startswith（'南'）}      #找出每行中'南'开头的单词
    word2 | = {s for s in word if s. endswith（'蜥'）}        #找出每行中'蜥'结尾的单词
f1. close( )                                               #关闭文件
wordSet = word1 & word2                                    #求交集
print（wordSet）
```

程序的运行结果如下：

```
{'南洋巨蜥'}
```

看到以上结果，大家基本确定码痴口中的“恶龙”是 1908 年或者 1912 年出生的“南洋巨蜥”，为了找到“恶龙”，小明和大智继续学习。

4.6 字典

“Python 中的字典同我们查‘字’用的字典相似吗？”大智问道。

“是的，字典（Dict）是由 0 个或多个逗号分隔的键值对（key：value）构成的集合，可以通过‘键’来查找‘值’，它是 Python 中的内置映射类型，具有可变性。”help 小精灵答道。

“是集合，那就是无序的，没有索引的，不能使用分片操作符，对吗？”小明问道。

“Python 3. 6 以前版本的字典是无序的，但是从 Python 3. 7 开始，语言规范中保证了插入的顺序。”help 小精灵答道。

4.6.1 字典的创建方法

“前面介绍的数字（int、float、complex、bool）、字符串（string）、元组（tuple）和固定集合（frozenset）都是不可变数据类型，都可以作为字典的 key（键）吧?”大智问道。

“是的，因为字典的 key（键）是指向可哈希运算的对象引用，它具有唯一性，所以不能是列表（list）、集合（set）和字典（dict）等可变数据类型。”help 小精灵答道。

“字典的 value（值）可以是任意数据类型吧?”小明问道。

“是的，它的创建方法有以下 3 种。”help 小精灵说道。

1. 使用花括号 {} 创建字典

“该方法将键值对放入大括号 {} 中创建，如果大括号 {} 中的内容为空，则创建一个空的字典，请看以下实例。”help 小精灵介绍道。

```
>>> d = {"no":1001,"name":"张三","age":13}          #创建字典 d
```

2. 用 dict()函数创建字典

“该方法是使用列表或元组作为参数来创建字典的吗? 如果 dict()中的参数为空，则是创建了一个空的字典吗?”大智问道。

“是的，不过参数序列中必须包含键值对，请看以下测试。”help 小精灵答道。

```
>>> l = [("no",1003),("name","王二"),("age",14)]  #包含键值对的列表
>>> t = (('no',1004),('name','黄六'),('age',16))   #包含键值对的元组
>>> d1 = dict(no = 1002,name = "李四",age = 15)    #使用关键字参数创建字典
>>> d2 = dict(l)                                    #使用列表创建字典
>>> d3 = dict(t)                                    #使用元组创建字典
```

3. 用字典内涵创建字典

“字典内涵是一个带可选条件的循环的表达式对，可选条件用于过滤掉不需要的数据项，请看以下语法格式。”help 小精灵继续介绍道。

格式 1:{ **<键表达式>: <值表达式>for <键>, <值>in <可迭代>**}[**if <条件>**]

格式 2:{ **<键表达式>: <值表达式> for <数据项> in <可迭代>**}[**if <条件>**]

“其功能是重复取出 <可迭代>中的全部或部分满足条件的键值对或者数据项进行 <键表达式>和 <值表达式> 运算，生成字典，对吗?”小明说道。

“是的，请看以下测试。”help 小精灵说道。

```
>>> t = ("R","C ++")                                #创建元组 t
>>> d1 = {name: len(name) for name in t}            #d1 的值为{'R': 1, 'C ++': 3}
>>> d2 = {k:v for k,v in d1.items() if len (k) >2}  #d2 的值为 {'C ++': 3}
>>> d3 = {i: i * * 2 for i in range (1, 5) if i%2! =0}  #d3 的值为 {1: 1, 3: 9}
```

4.6.2 字典的运算符

“Python 字典的常用运算符见表 4-15。”help 小精灵继续说道。

表 4-15　Python 字典的常用运算符

运　算　符	解释[设 d = {'no':1001,'name':'张三','age':13}]
d[key]	用于存取字典中的某一个键 key 的值,当然也可以用 d. get(key)方法来取值。例如,x = d["no"]和 d["name"] = "小李"
=	用于添加或替换字典中某一项。例如,d["heigh"] = 170,如果 d 中存在"heigh"键,则使用 170 替换原来"heigh"的值,否则添加"heigh"键
= =,! =	用于判断两个字典的内容是否相等。例如,d ! = d 的值是 False
in 和 not in	判断键是否在字典中。例如,'name' in d 的值为 True,'name' not in d 的值为 False
is 和 is not	判断两个字典是否是相同对象。例如,d is d 的值是 True,d is not d 的值是 False
del	用于删除对象。例如,del d["age"]会删除键为"age"的项,如果键不存在则产生一个 KeyError

4.6.3　字典的处理函数

"可以在 Python 解释器中使用 dir (dict) 命令查看字典的内置函数吧?" 大智问道。"是的, 表 4-16 给出了字典的处理函数。" help 小精灵答道。

表 4-16　字典的处理函数

函　数　名	功 能 描 述	解释[设 d = {1002: '王二', 1001: '张三'}]
d. get(k)	返回键 k 关联的值,如果字典 d 中不存在 k 则返回 None	d. get(1001)返回值为'张三'
d. get(k,v)	返回键 k 关联的值,如果字典 d 中不存在 k 则返回 v	d. get(1005,'中国')返回'中国'
d. setdefault(k,v)	返回键 k 关联的值,如果字典 d 中不存在 k 则返回 v,并插入(k,v)新项	d. setdefault(1003,'黄五')返回'黄五',并且插入(1003,'黄五')
d. keys()	返回字典 d 中所有键 key 的视图	d. keys()返回 dict_keys([1002, 1001])
d. values()	返回字典 d 中所有值 value 的视图	d. values()返回 dict_ values(['王二', '张三'])
d. items()	返回字典 d 中所有键值对 (key, value) 的视图	d. items()返回 dict_ items([(1002, '王二'), (1001, '张三')])
d. pop(k)	返回键 k 的关联值, 并移除键为 k 的项, 如果 k 不存在则产生 KeyError	d. pop(1002)返回'王二',并且 d 中移除了(1002, '王二')
d. pop(k,v)	返回键 k 的关联值, 并移除键为 k 的项, 如果 k 不存在则返回 v	d. pop (1006, '广东')　#返回'广东'
d. popitem()	返回并移除字典 d 中任意一个 (key, value) 对, 如果 d 为空就产生 KeyError	d. popitem()返回并且删除(1001, '张三')

（续）

函 数 名	功 能 描 述	解释[设 d = {1002: '王二', 1001: '张三'}]
d. clear( )	移除 d 中所有项	d. clear( )，则 d 的值为 {}
d. copy( )	返回 d 的浅拷贝	d. copy( )返回 {1002: '王二', 1001: '张三'}
d. fromkeys(s, v)	返回一个字典，该字典的键为序列 s 中的项，值为 V	{}. fromkeys([11,12],'值')返回{11: '值', 12: '值'}
len(d)	返回字典 d 中元素的个数	len（d）的值为 2
sorted(d[,key = None][,reverse = False])	返回 d 排序后的列表。其中，reverse 的值为 False 或者 True 表示是否逆序，默认为正序；key 接受一个根据集合元素计算比较值的单参数函数，默认为 None，即直接比较每个元素	sorted(d. items( ), key = lambda t:t[0])返回[(1001, '张三'),(1002, '王二')]
d. update(a)	用 a 更新字典 d，如果 a 中的键在 d 中已存在，则用 a 的键值更新 d 的键值，如果不存在则插入，其中 a 可以是字典，也可以是（key，value）对的一个 iterable 或关键字参数	d. update({(1001,'吴广'),(1003,'陈胜')})则 d 的值变为{1002: '王二', 1001: '吴广', 1003: '陈胜'}

“前面的测试中用到了 d. items( )函数，它同 d. keys( )与 d. vaules( )函数都可用于 for 循环语句中吗？”小明问道。

“是的，它们常用于迭代运算，请看以下使用方法。”help 小精灵说道。

```
for item in d. items( ):          #循环访问 d 的所有（键，值）对。
    print (item)
for key in d. keys( ):            #循环访问 d 的所有键。
    print (key)
for value in d. values( ):        #循环访问 d 的所有值。
    print (value)
```

“我们来设计一个从码痴笔记本中记录的蜥蜴中寻找‘长寿巨蜥’的程序实例吧。”大智建议道。

【例 4-11】 用列表、集合和字典编程查找体长超 1 米且寿命超百岁的蜥蜴。

```
#用字典实现蜥蜴分组：n411LizardDict. py
#定义字典,保存码痴笔记本中记录的四种常见蜥蜴
d1 = {'species': '斑点楔齿蜥', 'length': 0.75, 'lifespan': 110}
d2 = {'species': '科莫多巨蜥', 'length': 3, 'lifespan': 50}
d3 = {'species': '海鬣蜥', 'length': 1.2, 'lifespan': 60}
d4 = {'species': '帝王蛇蜥', 'length': 1, 'lifespan': 55}
```

```
li = [d1,d2,d3,d4]                      #定义保存以上蜥蜴的列表
bodySize = set()                        #定义保存体长蜥蜴的集合
longevity = set()                       #定义保存长寿蜥蜴的集合
dic = {}                                #定义字典保存以上两类蜥蜴
for d in li:
    if d.get('length') > 1:
        bodySize.add(d['species'])      #将体长超1米的蜥蜴添加到集合中
    if d['lifespan'] > 100:
        longevity.add(d['species'])     #将寿命超百岁的蜥蜴添加到集合中
dic.setdefault("体长超1米蜥蜴", bodySize)
dic.setdefault("寿命超百岁蜥蜴", longevity)
print(dic)
print(f"体长超1米且寿命超百岁的蜥蜴:{bodySize & longevity}")
```

程序的运行结果如下:

```
=============== RESTART: E:\PyCode\chapter04\n411LizardDict.py ===============
{'体长超1米蜥蜴': {'海鬣蜥', '科莫多巨蜥'}, '寿命超百岁蜥蜴': {'斑点楔齿蜥'}}
体长超1米且寿命超百岁的蜥蜴: set()
```

"码痴的笔记本中没有记录同时满足体长超 1 米和寿命超百岁的'长寿巨蜥',说不定标本馆中可以找到。"help 小精灵安慰道。

4.6.4 其他种类的字典

"Python 的标准库 collections 中还定义了默认字典 defaultdict 和有序字典 OrderedDict,它们是 dict 的子类,要不要继续学习?"help 小精灵问道。

"学吧,说不定以后会用到。"小明答道。

1. 默认字典 defaultdict

"默认字典的构造函数是 defaultdict(默认类型),其功能是创建包含默认类型值的字典,参数可以是 int、str、tuple、list、set、dict 等各种合法类型,对应的默认值分别为 0、''、()、[]、set()和 {} 等。"help 小精灵说完,给出了以下测试:

```
>>> from collections import defaultdict      #导入默认字典
>>> dd = defaultdict(int)                    #创建默认值为整数0的字典
>>> dd["姓名"] = "张三"                       #添加 key:value 对
>>> dd["兴趣"] = "篮球"                       #添加 key:value 对
>>> dd                                       #输出 dd 字典如下:
defaultdict(<class'int'>, {'姓名': '张三', '兴趣': '篮球'})
```

"它与普通字典 dict 有什么不同?"大智问道。

"普通字典 dict 访问不存在的键时会产生 KeyError 异常,而默认字典是给字典增加新元素 newkey:defaultValue,请看以下测试。"help 小精灵解释道。

```
>>> dd["兴趣"]                                #返回 '篮球'
```

```
>>> dd["年龄"]                          #返回0,并添加新元素 '年龄': 0
>>> dd                                  #输出dd字典如下:
defaultdict(<class'int'>,{'姓名': '张三', '兴趣': '篮球', '年龄': 0})
```

“噢，它可以代替 dict 中的 get(k,v) 和 setdefault(k,v) 函数。” 小明说道。

“是的，defaultdict()的参数可以是函数名，也可以不传入参数或者传入 None。但是，如果不传入参数或参数为 None，则不支持默认值，例如，dd = defaultdict()，这时用不存在的键读取字典内容（如：dd ["学号"]）会产生 KeyError 异常。” help 小精灵补充道。

2. 有序字典 OrderedDict

“有序字典 OrderedDict 是在 Python 3.6 以前版本使用的，用于记录元素插入字典的顺序，访问时按元素的插入顺序输出。” help 小精灵介绍道。

“dict 不是也记录元素的顺序吗?” 大智问道。

“但是 Python 3.6 以前版本的 dict 是无序的，访问时会以任意的顺序输出。” help 小精灵说道，小明和大智进行了以下测试：

```
>>> from collections import OrderedDict
>>> d = {102:'Python',103:'C ++', 101:'Java'}
>>> d = OrderedDict(sorted(d.items(), key = lambda t: t [0]))    #按键排序
>>> d   #输出 OrderedDict([(101, 'Java'), (102, 'Python'), (103, 'C ++')])
>>> d.popitem(last = False)   #按正向顺序弹出(101, 'Java')
>>> d   #输出 OrderedDict([(102, 'Python'), (103, 'C ++')])
```

“另外，要注意两个普通字典进行比较时，不考虑元素的顺序，只比较元素的内容，而两个有序字典进行比较时，既要比较元素的内容，还要比较顺序。” help 小精灵补充道。

终于看完了组合类型的全部内容，这时城堡公安传来消息，说抓到一个怪物，请小明和大智去看看怎么处理，于是大家匆匆赶往城堡公安局。

4.7 组合类型的应用实验

实验名称：组合数据类型应用测试。

实验目的：

1）了解组合类型的特点与定义。

2）掌握字符串、元组和列表等组合类型的使用方法。

3）掌握集合类和字典类的定义、特点与使用方法。

4）学会应用字符串、元组、列表、集合和字典 5 种组合类型编写 Python 程序。

实验内容：

1）用字符串、元组和列表编写 Python 程序。

2）用集合和字典编写 Python 程序。

4.8 习题

一、判断题

1. Python 中字符串的下标是从 1 开始的。 ( )
2. 无论使用单引号还是双引号包含的字符串，用 print 函数输出的结果都一样。( )
3. 如果 index 函数没有在字符串中找到子串，则会返回 -1。 ( )
4. Python 中单个字符也属于字符串类型。 ( )
5. 无论 input 函数接收的任何数据，都会以字符串的方式进行保存。 ( )
6. 字符串的切片选取的区间范围是从开始位置开始，到结束位置结束。 ( )
7. Python 中的字符串数据类型是不可变数据类型。 ( )
8. 使用下标可以访问字符串中的每一个字符。 ( )
9. 列表、元组、字符串是 Python 的无序序列。 ( )
10. 元组是不可变的，不支持列表对象的 inset()、remove()等方法，也不支持 del 命令删除其中的元素，但可以使用 del 命令删除整个元组对象。 ( )
11. 只能对列表进行切片操作，不能对元组和字符串进行切片操作。 ( )
12. 元组是可变数据类型。 ( )
13. 字符串属于 Python 有序序列，和列表、元组一样都支持双向索引。 ( )
14. 通过索引可以修改和访问元组的元素。 ( )
15. 元组的访问速度比列表要快一些，如果定义了一系列常量值，并且主要用途仅仅是对其进行遍历而不需要进行任何修改，建议使用元组而不使用列表。 ( )
16. append 方法可以将元素添加到列表的任意位置。 ( )
17. pop 方法在省略参数的情况下，会删除列表的最后一个元素。 ( )
18. 通过 insert 方法可以在列表的指定索引位置插入元素。 ( )
19. del 语句只能删除整个列表。 ( )
20. 使用下标可以修改列表的元素值。 ( )
21. 列表的嵌套是指列表的元素是另一个列表。 ( )
22. 列表是不可变数据类型。 ( )
23. 列表的元素可以做增加、修改、排序、反转等操作。 ( )
24. Python 字典属于无序序列。 ( )
25. 元组可以作为字典的“键”。 ( )
26. 列表可以作为字典的“键”。 ( )
27. 字典的“键”必须是不可变的。 ( )
28. Python 字典中的“键”不允许重复，是唯一的。 ( )
29. 当以指定“键”为下标给字典对象赋值时，若该“键”存在则表示修改为该“键”对应的“值”，若不存在则表示为字典对象添加一个新的“键 - 值对”。 ( )
30. Python 支持使用字典的“键”作为索引来访问字典的值。 ( )
31. 若 a 是一个列表，且 a [:] 与 a [:: -1] 相等，则 a 中元素按顺序排列构成一

个回文。　　　　　　　　　　　　　　　　　　　　　　　　　　　　　　（　　）

32. 对于列表而言，在尾部追加元素比在中间位置插入元素速度更快一些，尤其是对于包含大量元素的列表。（　　）

33. 已知 x = (1,2,3,4)，那么执行 x[0] = 5 之后，x 的值为(5,2,3,4)。（　　）

34. 已知 x 是一个列表，那么 x = x[2:] + x[:2]可以实现把列表 x 中的所有元素循环左移 2 位。（　　）

35. 创建只包含一个元素的元组时，必须在元素后面加一个逗号，例如(3,)。（　　）

36. set(x)可以用于生成集合，输入的参数可以是任何组合数据类型，返回结果是一个无重复且有序的任意集合。（　　）

37. 集合可以作为列表的元素。（　　）

38. 可以删除集合中指定位置的元素。（　　）

39. 元组可以作为字典的“键”。（　　）

二、单选题

1. 字符串'Hi，Python'中，字符'P'对应的下标位置为（　　）。

A. 1　　B. 2　　C. 3　　D. 4

2. 字符串的 strip 方法的作用是（　　）。

A. 删除字符串头尾指定的字符　　B. 删除字符串末尾指定的字符

C. 删除字符串头部指定的字符　　D. 通过指定分隔符对字符串切片

3. 下列数据中，不属于字符串的是（　　）。

A. 'abc'　　B. '''abce'''　　C. " abc"　　D. abc

4. 下列方法中，能够让所有单词的首字母变成大写的方法是（　　）。

A. capitalize　　B. title　　C. upper　　D. ljust

5. 当需要在字符串中使用特殊字符时，Python 使用（　　）作为转义字符的起始符号。

A. \　　B. /　　C. #　　D. %

6. 下列方法中，能够返回某个子串在字符串中出现次数的是（　　）。

A. length　　B. index　　C. count　　D. find

7. 使用（　　）符号对浮点类型的数据进行格式化。

A. %c　　B. %f　　C. %d　　D. %s

8. 下列函数中，用于返回元组中元素最小值的是（　　）。

A. len　　B. max　　C. min　　D. tuple

9. Python 中可以返回列表、元组、字典、集合、字符串以及 range 对象中元素个数的内置函数是（　　）。

A. type()　　B. index()　　C. len()　　D. count()

10. Python 中 print(type((1,2,3,4)))语句的结果是（　　）。

A. <class'tuple'>　　B. <class 'dict'>

C. <class'set'>　　D. <class 'list'>

11. 执行以下操作后，list_ two 的值是（　　）。

```
list_one = [4,5,6]
list_two = list_one
list_one[2] = 3
```

A. [4, 5, 6]　　B. [4, 3, 6]　　C. [4, 5, 3]　　D. 都不对

12. 关于列表的说法，以下描述错误的是（　　）。

A. list 是一个有序集合，没有固定大小

B. list 可以存放 Python 中任意类型的数据

C. 使用 list 时其下标可以是负数

D. list 是不可变数据类型

13. list = ['a', 'b', 'c', 'd', 'e']，下列操作会正常输出结果的是（　　）。

A. list [-4: -1: -1]　　B. list [: 3: 2]

C. list [1: 3: 0]　　D. list ['a': 'd': 2]

14. 已知 ord (" a") =97，以下程序的输出结果是（　　）。

```
list1 = [1,2,3,'a','b']
print(list1[2],list1[3])
```

A. 2 5　　B. 3 a　　C. 2 97　　D. 3 97

15. 下列程序执行后输出的结果是（　　）。

```
x = 'abc'
y = x
y = 100
print(x)
```

A. "abc"　　B. 100　　C. abc　　D. 97 98 99

16. Python 语句如下：

```
a = [1, 2, 3, [[4], 5], None]
print(len(a))
```

以上代码的运行结果是（　　）。

A. 4　　B. 5　　C. 6　　D. 7

17. Python 语句 print(type([1,2,3,4]))的输出结果是（　　）。

A. <class'tuple'>　　B. <class'dict'>

C. <class'set'>　　D. <class 'list'>

18. 在 Python 中有

```
s = ['a','b']
s.append([1,2])
s.insert(1,7);
```

执行以上代码后，s 的值为（　　）。

A. ['a',7,'b',1,2]　　B. [[1,2],7,'a','b']

C. [1,2,'a',7','b']　　D. ['a',7,'b',[1,2]]

19. Python 语句如下：

```
s1 = [1, 2, 3, 4]
s2 = [5,6,7]
print(len(s1 + s2))
```

以上代码的运行结果是（　　）。

A. 4　　B. 5　　C. 6　　D. 7

20. 下列选项中，正确定义了一个字典的是（　　）。

A. a = ['a',1,'b',2,'c',3]　　B. b = ('a',1,'b',2,'c',3)

C. c = {'a',1,'b',2,'c',3}　　D. d = {'a':1,'b':2,'c':3}

21. 字典的（　　）方法返回字典的“键”列表。

A. keys()　　B. key()　　C. values()　　D. items()

22. 字典对象的（　　）方法返回字典的“值”列表。

A. keys()　　B. key()　　C. values()　　D. items()

23. 以下关于元组的描述正确的是（　　）。

A. 创建元组 tup 语句：tup = ()　　B. 创建元组 tup 语句：tup = (50)

C. 元组中的元素允许被修改　　D. 元组中的元素允许被删除

24. 以下语句的运行结果是（　　）。

```
>>> str = "\tPython"
>>> print ("study" + str)
```

A. "study\tPython"　　B. study Python　　C. studyPython　　D. 语法错误

25. 下列说法错误的是（　）。

A. 值为 0 的任何数字对象的布尔值是 False

B. 空字符串的布尔值是 False

C. 空列表对象的布尔值是 False

D. 除字典类型外，所有标准对象均可用于布尔测试

26. 下列不能创建字典的语句是（　　）。

A. dict1 = {}　　B. dict2 = { 3 : 5 }

C. dict3 = {[1,2,3]:"Python"}　　D. dict4 = {(1,2,3):"Python"}

27. 以下关于字典描述错误的是（　　）。

A. 字典是一种可变容器，值可存储任意类型对象

B. 每个键值对都用冒号（:）隔开，每个键值对之间用逗号（,）隔开

C. 键值对中，键必须是不可变的

D. 键值对中，值必须唯一

28. 关于字符串下列说法错误的是（　　）。

A. 字符应该视为长度为 1 的字符串

B. 字符串以\0 作为其结束标志

C. 既可以用单引号，也可以用双引号创建字符串

D. 在三引号字符串中可以包含换行回车等特殊字符

29. 下列是字符转换成字节的方法是（　　）。

A. decode()　　B. encode()　　C. upper()　　D. rstrip()

30. 表达式 "ab" + "c" * 2 结果是（　　）。

A. abc2　　B. abcabc　　C. abcc　　D. ababcc

31. 以下会出现错误的是（　　）。

A. '中国'. encode()　　B. '中国'. decode()

C. '中国'. encode(). decode()　　D. 以上都不会错误

32. 已知 str1 等于"我爱中国"，str2 等于"中国"，则语句 print(str1. find(str2))打印的结果是（　　）。

A. 3　　B. 2　　C. 5　　D. 4

33. 下面对 count（）、index()、find()方法描述错误的是（　　）。

A. count()方法用于统计字符串里某个字符出现的次数

B. find()方法用于从字符串中找出某个子字符串第一个匹配项的索引位置，如果没有匹配项，则返回 -1

C. index()方法检测字符串中是否包含子字符串，如果不包含，则返回 False

D. 以上都错误

34. 以下关于 Python 字符串的描述中，错误的是（　　）。

A. 字符串是字符的序列，可以按照单个字符或者字符片段进行索引

B. 字符串包括正向递增和反向递减两种序号体系

C. 字符串是用一对双引号" " 或者单引号' '括起来的零个或者多个字符

D. Python 字符串提供区间访问方式，采用［N：M］格式，表示字符串中从 N 到 M 的索引子字符串（包含 N 和 M）

35. 已知列表 ls = [7,"Python",[8,"LIST"],9]，则 ls[2][-1][3]的运行结果是（　　）。

A. ［8,"LIST"］　　B. "T"　　C. "LIST"　　D. "Python"

36. 以下关于列表和字符串的描述，错误的是（　　）。

A. 列表使用正向递增序号和反向递减序号的索引体系

B. 列表是一个可以修改数据项的序列类型

C. 字符和列表均支持成员关系操作符（in）和长度计算函数（len()）

D. 字符串是单一字符的无序组合

37. 以下关于字符串类型操作的描述，错误的是（　　）。

A. str. replace（x，y）方法是把字符串 str 中所有的 x 子串都替换成 y

B. 想把一个字符串 str 所有的字符都大写，用 str. upper()

C. 想获取字符串 str 的长度，用字符串处理函数 str. len()

D. 设 x = 'aa'，则执行 x * 3 的结果是'aaaaaa'

38. 下面代码的输出结果是（　　）。

```
TempStr = "Pi = 3.141593"
eval(TempStr[3: -1])
```

A. 3.14159　　B. 3.141593　　C. Pi = 3.14　　D. 3.1416

39. 已知 TempStr = "Hello World"，以下选项中可以输出“World”子串的是（　　）。

A. print(TempStr[-5: -1])　　B. print(TempStr[-5:0])

C. print(TempStr[-5:])　　D. print(TempStr[-4: -1])

40. 已知以下程序段，要想输出结果为1，2，3，应该使用的表达式是（　　）。

```
x = [1,2,3]
z = []
for y in x:
    z.append(str(y))
```

A. print(z)　　B. print(",".join(x))

C. print(x)　　D. print(",".join(z))

41. 设 str = 'python'，想把字符串的第一个字母大写，其他字母还是小写，正确的选项是（　　）。

A. print(str[0].upper() + str[1:])

B. print(str[0].upper() + str[1: -1])

C. print(str[1].upper() + str[-1:1])

D. print(str[1].upper() + str[2:])

42. 以下表达式，正确定义了一个集合数据对象的是（　　）。

A. x = { 200,'flg', 20.3}　　B. x = (200, 'flg', 20.3)

C. x = [200,'flg', 20.3]　　D. x = {'flg' : 20.3}

43. 下面代码的输出结果是（　　）。

```
d = {'大海':'蓝色', '天空':'灰色', '大地':'黑色'}
print(d['大地'], d.get('沙漠', '黄色'))
```

A. 黑的 灰色　　B. 黑色 黑色　　C. 黑色 蓝色　　D. 黑色 黄色

44. 下面代码的输出结果是（　　）。

```
s = [11,22,33,44,55,66]
print(s[1:4:2])
```

A. [22,33,44]　　B. [22,33]

C. [22,33,44,55,66]　　D. [22,44]

45. 下面代码的执行结果是（　　）。

```
s = ([1,[ 2, 3]], [[4, 5], 6], [7, 8])
print(len(s))
```

A. 4　　B. 3　　C. 2　　D. 1

46. 以下程序的输出结果是（　　）。

```
dw =["狮子","猎豹","虎猫","花豹","老虎","雪豹"]
for s in dw:
if"豹" in s:
    print(s,end=",")
continue
```

A. 狮子，猎豹，虎猫　　B. 狮子，虎猫，老虎，
C. 猎豹，花豹，雪豹，　　D. 猎豹，花豹，雪豹

47. 下列程序的运行结果是（　　）。

```
s ="Python"
"{0:3}".format(s)
```

A. 'Pyth'　　B. 'Pyt'　　C. 'Python'　　D. ' thon'

48. 下面代码的输出结果是（　　）。

```
name ="Python 程序设计教程"
print(name[2: -2])
```

A. thon 程序设计教　　B. hon 程序设计教
C. ython 程序设计　　D. thon 程序设计

49. 语句 print("{0:{1}{3}{2}}".format（"Python","=",8,"<"))的执行结果是（　　）。

A. Python==　　B. ==Python　　C. Python>>　　D. >>Python

50. 假设将单词保存在变量 word 中，使用一个字典类型 counts={}，统计单词出现的次数可采用以下代码（　　）。

A. counts[word]=1
B. counts[word]=counts[word]+1
C. counts[word]=counts.get(word,0)+1
D. counts[word]=counts.get(word,1)+1

51. 以下关于字典操作的描述，错误的是（　　）。

A. del 可以删除字典
B. len（dict）方法可以计算字典中键值对的个数
C. dict.clear()用于清空字典中的数据
D. dict.keys()方法可以获取字典的值视图

52. 已知 Color={"gold":"金色","pink":"粉红色","brown":"棕色","purple":"紫色"}，以下选项中能输出"粉红色"的是（　　）。

A. Color.keys()　　B. Color.values()
C. Color["pink"]　　D. Color["粉红色"]

53. 以下关于数据维度的描述，错误的是（　　）。

A. 采用列表表示一维数据，不同数据类型的元素是可以在列表中的

B. JSON 格式可以表示比二维数据还复杂的高维数据
C. 二维数据可以看成是一维数据的组合形式
D. 字典不可以表示二维以上的高维数据

54. 以下关于组合类型的描述，错误的是（　　）。
A. 空字典和空集合都可以用大括号来创建
B. 可以用大括号创建字典，用中括号增加新元素
C. 嵌套的字典数据类型可以用来表达高维数据
D. 字典的 pop 函数可以返回一个键对应的值，并删除该键值对

55. 以下不是组合数据类型的是（　　）。
A. 集合类型　　B. 引用类型　　C. 序列类型　　D. 映射类型

56. 以下关于组合数据类型的描述，正确的是（　　）。
A. 集合类型中的元素是有序的
B. 序列类型和集合类型中的元素都是可以重复的
C. 一个映射类型变量中的关键字可以是不同类型的数据
D. 利用组合数据类型可以将多个数据用一个类型来表示和处理

三、填空题

1. 切片选取的区间是左闭右________型的，不包含结束位的值。
2. 元组使用________存放元素，列表使用的是方括号存放元素。
3. Python 中，任意长度的列表、元组和字符串中最后一个元素的索引为________。
4. Python 中 print（tuple（［1，2，3］））语句的运行结果是________。
5. 在列表中查找元素时，可以使用________和 in 运算符。
6. Python 语句 s = 'abcdefg'，则 s［：：－1］的值是________。
7. 表达式［1，2，3］＊3 的执行结果为________。
8. 如果要对列表进行升序排列，则可以使用________方法实现。
9. 字典的________方法返回字典中的“键－值对”列表。
10. 字典中每个元素的“键”与“值”之间使用________分隔开。
11. 字典中多个元素之间使用标点符号________分隔开。
12. 字典对象的________方法获取指定“键”对应的“值”，如果指定“键”不存在，则返回 None。

四、简答题

1. 简述列表和元组之间的异同点，以及他们之间如何转换。
2. 简述如何去掉列表［1，2，2，3，3，4］中的重复元素。
3. 简述如何将［1908，1912］和［'杉树'，'椰树'］两个元素之间有对应关系的列表构造成一个字典对象。
4. 列出 Python 中可变数据类型和不可变数据类型，并简述它们的不同点。
5. 简述 filter( ) 函数怎么实现过滤序列的功能。

6. 什么是迭代器?

五、程序分析题

1. 阅读以下代码，写出其功能和运行结果。

```
str1 = 'baobei loves bama'
list1 = str1. split( )
list2 = list1 [ : :  -1]
str2 = ' '. join (list2)
print (str2)
```

2. 阅读以下代码，写出当输入 12321 时的运行结果。

```
num = input("请输入一个整数:")
if num  = = num[ : : -1]:
  print('它是一个回文数')
else:
  print('它不是一个回文数')
```

3. 阅读以下代码，写出当其运行结果。

```
ls = ["鲨鱼水母","海豚","鲸鱼","海马","海狮","海星","鲨鱼"]
ls. remove("海星")
str  = ""
print("海洋动物有:",end = "")
for s in ls:
  str = str  +  s  + ","
print(str[5: -1],end = "。")
```

4. 阅读以下代码，写出其功能和运行结果。

```
s  = '''I like python castle, I travel in python castle. '''
for ch in"',? . : ()":
  s = s. replace (ch," ")
  words = s. split( )
  counts =  {}
  for word in words:
     counts [word]  = counts. get (word, 0)  +1
     items = list (counts. items( ))
     items. sort (key = lambda x: x [1], reverse = True)
     for word, count in items:
print ( word  + ":"  +  str (count), end = ",")
```

5. 阅读以下代码，写出其功能和运行结果。

```
s  = "thank father"
d = {}
```

```
for c in s.lower():
    d[c] = d.get(c, 0) + 1
for k, v in d.items():
    print(f"'{k}': {v}", end=",")
```

6. 阅读以下代码，写出其运行结果。

```
from collections import defaultdict
l = [('张三','羽毛球'),('李四','爬山'), ('王二','羽毛球'), ('张三','篮球'), ('王二','游泳')]
d = defaultdict(list)
for k, v in l:
    d[k].append(v)
print(sorted(d.items()))
```

六、程序设计题

1. 在密码学中，凯撒密码是一种最简单且最广为人知的加密技术，它将明文中的所有字母都在字母表上向后或向前偏移固定位数，当字母移到大写字母 Z 或小写字母 z 的后面，则其 ASCII 值减掉 26，回到 26 个大小写英文字母中；例如，设偏移量为 3，输入'xyz'，会变成'abc'，请设计一个凯撒加密程序。

2. 设计一个人民币与美元之间的汇率转换程序，设当前汇率为 1 美元 = 6.88 元人民币，例如，输入“USD100”，则输出“换成人民币 688.00”，如输入“RMB1000”，则输出“换成美元 145.35”。

3. 用 str 内建函数提取字符串中的数字。

4. 设计一个程序，使其统计输入字符中的字母、数字、空格和其他字符的个数。

第 5 章 代码复用与函数

本章学习目标

了解函数的基本概念；
掌握函数的定义与调用方法；
学会函数的嵌套定义与变量的作用域；
熟悉函数的 2 种实参传递方式；
熟悉函数的 5 种形参种类；
掌握递归函数的定义与调用；
掌握 lambda 函数的使用方法；
学会 Python 常见内置函数的使用方法。

本章重点内容

函数的定义与调用方法；
2 种实参的传递方式；
5 种形参种类；
lambda 函数的使用。

赶到公安局后，小明发现被抓的“恶龙”是机器人（Robot），同人类设计的比较相似，于是二人偷偷求助操作系统确认。随后操作系统传回了该机器人各个模块的函数接口和参考源代码。

“利用 Python 函数可以修复和改造该机器人，你们能提供实验环境吗?”小明检查其硬件后发现没有什么损伤，说道。

“把它运到云空间实验室进行修复和改造吧。”help 小精灵建议道。

5.1 函数的定义与调用

“函数是一段事先组织完整的，用来实现特定功能的，可调用的，有名称的程序代码块，也称为方法。”help 小精灵介绍道。

“它有什么优点?”大智问道。

“函数代码重用性高、可读性好，有一定的封装性，方便模块化。”help 小精灵答道。

"我们前面章节用到的 input()、print()、len()、range()是已经设计好的 Python 内置函数吧，可以自定义函数吗？"小明说道。

"可以，Python 支持用户自定义函数。"help 小精灵答道。

5.1.1　函数的定义

"用户自定义函数的语法格式如下，其中'def 函数名（形参列表）'称为函数的声明，也叫函数接口，使用者可以通过'函数名（实参列表）'调用该函数。"help 小精灵说道。

```
def 函数名（[形参列表]）：
    ["函数的说明文档"]
    函数体
```

"冒号后面的函数体是实现函数功能的代码块吗？可选项'函数的说明文档'是用于说明函数的功能吗？"小明问道。

"是的，它们格式上要缩进。如果函数有返回结果，则函数体包含 return [表达式] 语句；如果函数功能没有实现，则函数体可以使用 pass 语句作为占位符，表示空函数。"help 小精灵补充道。

小明定义了以下机器人自我介绍的函数实例。

```
def introduce(name,age):
    "自我介绍函数,参数 name 和 age 用于保存姓名和年龄。"
    print(F"大家好！我是机器人{name},我今年{age}岁。")
    return
```

大智用 type（函数名）和 help（函数名）查看了该函数的类型和信息。

5.1.2　函数的调用

"函数定义好后就可以调用它了吧？"大智问道。

"是的，调用者只需了解函数接口的参数传递方式，无需掌握函数体的复杂结构，可以通过'函数名（[实参]）'语法格式调用。"help 小精灵答道。

"调用函数时，传入函数的实参类型必须与其形参类型一致吧？"小明问道。

"是的，例如，调用 introduce（'黑豹', 3）后输出结果是：大家好！我是机器人黑豹，我今年 3 岁。"help 小精灵答道。

"如果该函数没有参数，函数名后面的小括号也不能省略。"help 小精灵补充后给出了函数定义与调用的程序实例。

【例 5-1】　Python 的函数定义与调用实例。

```
#Python 的函数定义实例：n501functionDef.py
#定义没有形参和 return 语句的函数
def printInfo():
```

```
    print ("大家好！欢迎来到 Python 城堡。")
#定义有形参和 return 语句，但没有返回值的函数
def introduce (name, age):
    "自我介绍函数，参数 name 和 age 用于保存姓名和年龄。"
    print (F"我名叫 {name}，我今年 {age} 岁。")
    return
#定义有形参且有 return 语句和返回值的函数
def judge (age):
    "根据参数 age 判断是否年长"
    s = "年长" if age > 10 else "年幼"
    return s
#定义空函数
def nop():
    pass
#下面是调用以上函数
printInfo()
introduce ('黑豹', 3)
print (F"我是 {judge (3)} 机器人。")
nop()
```

程序的运行结果如下：

```
============== RESTART: E:\PyCode\chapter05\n501functionDef.py ==============
大家好！欢迎来到Python城堡。
我名叫黑豹，我今年3岁。
我是年幼机器人。
>>>
```

5.1.3 函数的嵌套

“可以在一个函数的内部定义另外一个函数吗？”大智问道。

“Python 语言可以，这种定义称为嵌套定义，但 Java、C、C ++ 等语言不行。”help 小精灵答道。

“函数外部可以访问函数内部定义的函数吗？”小明问道。

“不行，嵌套函数被隐藏起来了，它只允许包含它的函数访问它。”help 小精灵说完，给出了以下实例。

【例 5-2】 函数的嵌套定义实例。

```
#函数的嵌套定义实例：n502functionNesting.py
def outer():
    print ('我是外部函数！')
    def inner():
        print ('------->我是内部函数！')
        return
```

```
    print ('外部函数准备调用内部函数.....')
    inner()                    #外部函数调用内部函数
outer()                        #主代码调用外部函数
inner()                        #主代码调用内部函数，会出错!
```

程序的运行结果如下：

```
...
============ RESTART: E:\PyCode\chapter05\n502functionNesting.py ============
我是外部函数!
外部函数准备调用内部函数.....
------>我是内部函数!
Traceback (most recent call last):
  File "E:\PyCode\chapter05\n502functionNesting.py", line 10, in <module>
    inner()      # 主代码调用内部函数，会出错!
NameError: name 'inner' is not defined
```

5.1.4 变量的作用域

“Python 中的变量分为全局变量和局部变量，定义在函数外部的变量是全局变量，拥有全局作用域，可以在整个程序范围内访问；定义在函数内部的变量是局部变量，拥有一个局部作用域，只能在其被声明的函数内部访问。” help 小精灵介绍道。

“也就是说，函数可以访问自己定义的局部变量、外层函数定义的局部变量以及全局变量，但不能访问内层函数定义的局部变量，对吗?” 小明问道。

“是的，内层函数可以访问外层变量，但外层的不能访问内层的。” help 小精灵答道。

“内层函数可以直接修改外层函数中的变量吗?” 大智问道。

“不能，但可以修改通过 nonlocal 关键字声明的外层变量，以及通过 global 关键字声明的全局变量，否则会定义新的局部变量，请看以下实例。” help 小精灵答道。

【例 5-3】 变量作用域实例。

```
#变量作用域实例：n503varScope.py
x = "该 x 是全局变量,由全局代码定义"
y = "该 y 是全局变量,由全局代码定义"
z = "该 z 是全局变量,由全局代码定义"
#外部函数
def outScope():
    global z
    x = "该 x 是 outScope()的局部变量,由 outScope()函数定义"
    y = "该 y 是 outScope()的局部变量,由 outScope()函数定义"
    z = "该 z 是全局变量,被 outScope()函数通过 global 声明修改"
    #内部函数
    def inScope():
        global x
        nonlocal y
        x = "该 x 是全局变量,被 inScope()函数通过 global 声明修改"
        y = "该 y 是 outScope()的局部变量,被 inScope()函数通过 nonlocal 声明修改"
```

```
        z = "该 z 是 inScope()的局部变量,由 inScope()函数定义"
        print(f"inScope()函数访问 x:{x}")
        print(f"inScope()函数访问 y:{y}")
        print(f"inScope()函数访问 z:{z}\n")
        return
    #外部函数代码
    inScope()        #外部函数调用内部函数
    print(f"outScope()的函数访问 x:{x}")
    print(f"outScope()的函数访问 y:{y}")
    print(f"outScope()的函数访问 z:{z}\n")
    return
#全局代码
outScope()          #全局代码调用外部函数
print(f"全局代码访问 x:{x}")
print(f"全局代码访问 y:{y}")
print(f"全局代码访问 z:{z}\n")
```

程序的运行结果如下：

```
================ RESTART: E:\PyCode\chapter05\n503varScope.py ================
inScope()函数访问x: 该x是全局变量，被inScope()函数通过global声明修改
inScope()函数访问y: 该y是outScope()的局部变量，被inScope()函数通过nonlocal声明修改
inScope()函数访问z: 该z是inScope()的局部变量，由inScope()函数定义

outScope()的函数访问x: 该x是outScope()的局部变量，由outScope()函数定义
outScope()的函数访问y: 该y是outScope()的局部变量，被inScope()函数通过nonlocal声明修改
outScope()的函数访问z: 该z是全局变量，被outScope()函数通过global声明修改

全局代码访问x: 该x是全局变量，被inScope()函数通过global声明修改
全局代码访问y: 该y是全局变量，由全局代码定义
全局代码访问z: 该z是全局变量，被outScope()函数通过global声明修改
```

“可以用 Python 的内置函数 globals()和 locals()查看以上实例名字空间中的全局变量和局部变量” help 小精灵补充道。

5.2 实参的传递方式

“由于 Python 中的数据分为不可变数据类型和可变数据类型，所以函数调用时传递实参的方式也分为值传递和引用传递等 2 种，下面分别介绍它们。” help 小精灵介绍道。

5.2.1 值传递

“Python 中的数字（int、float、complex、bool）、字符串（string）、元组（tuple）和固定集合（frozenset）等类型是不可变数据类型，函数调用时是将它们的值传给形参吗?” 小明问道。

“是的，由于这种方式的实参和形参指向不同的对象，这时如果在函数内部修改了形参的值，不会影响函数外部实参的值，请看以下实例。” help 小精灵答道。

【例 5-4】 函数实参的值传递实例，其程序源代码如下：

```
#值传递实例：n504valueTransfe.py
def valueTransfe(x):
    x = 88                    #局部变量 x
    print(f"形参修改后 x 的值:{x}")
    print(f"形参 x 的地址:{id(x)}")
    return
#全局代码
x = 10                        #全局变量 x
print(f"函数调用前实参 x 的值:{x}")
valueTransfe(x)               #调用函数
print(f"函数调用后实参 x 的值:{x}")
print(f"实参 x 的地址:{id(x)}")
```

程序的运行结果如下：

```
============== RESTART: E:\PyCode\chapter05\n504valueTransfe.py ==============
函数调用前实参x的值:10
形参修改后x的值:88
形参x的地址:1355013664
函数调用后实参x的值:10
实参x的地址:1355012416
```

从以上运行结果可以看出，实参和形参是两个不同的对象。

5.2.2 引用传递

“Python 中的列表（list）、集合（set）和字典（dict）等是可变数据类型，函数调用时是将它们的引用（地址）传给形参吗?”大智问道。

“是的，由于实参和形参指向同一个对象，这时如果在函数内部修改了形参的值，则会影响函数外部实参的值，请看下例。”help 小精灵答道。

【例 5-5】 函数实参的引用传递实例，其程序源代码如下：

```
#引用传递实例：n505addressTransfe.py
def addressTransfe(l1):
    l1.append(['a','b']); #修改形参值
    print(f"形参修改后 l1 的值:{l1}")
    print(f"形参 l1 的地址:{id(l1)}")
    return
#全局代码
l1 = [1,2,3]                  #全局变量
print(f"函数调用前实参 l1 的值:{l1}")
addressTransfe(l1)            #调用函数
print(f"函数调用后实参 l1 的值:{l1}")
print(f"实参 l1 的地址:{id(l1)}")
```

程序的运行结果如下：

```
============= RESTART: E:\PyCode\chapter05\n505addressTransfe.py =============
函数调用前实参l1的值:[1, 2, 3]
形参修改后l1的值:[1, 2, 3, ['a', 'b']]
形参l1的地址:17151960
函数调用后实参l1的值:[1, 2, 3, ['a', 'b']]
实参l1的地址:17151960
```

从以上运行结果可以看出，实参和形参是相同的对象。

5.3 形参的种类

“前面学习了函数实参的种类，现在来学习函数形参的种类。Python 函数形参的种类有很多，有位置参数、默认参数、可变参数、命名关键字参数和关键字参数 5 种，它们能接受非常复杂的实参，比其他编程语言灵活。” help 小精灵介绍道。

5.3.1 位置参数

“位置参数是指函数调用时按照形参的位置和顺序传递实参吗?” 大智问道。

“传入的实参个数和类型必须与形参的个数和类型相一致吧?” 小明也问道。

“是的，它要求给形参全部传值，且类型一致，否则会出现语法错误，请看下面的程序实例。” help 小精灵答道。

【例 5-6】 包含位置参数的个人信息显示函数，其程序源代码如下：

```
#个人信息显示函数：n506positionalParam.py
def personalInfo(name,sex,age,address):
    print(f"个人信息显示如下:")
    print(f"姓名:{name}")
    print(f"性别:{sex}")
    print(f"年龄:{age}")
    print(f"地址:{address}")
    return
#用位置参数调用 personalInfo 函数
personalInfo("王二","女",16,"Python 城堡")
```

程序的运行结果如下：

```
============ RESTART: E:\PyCode\chapter05\n506positionalParam.py ============
个人信息显示如下:
姓名: 王二
性别: 女
年龄: 16
地址: Python城堡
```

“这种方式，当参数的个数很多时，要记住参数的位置比较麻烦。” 小明看了以上实例感叹道。

“对，为了解决以上问题，可以采用赋值调用，即调用函数时注明形参名和实参值，这时参数之间的顺序可以任意调整，它增加了程序灵活性和代码的可读性。”help 小精灵说完，给出了 personalInfo 函数的赋值调用语句。

```
personalInfo(name = "王二",age = 16,address = "Python 城堡",sex = "女")
```

“而且，位置调用与赋值调用可以混合使用，不过位置调用参数必须位于赋值调用参数之前，否则会出现 SyntaxError: positional argument follows keyword argument 错误。”help 小精灵补充道，并给出了如下调用实例。

```
personalInfo("王二","女",address = "Python 城堡",age = 16)
```

大智测试了以上 3 种函数调用方式，运行结果都一样。

5.3.2　默认参数

“默认参数的意思是定义函数时，可以给函数的形参先指定默认值吗？”小明问道。

“是的，这种形参叫默认参数。当调用该函数时，如果默认形参没有传入相应的实参，则取其默认值。”help 小精灵说完，给出了包括默认参数的函数头格式。

格式：**def 函数名（［位置参数,］参数 i = 默认值 i, …，　参数 n = 默认值 n）**

“噢，以上格式说明默认参数定义在位置参数的后面，有这种要求吗？”大智问道。

“如果同时有位置参数和默认参数，则有这种要求。而且，默认参数必须是不可变对象。”help 小精灵采用默认参数修改了前面的个人信息显示函数。

【例 5-7】　包含默认参数的个人信息显示函数，其程序源代码如下：

```
#个人信息显示函数：n507defaultParam.py
def personalInfo(name,sex,age = 16,address = "Python 城堡"):
    print(f"姓名:{name}")
    print(f"性别:{sex}")
    print(f"年龄:{age}")
    print(f"地址:{address}")
    return
#调用 personalInfo 函数
personalInfo("王二","女")
```

程序的运行结果如下：

```
============ RESTART: E:\PyCode\chapter05\n507defaultParam.py ===========
姓名: 王二
性别: 女
年龄: 16
地址: Python城堡
```

从以上实例可以看出，调用函数时，由于没有给 age 和 address 赋值，所以取其默认值，如果默认参数赋了新的值，则取新值，如 personalInfo（"张三"，"男"，18，"Java 城堡"）调用的结果如下：

```
============== RESTART: E:\PyCode\chapter05\n507defaultParam.py ==============
姓名: 张三
性别: 男
年龄: 18
地址: Java城堡
```

5.3.3 可变参数

“可变参数是什么意思？是指参数的类型可以改变吗?”大智问道。

“不是的，可变参数是指调用函数时，传给该形参的实参个数是可变的，可以是 0 个、1 个或任意个。例如，设计一个计算 a + b + c + ... 的函数，其参数个数是不确定。”help 小精灵答道。

“列表（list）或元组（tuple）中的元素个数没有限制，如果用它们作为函数参数是不是就可以解决以上问题?”小明说道。

“是的，这是传统的做法，不过用可变参数实现会更加简洁，定义时在参数名的前面加星号（*）即可，调用时可以写入可变个数的实参。”help 小精灵解释完，给出包含可变参数的函数头格式。

格式：**def 函数名（[位置参数,] *可变参数）**

“看来，如果其中包含位置参数，则可变参数必须定义在位置参数的后面。”大智说道，他们用列表和可变形参两种方式设计了计算 a + b + c + ... 的程序。

【例 5-8】 设计一个计算 a + b + c + ... 的函数，其程序源代码如下：

```
#可变参数实例：n508variableParam.py
#函数参数的列表实现
def calcSum1(myList):
    #参数 myList 必须是列表或元组
    sum = 0
    for n in myList:
        sum += n
    return sum
#包含可变参数的函数
def calcSum2(*numbers):
    sum = 0
    for n in numbers:
        sum += n
    return sum
#全局代码
s = calcSum1([10,30,50])
print(f"calcSum1([10,30,50])的结果是:{s}")
s = calcSum2(10,30,50)
print(f"calcSum2(10,30,50)的结果是:{s}")
```

程序的运行结果如下：

```
============= RESTART: E:\PyCode\chapter05\n508variableParam.py =============
calcSum1([10,30,50])的结果是: 90
calcSum2(10,30,50)的结果是: 90
```

“如果形参是可变参数，调用函数时，也可以用列表或元组作为实参传递，只需在列表或元组前加 * 号，请看下面的调用实例。” help 小精灵补充道。

```
L=[1,2,3,4,5]
print(f"列表{L}的和是:{calcSum2(*L)}")
T=(1,2,3)
print(f"元组{T}的和是:{calcSum2(*T)}")
```

程序的运行结果如下：

```
列表[1, 2, 3, 4, 5]的和是:15
元组(1, 2, 3)的和是:6
```

5.3.4　命名关键字参数

“函数中定义在星号（*）后面或者可变参数后面的参数是命名关键字参数。调用包含命名关键字参数的函数时，命名关键字参数必须传入参数名，否则会报错。以下是其函数头格式。” help 小精灵介绍道。

格式1：**def 函数名（［位置参数，默认参数,］*， 命名关键字参数）**

格式2：**def 函数名（［位置参数，默认参数,］*可变参数， 命名关键字参数）**

【例 5-9】 设计一个包含命名关键字参数的个人信息显示函数，其程序源代码如下：

```
#命名关键字参数实例: n509namekeyParam.py
#形参 name 是位置参数,address 是命名关键字参数
def personalInfo1(name, * ,address):
    print(f"姓名:{name}")
    print(f"地址:{address}")
    return
#形参 hobby 是可变参数,address 是命名关键字参数
def personalInfo2(name, * hobby,address):
    print(f"姓名:{name}")
    print(f"爱好:{hobby}")
    print(f"地址:{address}")
    return
#全局代码
#personalInfo1("张三","Python 城堡")        #没有传入参数名 address 出错
personalInfo1("张三",address="Python 城堡") #调用正确
print("-------------------------------------")
personalInfo2("张三","音乐","美术","体育",address="Python 城堡")
```

程序的运行结果如下：

```
============== RESTART: E:\PyCode\chapter05\n509namekeyParam.py ==============
姓名：张三
地址：Python城堡
------------------------------
姓名：张三
爱好：('音乐', '美术', '体育')
地址：Python城堡
```

“你们看，在以上实例的 personalInfo2 调用时，如果没有给实参‘Python 城堡’指定名字 address，则不能确定可变参数 hobby 的取值是（'音乐', '美术', '体育'）。”小明明白了命名关键字参数的意义。

5.3.5 关键字参数

“在形参名前加双星号（* *）的形参是关键字参数。”help 小精灵介绍道。

“它是定义在‘命名关键字参数’的后面吗？它有什么用?”大智问道。

“是的，它以字典（dict）的方式接收多组实参对的拷贝。”help 小精灵解释完，给出了包含关键字参数的函数头格式和程序实例。

格式 1：**def 函数名（［位置参数，*，命名关键字参数,］* * 关键字参数）**

格式 2：**def 函数名（［位置参数，* 可变参数，命名关键字参数,］* * 关键字参数）**

【例 5-10】 设计一个包含关键字参数的个人信息显示函数，其程序源代码如下。

```
#关键字参数实例：n510keywordParam. py
#形参 name 是位置参数,hobby 是可变参数,address 是命名关键字参数,other 是关键字参数
def personalInfo(name, * hobby,address, * * other):
    print(f"姓名:{name}")
    print(f"爱好:{hobby}")
    print(f"地址:{address}")
    print(f"其他:{other}")
    return
#调用函数时,“命名关键字参数”必须传入参数名,“关键字参数”传入字典
personalInfo("张三","音乐","美术","体育",address = "Python 城堡",电话 = 13811122233,邮编 =
512001)
```

程序的运行结果如下：

```
============== RESTART: E:\PyCode\chapter05\n510keywordParam.py ==============
姓名：张三
爱好：('音乐', '美术', '体育')
地址：Python城堡
其他：{'电话': 13811122233, '邮编': 512001}
```

“从以上实例可以看出，位置参数 name 用于接收固定位置的实参，命名关键字参数 address 接收固定名称的实参，而可变参数 hobby 和关键字参数 other 可以接收不固定个数的多个实参，且关键字参数要求实参以字典的方式传入。”小明总结道。

“好，掌握了其特点就好了，当组合使用这些参数时，要注意参数定义的顺序是位置

参数、默认参数、可变参数、命名关键字参数和关键字参数，否则会造成混乱。”help 小精灵补充道。

5.4　递归函数

“递归在数学中学过，如计算阶乘时，因为 n! = n * (n - 1) * … * 3 * 2 * 1，所以 n! = n * (n - 1)!，即 n 的阶乘等于 n 乘以 n - 1 的阶乘。”大智说道。

“生活中处理有些任务时，任务的每一步都要访问前一步或前几步的结果，我们把这种访问称为递归调用，对吗?”小明问道。

“对，如果定义函数时，一个函数内部直接或间接地调用该函数本身，则称该函数为递归函数。”help 小精灵答道。

于是，他们设计了计算阶乘的递归函数。

【例 5-11】　设计一个计算 n 的阶乘的函数。

分析：用函数 factorial(n) 表示 n 的阶乘，则 factorial(n) = n * factorial(n - 1)，当 n = 1 时，factorial(1) = 1，程序源代码如下：

```
#计算 n 的阶乘的递归函数：n511factorial.py
def factorial(n):
    assert n > 0      #要求 n>0,否则报错
    if n == 1:
        return 1
    else:
        return n * factorial(n - 1)
#以下是主程序代码
x = int(input("请输入整数:"))
print(f"{x}的阶乘为:{factorial(x)}")
```

程序的运行结果如下：

```
=============== RESTART: E:\PyCode\chapter05\n511factorial.py ===============
请输入整数:6
6的阶乘为: 720
```

“定义递归函数时，必须有一个明确的结束条件，且递归调用的深度不宜太深，否则会发生异常，下面再看一个使用递归实现汉诺塔移动的例子。”help 小精灵补充道。

【例 5-12】　用递归实现汉诺塔移动的实例。

题目要求：如图 5-1 所示，假设有标号为 A、B、C 的三根相邻柱子，A 柱子从下到上按金字塔状叠放着 n 个大小不同的圆盘。现在要把 A 柱上的 n 个圆盘一个一个地移到 B 柱上，且要求每次移动时同一根柱子上不允许出现大盘放在小盘的上方，在移动的过程中可以利用 C 柱临时存放盘子。

解题分析：此实例可以用递归函数实现，可以先将 A 柱上的 n - 1 个圆盘移到 C 柱上，然后将 A 柱上的最大圆盘移到 B 柱上，最后将 C 柱上的 n - 1 个圆盘移到 B 柱是即

可，如果 A 柱上只有一个圆盘，则直接移到 B 柱上。

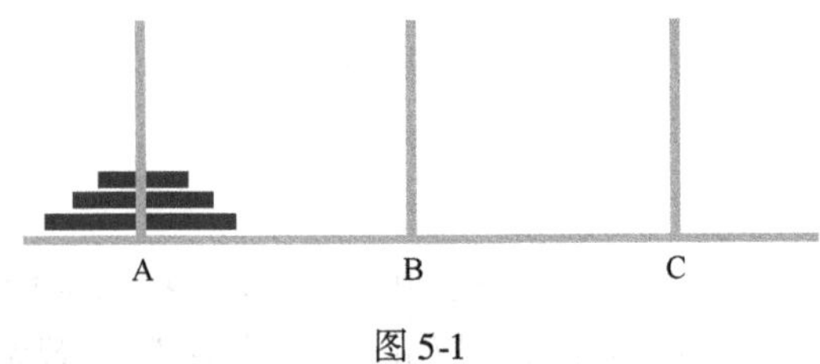

图 5-1

其程序源代码如下：

```
#递归实现汉诺塔移动实例：n512hanoTower.py
def hanoTower(n,a,b,c):
    if n==1:
        print(f"圆盘{n}:{a}-->{b}")
        return
    hanoTower(n-1,a,c,b)                    #将 a 柱上的 n-1 个圆盘移到 c 柱上
    print(f"圆盘{n}:{a}-->{b}")             #将 a 柱上的最大圆盘移到 b 柱上
    hanoTower(n-1,c,b,a)                    #将 c 柱上的 n-1 个圆盘移到 b 柱上
#输入圆盘数,然后调用 hanoTower 函数
n=int(input("请输入汉诺塔的圆盘数:"))
hanoTower(n,"A","B","C")
```

程序的运行结果如下：

```
=============== RESTART: E:\PyCode\chapter05\n512hanoTower.py ===============
请输入汉诺塔的圆盘数:3
圆盘1: A-->B
圆盘2: A-->C
圆盘1: B-->C
圆盘3: A-->B
圆盘1: C-->A
圆盘2: C-->B
圆盘1: A-->B
```

5.5 lambda 函数

“听说如果函数体非常简单，只是一个表达式时，则可以封装成 lambda 表达式，对吗？”小明问道。

“是的，lambda 表达式是一个带参数的匿名函数，也称为 lambda 函数。”help 小精灵说完，给出了其语法格式和实例。

格式：**lambda [参数 1，[参数 2，..... 参数 n]]：表达式**

```
例如:lambda r : 3.14*r*r        #计算半径为 r 的圆面积。
```

“lambda 函数没有函数名，怎么调用它？”大智问道。

“可以把 lambda 函数赋值给某个变量，再利用该变量来调用该函数。”help 小精灵说

完，把以上求圆面积的 lambda 函数赋值给 area 变量，并求 r=5 的面积。

```
>>> area = lambda r : 3.14 * r * r
>>> area(5)        #输出 78.5
```

小明定义了一个同以上 lambda 函数功能相同的求圆面积函数。

```
def area(r):
    return 3.14 * r * r
```

“看来，lambda 函数的优点是代码简洁，缺点是可读性低和性能简单，所以通常用来处理一些简单问题。”小明总结道。

“另外，要注意 lambda 函数拥有自己的命名空间，它不能访问自有参数列表之外的参数，或全局命名空间里的参数。”help 小精灵补充道。

5.6 内置函数

“终于学会用户自定义函数了，不过我还想多学一些系统已经定义好的函数，能介绍一些吗？”大智说道。

“我再介绍一些 Python 的内置函数吧，它们是自动加载的，可以直接调用。”help 小精灵说完后给出了以下几类内置函数。

5.6.1 数学运算类

“数学运算类函数主要用于数值类型数的运算吧？”小明问道。

“是的，你可以在 IDLE 平台上测试以下几种常见的数学运算函数。”help 小精灵说道。

1）abs(x)函数：求 x 的绝对值。参数 x 可以是整型，也可以是复数，若参数是复数，则返回复数的模。如：

```
>>> abs(-8)                  #返回 8
>>> abs(-3+4j)               #返回 5.0
```

2）divmod(x,y)函数：返回 x/y 的商和余数，参数 x 和 y 可以是整型或浮点数。如：

```
>>> divmod(7,3)              #返回(2, 1)
>>> divmod(6.5,2)            #返回(3.0, 0.5)
```

3）pow(x,y[,z])函数：返回 x 的 y 次幂；如果有参数 z，则求 x 的 y 次幂后对 z 取余。

```
>>> pow(2,3)                 #返回 8
>>> pow(2,3,7)               #返回 1
```

4）round(x[,n])函数：对浮点数 x 进行四舍五入求值，精确到 n 位小数，默认为整数。

```
>>> round(3.1415926)              #返回 3
>>> round(3.1415926,2)            #返回 3.14
```

5.6.2 代码执行类

“如果想动态执行字符串中的‘表达式’或‘源代码’，可以采用以下两个函数。”help 小精灵继续介绍道。

1）eval(expression[,globals[,locals]])函数：返回字符串表达式 expression 的结果。其中，globals 是字典类的全局参数，locals 是字典类的局部参数。如果有同名的全局参数与局部参数，则优先取局部参数的值，可以用函数 globals()和 locals()查询所有全局变量和局部变量的值，请看以下代码：

```
>>> x,y = 1,2
>>> eval('2 * (x + 1) + y')                                  #返回 6
>>> eval('2 * (x + 1) + y',{'x':3,'y':4})                    #返回 12
>>> eval('2 * (x + 1) + y',{'x':3,'y':4},{'x':1,'y':1})      #返回 5
>>> eval('2 * (x + 1) + y',{'x':3,'y':4},locals())           #返回 6
>>> eval('2 * (x + 1) + y',globals())                        #返回 6
```

另外，eval 函数可以同 input 输入语句组合使用，请看以下语句。

```
>>> eval(input("请输入表达式:"))                              #结果如下:
请输入表达式:(x + y) * 2
6
```

2）exec(code[,globals[,locals]])函数：动态执行 code 源代码，其功能比 eval 函数强。其中，globals 和 locals 的含义与 eval 函数中的相同，请看以下实例。

```
>>> code1 = """
r = int(input('请输入圆的半径:'))
print(f'圆的面积是:{3.14 * r * r}')
"""
>>> exec(code1)
#结果如下:
请输入圆的半径: 3
圆的面积是: 28.259999999999998
>>> code2 = "print(f'半径为{r}的圆的周长是: {2 * 3.14 * r}')"
>>> exec(code2,{'r':5})
#结果如下:
半径为 5 的圆的周长是: 31.400000000000002
>>> exec(code2,{'r':5},{'r':1})
#结果如下:
半径为 1 的圆的周长是: 6.28
```

5.6.3　类型转换类

“类型转换函数主要用于不同类型数之间的转换，在前面的实例中用到了一些。”小明说道。

“是的，你观察得比较细致，请看以下常见的转换函数。”help 小精灵答道。

1）int(x)函数：返回从数字或字符串 x 生成的整数。如：

```
>>> int('13')                  #返回 13
>>> int(12.56)                 #返回 12
```

2）float(x)函数：返回从数字或字符串 x 生成的浮点数。如：

```
>>> float('12.56')             #返回 12.56
>>> float(13)                  #返回 13.0
```

3）complex(x[,y])函数：返回从数字或字符串 x 生成的复数。如：

```
>>> complex(3,6)               #返回(3+6j)
>>> complex(3)                 #返回(3+0j)
>>> complex('3+6j')            #返回(3+6j)
```

4）bool(x)函数：将参数 x 转换为布尔值。如：

```
>>> bool(1)                    #返回 True
>>> bool(0)                    #返回 False
```

5）str(x)函数：将参数 x 转换成字符串。如：

```
>>> str(123.456789)            #返回'123.456789'
```

6）bin(x)函数：将整数 x 转换成 2 进制字符串。如：

```
>>> bin(13)                    #返回'0b1101'
```

7）oct(x)函数：将整数 x 转化成 8 进制数字符串。如：

```
>>> oct(13)                    #返回'0o15'
```

8）hex(x)函数：将整数 x 转换成 16 进制字符串。如：

```
>>> hex(13)                    #返回'0xd'
```

9）chr(x)函数：返回整数 x 所对应的 Unicode 字符。如：

```
>>> chr(97)                    #返回'a'
```

10）ord(x)函数：返回 Unicode 字符 x 对应的整数。如：

```
>>> ord('a')                   #返回 97
```

5.6.4　序列操作类

“序列操作类函数主要用于对字符串、元组、列表、集合和字典等可迭代序列的运算，在第 4 章 Python 的组合类型中已经介绍啦。”大智说道。

“是的，但该类函数有很多，下面再介绍一些常用的。”help 小精灵解释道。

1）all(seq)函数：如果序列 seq 中的所有元素为真（或序列 seq 为空），则返回 True，否则返回 False。如：

```
>>> all([1,2.3,"aa",True])          #返回 True
>>> all([0,2.3,"aa",True])          #返回 False
>>> all([])                         #返回 True
```

2）any(seq)函数：如果序列 seq 中有一个元素为真则返回 True，否则返回 False。如果序列 seq 为空也返回 False。如：

```
>>> any([1.5,0,"",False,None])      #返回 True
>>> any([0.0,0,"",False,None])      #返回 False
>>> any([])                         #返回 False
```

3）range([start,]stop[, step])函数：创建一个从 start 开始到 stop 结束（不包含 stop），步长为 step 的 range 对象，它返回的 range 对象可以通过 for 循环或者用 list、tuple 和 set 等序列来显示。如：

```
>>> a = range(10)                   #相当于 a = range(0,10,1)
>>> type(a)                         #返回 <class 'range'>
>>> list(a)                         #返回[0,1,2,3,4,5,6,7,8,9]
>>> tuple(a)                        #返回(0,1,2,3,4,5,6,7,8,9)
>>> set(a)                          #返回{0,1,2,3,4,5,6,7,8,9}
>>> b = range(1,10,3)
>>> list(b)                         #返回[1,4,7]
```

4）iter(object[,stop])函数：根据传入的对象 object 创建一个迭代器 iterator，如果 object 是一个可调用的对象（如：函数），则可用第 2 个参数 stop 表示结束值。iter 通常与 next（iterator [, default]）函数联合使用。如：

```
>>> s = 'py'
>>> it = iter(s)
>>> type(it)                        #返回 <class 'str_iterator'>
>>> next(it)                        #返回'p'
>>> next(it,'e')                    #返回'y'
>>> next(it,'e')                    #元素值取完后返回默认值'e'
```

5）map(function,seq1,…,seqN)函数：从每个序列中取相同位置的元素作为函数 function 的参数，重复运算产生映射对象。函数 function 的参数个数 N 要同其后的序列个数 N 一致。它返回的 map 对象可以通过 for 循环或者用 list、tuple 和 set 等序列来显示。如：

```
>>> def add1(x,y,z):
        return x + y + z
```

```
>>> m1 = map(add1,[1,2,3],[10,20,30],[100,200,300])
>>> type(m1)                          #返回<class 'map'>
>>> list(m1)                          #返回[111,222,333]
>>> add2 = lambda s1,s2:s1 + s2
>>> m2 = map(add2,["a","b","c"],["1","2","3"])
>>> tuple(m2)                         #返回('a1', 'b2', 'c3')
```

6）filter(function, seq)函数：使用函数 function 过滤序列 seq 中的元素，即返回 seq 中用函数 function 计算结果为真的那些元素。它返回的 filter 对象可以通过 for 循环或者用 list、tuple 和 set 等序列来显示。如：

```
>>> f1 = filter(lambda x:x%2,[1,2,3,4,5,6])
>>> type(f1)          #返回<class 'filter'>
>>> list(f1)          #返回[1, 3, 5]
```

7）reduce(function,seq[,init])函数：序列合并运算。首先，用序列 seq 中的第 1 和第 2 元素作为函数参数调用 function 函数，然后将返回的结果与序列 seq 中的第 3 元素作为函数参数调用 function 函数，重复这个过程，得到最终的输出结果。如果有参数 init，则再重复调用函数一次。注意，Python3 以后要导入 functools 模块，才能调用 reduce 函数。如：

```
>>> from functools import reduce                      #导入functools模块中的reduce
>>> r1 = reduce(lambda x,y:x * y,range(1,4))          #求3的阶乘,即:1*2*3
>>> r1                                                #返回6
>>> r2 = reduce(lambda x,y:x * y,range(1,4),10)       #有参数init,即:1*2*3*10
>>> r2                                                #返回60
```

8）zip([seq1[,seq2,...]])函数：将每个序列中相同位置的元素组成元组，返回包含多个元组的迭代器。如果序列 seq1、seq2、…的长度不同，则元组个数与最短的序列相同。它返回的 zip 对象可以通过 for 循环或者用 list、tuple 和 set 等序列来显示。如：

```
>>> z1 = zip(['张三','李四','王二'],[1,2,3,4],['a','b','c'])
>>> type(z1)          #返回<class 'zip'>
>>> list(z1)          #返回[('张三', 1, 'a'), ('李四', 2, 'b'), ('王二', 3, 'c')]
```

“另外，Python 中还提供了其他的相关函数，如 help()、dir()、id()、hash()等，它在后面章节中介绍或使用，这里不再介绍。”help 小精灵补充道。

有了以上的知识，大家终于有能力改造机器人了，以下实例是他们改造的函数之一。

【例 5-13】 设计一个统计单词在文件中出现次数的函数实例。

```
#单词统计函数实例:n513wordCount.py
def wordCount(word,fname = "n513码痴的笔记.txt"):
  count = 0
  f1 = open(fname)               #打开文件
  for line in f1:                #重复读取文件中的每一行
```

```
        line = line. strip( )              #删除每行的前后空白
        count  + = line. count （word）    #统计每行中的 word 个数
    f1. close( )                           #关闭文件
    return count
#调用 wordCount 函数
n = wordCount （"南洋巨蜥"）
print （f"南洋巨蜥出现了 {n} 次"）
```

说明：由于动物名太多，不方便全部列出，所以测试文件“n513 码痴的笔记 . txt”中只保留以下两行文字内容：

```
红海胆、南洋水龙、北洋弓头鲸、亚洲鲸、南洋巨蜥、美洲象龟、海生蛤蜊
亚洲巨蜥、亚洲水龙、南洋巨蜥、亚洲弓头鲸、南洋弓头鲸、美洲巨蜥
```

以上文件的查找结果如下：

```
南洋巨蜥出现了 2 次
```

小明、大智和 help 小精灵发现“南洋巨蜥”在码痴的笔记中出现的频率较高，于是他们决定去城堡的标本馆中进一步了解该巨蜥的相关信息。

5.7　函数应用实验

实验名称：函数的定义与调用

实验目的：

1）掌握函数的定义与调用。

2）掌握函数的 2 种实参传递方式。

3）掌握函数的 5 种形参的使用。

4）学会 lambda 函数的使用。

实验内容：

1）设计程序实例，要求使用 2 种实参传递方式。

2）使用 5 种形参设计程序实例。

3）设计使用 lambda 函数的程序实例。

5.8　习题

一、判断题

1. 局部变量的作用域是整个程序，任何时候使用都有效。（　　）
2. 带有默认值的参数位于参数列表的末尾。（　　）
3. 定义函数时，即使该函数不需要接收任何参数，也必须保留一对空的圆括号来表示这是一个函数。（　　）
4. 一个函数如果带有默认值参数，那么必须所有参数都设置默认值。（　　）

5. 调用带有默认值参数的函数时，不能为默认值参数传递任何值，必须使用函数定义时设置的默认值。 ( )

6. 在定义函数时，某个参数名字前面带有一个 * 号表示可变长度参数，可以接收任意多个实参，并存放于一个元组之中。 ( )

7. 在定义函数时，某个参数名字前面带有两个 * 号表示关键字参数，可以接收任意多个实参对，并将其存放于一个字典之中。 ( )

8. 调用函数时传递的实参个数必须与函数形参个数相等才行。 ( )

9. 在调用函数时，可以通过关键参数的形式进行传值，从而避免必须记住函数形参顺序的麻烦。 ( )

10. 位置参数必须在关键字参数的后面。 ( )

11. 函数的名称可以随意命名。 ( )

12. 不带 return 的函数代表返回 None。 ( )

13. 默认情况下，参数值和参数名称是跟函数声明定义的顺序匹配的。 ( )

14. 函数定义完成后，系统会自动执行其内部的功能。 ( )

15. 函数体以冒号起始，并且是缩进格式的。 ( )

16. 函数可以是无参无返回值、无参有返回值、有参无返回值、有参有返回值。 ( )

17. 函数中使用 return 语句可以返回值，所以函数中的 return 语句后一定要有值。 ( )

18. 在函数内部，既可以使用 global 来声明使用外部全局变量，也可以使用 global 直接定义全局变量。 ( )

19. 使用函数的主要目的是实现代码复用和降低编程难度。 ( )

20. 已知函数代码如下，如果 a = 1, b = 2，则调用 foo(a, b) 后，函数外 a, b 的值依然为 1,2 不变 。 ( )

```
def foo(a,b):
a,b = 3,4
```

21. 调用函数时传递的实参个数必须与函数形参个数相等才行。 ( )

22. 执行如下代码后，ls 内的值是[5,7,1] ( )

```
ls = [1,7,5]
reversed(ls)
```

23. 函数定义时，在参数前面加一个星号表示可变参数。 ( )

24. 引用库方式之一如下：import <库名>，调用库函数方式之一如下：<函数名>(<函数参数>)。 ( )

25. 内置函数 len()返回指定序列的元素个数，适用于列表、元组、字符串、字典、集合以及 range 等迭代对象。 ( )

26. 在函数中使用 return 语句可以返回值，所以函数中的 return 语句后一定要有值。 ( )

27. 在函数内部，既可以使用 global 来声明使用外部全局变量，但不可以使用 global 直接定义全局变量。 ( )

28. 在调用函数时，必须牢记函数形参顺序才能正确传值。 ( )

二、单选题

1. 使用（　　）关键字声明匿名函数。

A. Function　　B. func　　C. def　　D. lambda

2. 写出下面代码的运行结果（　　）。

```
def Sum(a, b =3, c =5):
        print(a,b,c)
Sum(a =8, c =2)
```

A. 8 2　　B. 8，2　　C. 8 3 2　　D. 8，3，2

3. 下列有关函数的说法中，正确的是（　　）。

A. 函数的定义必须在程序的开头

B. 函数定义后，其中的程序就可以自动执行

C. 函数定义后需要调用才会执行

D. 函数体与关键字 def 必须左对齐

4. 以下代码中的 printInfo（）函数是属于（　　）分类。

```
def printInfo():
      print ('输出信息')
printInfo()
```

A. 无参无返回值函数　　B. 无参有返回值函数

C. 有参无返回值函数　　D. 有参有返回值函数

5. 使用以下（　　）关键字创建自定义函数。

A. function　　B. func　　C. def　　D. procedure

6. 以下代码中的 printName（name）函数属于（　　）分类。

```
def printName( name ):
      print('我的名字是:',name)
printName('张三')
```

A. 无参无返回值函数　　B. 无参有返回值函数

C. 有参无返回值函数　　D. 有参有返回值函数

7. 以下代码中 add（x，y）函数属于（　　）分类。

```
def add(x,y):
   return x + y
result = add(7,8)
print('计算结果是:', result)
```

A. 无参无返回值函数　　B. 无参有返回值函数

C. 有参无返回值函数　　D. 有参有返回值函数

8. 调用以下函数返回的值（　　）。

```
def myfun():
    pass
```

A. 0　　B. 出错不能运行　　C. 空字符串　　D. None

9. 已知函数定义如下：

```
def show(numbers):
    for n in numbers:
        print(n)
```

下面那些在调用函数时会报错（　　）。

A. show([2,3,4,5])　　B. show((2,3,4,5))

C. show(2,3,4,5)　　D. show("2345")

10. 写出以下代码的运行结果（　　）。

```
def chanage(d):
    d=d + 1
d=12
chanage(d)
print("d=",d)
```

A. d=12　　B. d=13　　C. d=0　　D. 以上全部错误

11. 写出以下代码的运行结果（　　）。

```
def chanage(d):
    d.append(3)
d=[1,2]
chanage(d)
print("d=",d)
```

A. d=[ ]　　B. d=[1,2]　　C. d=[1,2,3]　　D. 以上全部错误

12. 关于Python的全局变量和局部变量，以下选项中描述错误的是（　　）。

A. 局部变量指在函数内部使用的变量，当函数退出时，变量依然存在，下次函数调用可以继续使用

B. 使用global保留字声明简单数据类型变量后，该变量作为全局变量使用

C. 局部变量无论是否与全局变量重名，仅在函数内部创建和使用，函数退出后变量被释放

D. 全局变量指在函数之外定义的变量，一般没有缩进，在程序执行全过程有效

13. 关于局部变量和全局变量，以下选项中描述错误的是（　　）。

A. 局部变量和全局变量是不同的变量，但可以使用global保留字在函数内部使用全局变量

B. 局部变量是函数内部的占位符，与全局变量可能重名但意义不同

C. 函数运算结束后，局部变量不会被释放

D. 当局部变量为组合数据类型且未创建时，等同于全局变量

14. 以下关于函数的描述，错误的是（　　）。

A. 函数是一种功能抽象

B. 使用函数的目的只是为了增加代码复用

C. 函数名可以是任何有效的 Python 标识符

D. 使用函数后，代码的维护难度降低了

15. 以下关于函数参数和返回值的描述，正确的是（　　）。

A. 采用名称传参的时候，实参的顺序需要和形参的顺序一致

B. 可选参数传递指的是没有传入对应参数值的时候，就不使用该参数

C. 函数能同时返回多个参数值，需要形成一个列表来返回

D. Python 支持按照位置传参也支持名称传参

16. 关于形参和实参的描述，以下选项中正确的是（　　）。

A. 函数调用时，参数列表中给出要传入函数内部的参数，这类参数称为形参

B. 函数调用时，实参默认采用按照位置顺序的方式传递给函数，Python 也提供了按照形参名称输入实参的方式

C. 程序在调用时，将形参复制给函数的实参

D. 函数定义中参数列表里面的参数是实际参数，简称实参

17. 假设函数中不包括 global 保留字，对于改变参数值的方法，以下错误的是（　　）。

A. 参数是 int 类型时，不改变原参数的值

B. 参数是组合类型（可变对象）时，改变原参数的值

C. 参数的值是否改变与函数中对变量的操作有关，与参数类型无关

D. 参数是 list 类型时，改变原参数的值

18. 以下关于函数参数传递的描述，错误的是（　　）。

A. 定义函数的时候，可选参数必须写在非可选参数的后面

B. 函数的实参位置可变，需要实参调用时给出名称

C. 调用函数时，可变数量参数被当作元组类型传递到函数中

D. Python 支持可变数量的参数，实参用“ * 参数名”表示

19. 关于 Python 的 lambda 函数，以下选项中描述错误的是（　　）。

A. 可以使用 lambda 函数定义列表的排序原则

B. f = lambda x，y：x + y 执行后，f 的类型为数字类型

C. lambda 函数将函数名作为函数结果返回

D. lambda 用于定义简单的、能够在一行内表示的函数

20. 关于 eval 函数，以下选项中描述错误的是（　　）。

A. eval 函数的作用是将输入的字符串转换为 Python 语句，并执行该语句

B. 如果用户希望输入一个数字，并用程序对这个数字进行计算，可以采用 eval（input（<输入提示字符串>））组合

C. 执行 eval("Hello")和执行 eval("'Hello'")得到相同的结果

D. eval 函数的定义为：eval(source，globals = None，locals = None，/)

21. 下面关于函数的说法正确的是（　　）。

A. 函数不可以对自己调用，只能调用别的函数

B. 函数可以不定义，直接使用

C. 函数是程序的抽象，通过封装实现代码复用，可以利用函数对程序进行模块化设计

D. 函数定义的位置没有要求，可以先调用，最后对函数定义

三、填空题

1. 在函数内部定义的变量称作________变量。
2. 在函数里面调用另外一个函数，这就是函数的________调用。
3. ________变量定义在函数外，可以在整个程序范围内访问。
4. 如果想在函数中修改全局变量，需要在变量的前面加上________关键字。
5. 函数的递归是指在一个函数的内部调用函数________的过程。
6. 递归必须要有________，否则就会陷入无限递归的状态，无法结束调用。
7. 下面代码的运行结果是________。

```
def Sum( * p):
        return sum(p)
print(Sum(3,5,8))
```

8. 函数能处理比声明时更多的参数，它们是________参数。
9. 下面代码的运行结果是________。

```
def func5(a,b, * c):
    print(a,b)
func5(1,2,3,4,5,6)
```

10. g = lambda x, y = 3, z = 5: x * y * z，则语句 print（g(1)）的输出结果为________。
11. 函数可以有多个参数，参数之间使用________分隔。
12. 使用________语句可以返回函数值并退出函数。

四、简答题

1. 简述定义函数的规则。
2. 什么是匿名函数？它有什么优点？
3. Python 中 pass 语句的作用是什么？
4. 函数参数 * arg 和 * kwarg 的作用是什么？
5. 什么是递归？
6. yield 关键字的作用是什么？

五、程序填空题

以下代码的功能是使用递归函数输出斐波拉契数列的前 20 位，请在下列程序中横线

上填写适当的代码。

```
    def fibo(n):
    assert n >=0
    if n in (0,1):
        return n
    return ________________
for i in range(20):
    print(fibo(i),end=" ")
```

六、程序分析题

阅读以下迭代代码，写出其功能和运行结果。

```
class MyData:
    def __init__(self,st,sp):
        self.start = st
        self.stop = sp
    def getNext(self):
        s = self.start
        if(self.start < self.stop):
            self.start += 2
        else:
            raise StopIteration
        return s
#主程序代码
d = MyData(1,10)
it = iter(d.getNext,7)
for i in it:
    print(i,end=" ")
```

七、程序设计题

1. 一个大于1的自然数，除了1和它自身外，不能被其他自然数整除的数叫作质数，又称素数，否则称为合数。编程求2至100之间的质数。

2. 设计一个程序，从键盘输入一组数，去掉其中重复的数字，按原来次序放入列表中。

3. 从键盘输入一个一元二次方程的三个系数，设计程序求出其解并输出结果。

第6章

Python 的类与对象

本章学习目标

理解面向对象的类与对象的概念；
掌握类的定义与对象的创建方法；
明白构造函数与析构函数的工作原理和编写方法；
熟悉类变量与实例变量的区别和使用方法；
熟悉类方法的种类和使用方法；
学会实现类的封装性、继承性与多态性；
学会实现运算符的重载。

本章重点内容

类的定义和对象的创建方法；
构造函数与析构函数的编写方法；
类变量与实例变量的区别和使用方法；
类方法的种类和使用方法；
类的封装性、继承性与多态性的实现方法。

经过大家的努力，机器人已经改造完成，并取名为“机器熊小丁”。大家决定在没有得到机器熊小丁发回数据信息前，先到附近的标本馆看看，那里保存了城堡中大部分的动植物标本，希望能找到“南洋巨蜥”的信息。

6.1 Python 中的类与对象

小明、大智和 help 小精灵 3 人进入标本馆后，他们发现这里对标本的描述方式同他们以前看到的不同，它们主要用 Python 语言以及类图来描述生物的特性。

“要读懂这些标本，必须先掌握类的定义和对象的创建，你们先看看墙上的介绍吧。” help 小精灵指着标本旁边的文字说明提醒小明和大智，于是二人认真看了起来。

6.1.1 类与对象的概念

“‘类’是对现实生活中具有共同特征事物的抽象，‘对象’是类的一个实例。那么，标本馆中的动物类和植物类都属于类，而具体的每个动植物应该属于对象吧?”大智看了介绍后说道。

“是的，类由属性和行为构成，计算机语言用数据成员（即属性）和操作数据的方法（也称为成员函数）来描述它们。”help 小精灵答道。

“前面提到的‘南洋巨蜥’属于类，它具有产地、体长和寿命等属性，也具有吃、睡、行走等行为能力，我们先学类的定义吧。”小明建议道。

6.1.2 类的定义

“Python 用 class 关键字来声明一个类，其中包括数据成员（属性）和成员函数（方法），另外每个类都有一个名字，以下是类定义的语法格式。”help 小精灵介绍道。

```
class 类名:
    数据成员
    成员函数
```

“类名、属性名和函数名的定义都要遵循 Python 标识符的命名规定吗?”大智问道。

“是的，通常类名用大写开头的单词表示，属性名和函数名用小写开头的单词表示，下面来看一个植物类的简单定义。”help 小精灵答道。

【例 6-1】 包含“名称”“属性”和“简介”函数的植物（Plants）类。

```
#Plants 类的定义: n601Plants.py
class Plants:
    name = "未知"                    #定义属性
    #定义成员函数
    def introduction(self):
        print(f"该植物的名称{Plants.name}。")
        return
```

“例 6-1 中的属性定义与前面章节中介绍的变量的定义相似，但定义成员函数时多了一个 self 参数，它有什么用?”小明问道。

“成员函数的 self 参数代表类的对象自身，可以通过它来访问对象的属性，只有构造方法和实例方法包含 self 参数。”help 小精灵解释道。

“请看 Plants 类的图形表示。”大智指着墙上的类图说道。

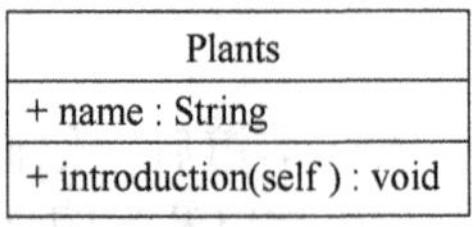

Plants
+ name : String
+ introduction(self) : void

图 6-1 植物的类图

“用类图表示类更加直观，一个类可以包含 0 个或多个属性和方法，图 6-1 中的第 1 格保存的是类名（如 Plants），第 2 格保存的是类的属性（如 name）及其类型（如 String），第 3 格保存的是类的成员函数，如 introduction（self），以及其返回类型（如

void)。当然，Python 语言不需要声明类型。" help 小精灵说道。

"可以用'help（类名或对象名）'命令来查看类的相关信息，如图 6-2 所示。" 小明说道。

```
>>> help(Plants)
Help on class Plants in module __main__:

class Plants(builtins.object)
 |  # Plants类的定义：n601Plants.py
 |
 |  Methods defined here:
 |
 |  introduction(self)
 |      # 定义成员函数
 |
 |  ----------------------------------------------------------------------
 |  Data descriptors defined here:
 |
 |  __dict__
 |      dictionary for instance variables (if defined)
 |
 |  __weakref__
 |      list of weak references to the object (if defined)
 |
 |  ----------------------------------------------------------------------
 |  Data and other attributes defined here:
 |
 |  name = '未知'
```

图 6-2 植物类的相关信息

6.1.3 对象的创建

"对象是类的实例，定义好类就相当于定义好对象的模板或者类型，现在可以用该模板来创建对象了。" help 小精灵说完，给出了 Python 中创建对象的语法格式。

格式：**对象名 = 类名（［参数表］）**

小明模仿以上格式创建了 Plants 的对象 p，并且用函数 type(p)查看了 p 的类型。

```
>>> p = Plants()            #创建 Plants 的对象 p
>>> type (p)                #返回：<class '__main__.Plants'>
```

"创建 p 对象后，就可以用该对象来访问其属性和成员函数吗？" 大智问道。

"是的，可以用'对象名.属性名'或'对象名.成员函数名（［参数表］）'来访问对象的属性或成员函数。例如，可如下访问对象 p 的 introduction( )函数。" help 小精灵答道。

```
>>> p.introduction()    #返回"该植物的名称未知。"
```

"另外，要注意 Python 与其他语言不同，它可以自由地给一个对象绑定新属性，比如给对象 p 绑定新属性 species，并且显示其值的代码如下。" help 小精灵补充道。

```
>>> p.species = "蕨类植物"              #给 p 绑定新属性 species
>>> print(f"它属于{p.species}。")       #返回"它属于蕨类植物。"
```

6.2 构造函数与析构函数

6.2.1 构造函数

“例 6-1 中 name 属性的默认值为‘未知’，有没有办法在创建对象时给 name 属性赋新值呢?”小明问道。

“有的，可以在 Plants 类中添加构造函数__init__()，它在创建对象时自动被调用，功能是为对象申请所需的内存，并给对象的属性赋初值，请看例 6-2。”help 小精灵说道。

【例 6-2】 设计程序，使植物（Plants）类的重新定义，给 Plants 添加__init__()构造函数。

```
#Plants 类的定义：n602Plants.py
class Plants:
    #定义构造函数
    def __init__(self,name,species):
        self.name = name                #定义名称属性
        self.species = species          #定义种类属性
    #定义成员函数
    def introduction(self):
        print(f"游客好,该植物名叫{self.name}。")
        print(f"它属于{self.species}。")
        return
#创建 Plants 的对象
p = Plants("小花","蕨类植物")
p.introduction()
```

程序的运行结果如下：

```
================= RESTART: E:\PyCode\chapter06\n602Plants.py =================
游客好，该植物名叫小花。
它属于蕨类植物。
```

“Python 类的构造函数名__init__()是固定的吗？而且一定要以两个下画线“_”开头和结尾吗?”大智问道。

“是的，所有 Python 类的构造函数名都是__init__()，并且它的第一个参数永远是 self，其他参数放在 self 的后面。”help 小精灵答道。

“例 6-1 中没有定义构造函数，该类没有构造函数吗?”小明问道。

“也有，如果程序中没有定义构造函数，Python 会提供一个默认的构造函数。”help 小精灵解释道。

6.2.2 析构函数

“析构函数的功能与构造函数的功能相反吧？它是用于回收并释放所申请的内存吗？”大智问道。

“是的，它在对象被销毁前自动被调用，其函数名__del__()是以两个下画线“_”开头和结尾，它只能有一个默认的self参数，不能自定义其他参数。” help小精灵答道。

“如果程序中没有定义析构函数，Python会提供一个默认的析构函数进行必要的清理工作吗？” 小明问道。

“是的，请看以下包含构造函数与析构函数的程序实例。” help小精灵答道。

【例6-3】 设计一个程序，定义包含构造函数、析构函数和成员函数的植物类。

```
#Python的析构函数实例：n603Plants.py
class Plants:
    def __init__(self, name):
        self.name = name
        print(f"Plants对象{name}被创建。")
    def __del__(self):
        print("Plants对象被销毁。")
    def show(self):
        print("调用Plants的show方法。")
        return
#主程序代码
op = Plants("小花")        #创建对象op
op.show()                  #访问对象op的成员函数
del op                     #删除对象op
```

程序的运行结果如下：

```
================= RESTART: E:\PyCode\chapter06\n603Plants.py =================
Plants对象小花被创建。
调用Plants的show方法。
Plants对象被销毁。
```

6.3 实例变量与类变量

“例6-1中的name属性是放在类中、方法之外定义的，但例6-2与例6-3中的name属性是放在构造函数__init__()中定义的，它们有什么不同吗？” 小明问道。

“你看得很仔细啊。” 小精灵赞叹道 “Python类中的变量分为类变量与实例变量，例6-1中的name属于类变量，而例6-2和例6-3中的name属于实例变量。”

6.3.1 实例变量

“实例变量又称为成员变量或实例属性，它是在类的构造函数__init__()中定义的，且以 self 为前缀，它属于某个对象。" help 小精灵补充道。

大家边聊边走，来到植物标本区，种类真是很多，其中有一种植物深深吸引了他们，那就是"猴面小龙兰"，这种兰花的外形非常像猴子的脸蛋，三人认真看了该兰花的学名（name）和种类（species）等特性。

"植物标本的旁边有类图，如图 6-3 所示，我们来写其 Python 代码吧？" 小明建议道。

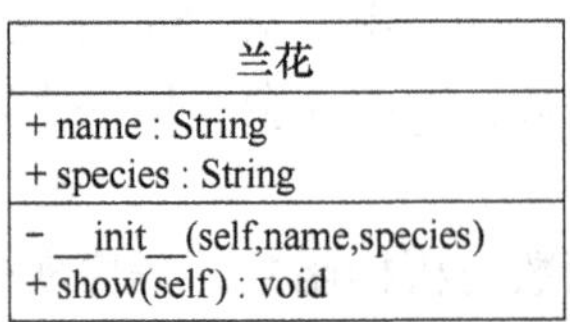

图 6-3　兰花的类图

"根据兰花的介绍、类图，参考例 6-2，采用'实例变量'来编写吧。" 大智说道。

于是二人设计了以下兰花类。

【例 6-4】 包含实例变量的兰花类。

说明：这里只考虑兰花类（Cymbidium）的名称（name）与种类（species）属性，以及显示兰花特性的方法 show( )，其程序代码如下：

```
#Python 城堡中的兰花类：n604Cymbidium. py
class Cymbidium:
    def __init__(self,name,species):
        self.name = name          #名,是实例变量
        self.species = species    #种,是实例变量
    #定义显示兰花特性的实例方法,通过 self 访问实例变量
    def show(self):
        print(f'大家好,我名叫{self.name}')
        print(f'我是一种{self.species}')
        return
#创建兰花对象
cym = Cymbidium('小兰','猴面小龙兰')
cym.show()
```

程序的运行结果如下：

```
=============== RESTART: E:\PyCode\chapter06\n604Cymbidium.py ===============
大家好，我名叫小兰
我是一种猴面小龙兰
```

6.3.2　类变量

"类变量又叫类属性，它是在类中且方法之外定义的变量，它属于整个类。" help 小精灵说道。

"类变量和实例变量还有什么其他不同点吗？" 小明问道。

“类变量可以通过类名或者对象名来访问，实例变量只能通过对象名来访问。”help小精灵答道。

“为什么会这样？是因为类变量属于整个类，而实例变量属于单个对象吗？”大智问道。

“是的，如果类的所有对象的某个属性都一样，则可以将其定义成类变量，所有具体的对象共享它，如果修改其值，所有对象都会改变。”help小精灵答道。

“是啊，就像name属性，每个对象都可以取不同的名字，它属于单个对象，修改其值不会影响其他对象的名字，所以定义成实例变量。”小明说道。

“看，这里有种植物可以捕食动物，名叫‘巨型猪笼草’，我们来设计该类吧。”大智被旁边的肉食植物标本吸引住了。

“所有猪笼草的kind（种类）与种族（clan）都一样，可以定义成类变量，模仿例6-1来设计该类吧。”help小精灵答道。

于是，他们设计了下面的巨型猪笼草类。

【例6-5】 包含类变量的巨型猪笼草类。

分析：可以定义巨型猪笼草的种类（kind）与种族（clan）等属性，以及显示其特性的introduction()方法，程序代码如下：

```
#Python 城堡中的巨型猪笼草类: n605Nepenthes.py
class Nepenthes:
  kind = "巨型猪笼草"        #种类,是类变量
  clan = "肉食植物"          #种族,是类变量
  #定义自我介绍的实例方法,通过类名访问类变量
  def introduction(self):
      print(f'大家好,我是一种:{Nepenthes.kind}')
      print(f'我属于:{Nepenthes.clan}')
      return
#创建对象
nt = Nepenthes()
nt.introduction()
```

程序的运行结果如下：

```
=============== RESTART: E:\PyCode\chapter06\n605Nepenthes.py ===============
大家好，我是一种：巨型猪笼草
我属于：肉食植物
```

“另外，还有其他函数内部定义的变量，它既不属于实例变量，也不属于类变量，它是该函数的局部变量，只允许该函数访问它们。”help小精灵补充道。

6.4 Python 类中的方法

掌握了实例变量与类变量以后，小明、大智和小精灵来到动物标本区，他们发现动

物的标本也很多，有爬行类、鱼类、两栖类、鸟类、哺乳类的脊椎动物，以及原生类、腔肠类、线形类、扁形类、棘皮类、软体类、环节类、节肢类的无脊椎动物。

“每种动物都有自己的行为特性，可以定义方法来描述它们。”小明说道。

“是的，Python 类中的方法种类比较多，有类方法、实例方法、静态方法和普通方法四种，它们有不同的特点。”help 小精灵介绍道。

6.4.1 类方法

“类方法又叫类函数，它被该类的所有对象共享，定义在类内部，以@ classmethod 装饰，其第一个参数是‘cls’，代表包含该方法的类。”help 小精灵说完后给出了以下语法格式。

```
@ classmethod
def 类方法名(cls, 参数表):
    方法体
```

“在类方法体中，可以通过 cls 参数或类名来访问或修改其他变量、调用其他方法吗?”小明问道。

“除了实例变量和实例方法，可以访问或修改类变量，或调用其他 3 种方法。”help 小精灵答道。

大家看到大厅中展示了新西兰大蜥蜴的标本，该蜥蜴体长达 0.6 米，寿命长达 100 年，马上想到‘码痴’口中的‘恶龙’，于是他们设计了一个描述该类的程序实例。

【例 6-6】 定义一个包含类方法的新西兰大蜥蜴类。

分析：可以将大蜥蜴的种类（kind）和门（phyla）属性定义成类变量，将产地（home）和年龄（age）属性定义成实例变量，将显示蜥蜴信息的 showClassInfo( ) 函数定义成类方法，程序代码如下：

```
#新西兰大蜥蜴：n606Tuatara. py
class Tuatara:
    kind = "大蜥蜴"              #种类,是类变量
    phyla = "脊索动物"           #门,是类变量
    #定义构造方法
    def __init__(self, age = 100, home = "新西兰"):
        self. home = home        #产地,是实例变量
        self. age = age          #年龄,是实例变量
    #定义类方法
    @ classmethod
    def showClassInfo(cls):
        print(f'{cls. kind}属于{Tuatara. phyla}')
#主程序代码
Tuatara. showClassInfo()         #调用类方法
```

程序的运行结果如下：

```
大蜥蜴属于脊索动物
```

“以上实例是通过类名 Tuatara 来调用类方法 showClassInfo( )的，在类的外部也可以通过对象名来调用类方法，请看以下测试。” help 小精灵补充道。

```
>>> nt = Tuatara()            #创建对象
>>> nt.showClassInfo()        #输出：大蜥蜴属于脊索动物
```

小明尝试在类方法 showClassInfo( )中访问实例变量 home 和 age，但程序出错了，需要继续学习。

6.4.2　实例方法

“实例方法又叫成员方法或实例函数，属于该类的实例对象，定义在类内部，方法的前面没有装饰，它的第一个参数是‘self’，代表实例对象自身。” help 小精灵介绍道。

“在实例方法中，可以通过 self 参数或类名来访问或修改类变量，调用其他类方法、静态方法和普通方法吗？” 小明问道。

“是的，实例方法还可以访问或修改实例变量，也可以调用其他实例方法。” help 小精灵说完后，写出了以下语法格式。

def 实例方法名（self，参数表）：

　　方法体

小明给【例 6-6】的 Tuatara 类添加了以下显示对象信息的实例方法：

```
#实例方法
def showObjectInfo(self):
    print(f'{self.home}{Tuatara.kind}素有“活恐龙”之称')
    print(f'寿命长达{self.age}年')
    Tuatara.showClassInfo()    #调用类方法
    return
```

“在类的外部，也可以通过类名或者对象名来调用实例方法吗？” 大智问道。

“只能通过对象名来调用实例方法，请看以下语句。” help 小精灵答道。

```
>>> nt = Tuatara()            #创建对象
>>> nt.showObjectInfo()       #调用实例方法
```

显示结果如下：

```
新西兰大蜥蜴素有“活恐龙”之称
寿命长达100年
大蜥蜴属于脊索动物
```

6.4.3　静态方法

“静态方法又叫静态函数，它也是类内部定义的，以@ staticmethod 装饰的，但没有“self” 和 “cls” 参数。” help 小精灵说完后，给出如下语法格式。

@ staticmethod
def 静态方法名（参数表）：
方法体

“静态方法同其他方法有什么共同点？”小明问道。

“它同类方法相似。对于 Python3.7 以后的版本，在静态方法中，可以通过类名访问或修改类变量，也可以调用其他静态方法、类方法和普通方法，但不能访问或修改实例变量以及调用实例方法。”help 小精灵答道。

大智参考以上格式，为例 6-6 中的 Tuatara 类添加大蜥蜴捕食的静态方法如下：

```
#静态方法
@ staticmethod
def eat(animal):
    print(f'{Tuatara.kind}可以吃{animal}')
    return
```

“在类的外部，既可以通过类名来调用静态方法，又可以通过对象名来调用静态方法。”help 小精灵说完后，测试如下。

```
>>> nt = Tuatara()              #创建对象
>>> nt.eat ("山羊")             #显示：大蜥蜴可以吃山羊
>>> Tuatara.eat ("野猪")        #显示：大蜥蜴可以吃野猪
```

6.4.4 普通方法

“普通方法又叫普通函数，它也是类内部定义的，但它既没有装饰器，也没有“self”和“cls”参数的函数。”help 小精灵说完后，给出如下语法格式。

def 普通方法名（参数表）：
方法体

“普通方法同其他方法有什么共同点？”大智问道。

“它同静态方法类似，对于 Python3.7 以后的版本，在普通方法中，可以通过类名访问或修改类变量，也可以调用其他普通方法、类方法和静态方法，但不能访问或修改实例变量以及调用实例方。”help 小精灵答道。

根据以上格式，大家给例 6-6 中的 Tuatara 类添加以下普通方法：

```
#普通方法
def ordinaryFun():
        Tuatara.showClassInfo()      #调用类方法
        Tuatara.eat ("野鹿")         #调用静态方法
        print (f'大家认为 {Tuatara.kind} 很厉害吧')
        return
```

“在类的外部，既可以通过类名来调用普通方法，又可以通过对象名来调用普通方法吧？”大智模仿静态方法的特点说道。

"错了，只能通过类名来调用普通方法。" help 小精灵说完后，测试给大智看。

```
>>> Tuatara.ordinaryFun()        #
```

调用普通方法，显示结果如下：

```
大蜥蜴属于脊索动物
大蜥蜴可以吃野鹿
大家认为大蜥蜴很厉害吧
```

通过以上学习与讨论，小明和大智掌握了 Python 类的 4 种方法，他们用以下语句访问了例 6-6 中包含的以上 4 种方法，

```
Tuatara.showClassInfo()          #调用类方法
nt = Tuatara()                   #创建对象
nt.showObjectInfo()              #调用实例方法
Tuatara.eat ("野猪")             #调用静态方法
Tuatara.ordinaryFun()            #调用普通方法
```

程序的运行结果如下：

```
================ RESTART: E:\PyCode\chapter06\n606Tuatara.py ================
大蜥蜴属于脊索动物
新西兰大蜥蜴素有"活恐龙"之称
寿命长达100年
大蜥蜴属于脊索动物
大蜥蜴可以吃野猪
大蜥蜴属于脊索动物
大蜥蜴可以吃野鹿
大家认为大蜥蜴很厉害吧
```

6.5 Python 的面向对象特性

"类的封装性、继承性与多态性三大基本特性是面向对象程序设计语言的基本特性，下面分别介绍它们。" help 小精灵说道。

6.5.1 类的封装性

"封装就是信息隐藏吧？就像计算机通过外壳隐藏了其内部细节一样，对吗？" 大智问道。

"是的，为了增强程序的安全性和可靠性，通过隐蔽对象的内部细节，只保留有限开放的对外接口与外部发生联系。" help 小精灵答道。

"是啊，就像计算机一样，用户只能通过键盘按钮或鼠标等接口操作计算机，不能直接修改其内部的电路板，但不知 Python 是怎样实现封装性的？" 小明问道。

"Python 可以通过将对象的属性和方法设置成私有来实现，如果 Python 类的属性名或方法名以两个下画线（__）开头，则它们是私有的。" help 小精灵答道。

"私有属性只能在类的内部访问吧？外界如何访问类的私有属性呢？" 大智问道。

"可以给类定义部分的公有方法 getXxx() 和 setXxx()，外界通过它们间接访问类的部

分私有数据。”help 小精灵答道。

“大家看，大厅中有体长比新西兰大蜥蜴大几倍的蜥蜴，它的体长可达 3m 多，不过它没有新西兰大蜥蜴长寿。”小明指着科莫多巨蜥的类图（见图 6-4）说道。

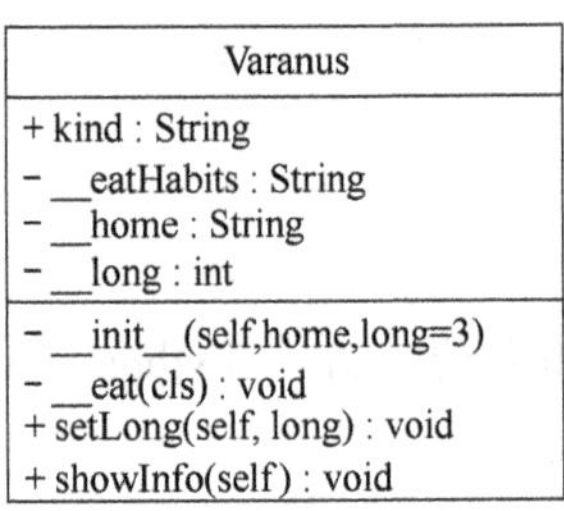

图 6-4　科莫多巨蜥的类图

“其类图显示，该巨蜥类定义了种类、饮食习惯、产地和体长属性，以及构造函数、饮食、设置体长、显示巨蜥信息方法。”help 小精灵答道。

“图中前面是减号（ - ）的属性和方法是私有的，前面是加号（ + ）的属性和方法是公有的，对吗？”小明问道。

“是的，我们用封装技术来设计一个科莫多巨蜥类吧。”help 小精灵建议道。

【例 6-7】 用类的封装技术定义一个科莫多巨蜥类。

```
#封装性实例 - 科莫多巨蜥：n607Varanus.py
class Varanus:
    kind = "大蜥蜴"                    #种类,是类变量,默认值是"大蜥蜴"
    __eatHabits = '野鹿'               #饮食习惯,是私有类变量,默认值是'野鹿'
    #定义构造方法
    def __init__(self,home,long = 3):
        self.__home = home             #产地,给私有实例变量赋值
        self.__long = long             #体长,给私有实例变量赋值
    #定义私有类方法
    @classmethod
    def __eat(cls):
        print(f'该{cls.kind}喜欢捕吃{cls.__eatHabits}')       #显示饮食习惯
        return
    #定义公有实例方法
    def setLong(self,long):
        self.__long = long             #修改体长,给私有实例变量赋值
    #定义公有实例方法
    def showInfo(self):
        print(f'{self.__home}{Varanus.kind}体长可达{self.__long}米')
        Varanus.__eat()                #调用私有类方法
        return
#创建对象
```

```
nt = Varanus（" 印尼科莫多"）
nt.setLong（3.3）                    #调用公有方法，设置体长
nt.showInfo()                        #调用公有方法，显示蜥蜴信息
```

程序的运行结果如下：

```
================ RESTART: E:\PyCode\chapter06\n607Varanus.py ================
印尼科莫多大蜥蜴体长可达3.3米
该大蜥蜴喜欢捕吃野鹿
```

大智试着在类外调用了该巨蜥类的私有方法__eat()，但程序出错了。

6.5.2　类的继承性

“在客观世界中，各类实物有特殊与一般的关系，特殊类有一般类的特点，也有自己独特的特点，如前面介绍的巨蜥类与蜥蜴类的关系。”help 小精灵说道。

“也就是说特殊类继承了一般类的特点，并扩展新的特点，是吗？”小明问道。

“是的，如果已经设计了一般类（如蜥蜴类），当我们设计特殊类（如巨蜥类）时，为了减少重复编码，特殊类只需设计一般类不具有的属性和方法，相同的属性和方法可以从一般类继承过来。”help 小精灵说道。

“特殊类和一般类还有其他称呼吗？”大智问道。

“通常把被继承的一般类称为父类或超类或基类，派生出的特殊类称为子类或派生类。”help 小精灵答道。

“一个子类能继承多个父类吗？”小明问道。

“Python 语言中允许一个子类继承多个父类（即多继承），但有些语言（如 Java）只允许单继承。”help 小精灵答道。

“继承的优点是避免了父类与子类对共同特征重复编码，对吗？”大智问道。

“是的，它增加了程序代码的重用性，请看子类的定义格式。”help 小精灵说道。

```
class 子类名(父类名1,父类名2,…,父类名n):
    数据成员          #属性
    成员函数          #方法
```

大智发现标本馆中有一种动物叫海百合，其外形长得像植物，但属于动物门类，于是建议参考图 6-5 所示的海百合的类图，用多重继承技术设计海百合类。

【例 6-8】 用多重继承技术定义海百合类。

分析：海百合（Crinoidea）具有动物门（AnimalPhylum）的门特性，也有植物外形（PlantContour）特征，它继承了它们的属性和方法，程序代码如下：

```
#继承性实例 - 海百合类:n608Crinoidea.py
#定义父类1:动物门类
class AnimalPhylum:
    phylum = "棘皮动物门"              #门
    @classmethod
    def showPhylum(cls):               #显示门信息
```

```
        print(f'我属于:{cls.phylum}')
        return
#定义父类2:植物外形类
class PlantContour:
    contour = "长得像植物"              #外形
    @classmethod
    def showContour(cls):               #显示外形信息
        print(f'我的外形:{cls.contour}')
        return
#定义子类:海百合类
class Crinoidea(AnimalPhylum, PlantContour):
    classis = "海百合"                  #纲,类变量
    def __init__(self,name = "没有名"):
        self.name = name                #姓名,实例变量
    def showInfo(self):                 #显示自身信息
        print(f'大家好,我的名字是:{self.name}')
        print(f'我是一种:{Crinoidea.classis}')
        super().showPhylum()            #调用父类1的方法
        super().showContour()           #调用父类2的方法
        return
#创建子类对象
sub = Crinoidea ("阿娇")                #创建对象
sub.showInfo()                          #调用子类的方法
```

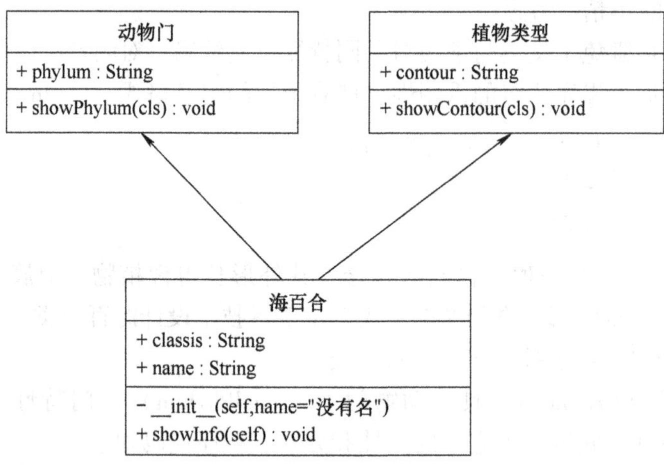

图 6-5　海百合的类图

程序的结果如下：

```
=============== RESTART: E:\PyCode\chapter06\n608Crinoidea.py ===============
大家好，我的名字是：阿娇
我是一种：海百合
我属于：棘皮动物门
我的外形：长得像植物
```

“可以用‘<类>.__bases__’查找<类>的父类，也可以用‘issubclass（<类1>，<类2>）’来检查<类1>是否是<类2>的子类，还可以用‘isinstance（<对象>，<类>）’来检查<对象>是否是<类>的实例。”help小精灵补充道。

6.5.3　类的多态性

“多态性是指同一个类有多种形态吗？”大智问道。

“这里的多态性是指不同子类的对象对父类的同一方法有不同的实现。”help小精灵答道。

“正如动物类的猫和鸟，为了到达某目的地，猫是通过行走，而鸟是通过飞行，是吗？”小明问道。

“对，就是这个意思，你们可以用多态性来设计这两个类。”help小精灵建议道。

【例6-9】　以猫和鸟为例，用方法重写来实现动物移动的多态性。

```
#Python的多态性实例：n609Animal.py
#定义父类：动物类
class Animal:
    def move(self):
        pass        #空操作
#定义子类：猫类
class Cat(Animal):
    #重写父类的移动方法
    def move(self):
        print('猫采用走的方式到达目标')
        return
#定义子类：鸟类
class Birds(Animal):
    #重写父类的移动方法
    def move(self):
        print('鸟采用飞的方式到达目标')
        return
#生成对象
an1 = Cat()
an2 = Birds()
an1.move()
an2.move()
```

程序的结果如下：

```
================== RESTART: E:\PyCode\chapter06\n609Animal.py ==================
猫采用走的方式到达目标
鸟采用飞的方式到达目标
```

“以上实例中，同样是move()方法，但猫和鸟的实现方法不同。”小明解释道。

6.6 运算符重载

“重载就是子类对父类的方法进行重新定义，赋予新功能，对吗?” 大智问道。

“是的，运算符重载是指对已有的运算符进行重新定义，其作用是让程序员自定义的类也能使用现有的运算符。” help 小精灵答道。

“噢，运算符重载有什么要求或者限制吗?” 小明问道。

“有 3 点要求：1）只能重载现有的运算符，不能新建运算符；2）只能重载自定义类的运算符，不能重载内置类的运算符；3）某些运算符不能重载，如 is、and、or、not 等。” help 小精灵答道。

“怎么实现运算符重载?” 大智问道。

“每个运算符都有对应的内置函数，只要重新编写其对应的内置函数就可以了。” help 小精灵给出了以下常见运算符的内置函数。

1）一元运算符的内置函数。

① _ _ neg_ _ （self）：负号，相当于 -self 运算。

② _ _ pos_ _ （self）：正号，相当于 +self 运算。

③ _ _ invert_ _ （self）：取反，相当于 ~self 运算。

2）算术运算符的内置函数。

① _ _ add_ _ （self，other）：加法，相当于 self + other 运算。

② _ _ sub_ _ （self，other）：减法，相当于 self - other 运算。

③ _ _ mul_ _ （self，other）：乘法，相当于 self * other 运算。

④ _ _ truediv_ _ （self，other）：除法，相当于 self/other 运算。

⑤ _ _ floordiv_ _ （self，other）：整除，相当于 self//other 运算。

⑥ _ _ mod_ _ （self，other）：取模（求余），相当于 self% other 运算。

⑦ _ _ pow_ _ （self，other）：幂运算，相当于 self * * other 运算。

3）关系运算符的内置函数。

① _ _ lt_ _ （self，other）：小于，相当于 self < other 运算。

② _ _ le_ _ （self，other）：小于或等于，相当于 self < = other 运算。

③ _ _ gt_ _ （self，other）：大于，相当于 self > other 运算。

④ _ _ ge_ _ （self，other）：大于或等于，相当于 self > = other 运算。

⑤ _ _ eq_ _ （self，other）：等于，相当于 self = = other 运算。

⑥ _ _ ne_ _ （self，other）：不等于，相当于 self ! = other 运算。

4）位运算符的内置函数。

① _ _ and_ _ （self，other）：位与，相当于 self & other 运算。

② _ _ or_ _ （self，other）：位或，相当于 self | other 运算。

③ _ _ xor_ _ （self，other）：位异或，相当于 self ^ other 运算。

④ _ _ lshift_ _ （self，other）：左移，相当于 self < < other 运算。

⑤ _ _ rshift_ _ （self，other）：右移，相当于 self > > other 运算。

5）索引和切片运算符的内置函数。

①_ _getitem_ _（self，i）：索引/切片取值，相当于x=self［i］运算。

②_ _setitem_ _（self，i，v）：索引/切片赋值，相当于self［i］=v运算。

③_ _delitem_ _（self，i）：删除索引/切片，相当于del self［i］运算。

6）格式转换方法的内置函数。

_ _str_ _（self）：转成字符串格式，相当于str（self）运算。

"我们来给新西兰大蜥蜴类添加关系运算符和格式转换运算符吧？"小明建议道。

于是，他们利用运算符重载，设计了以下类。

【例6-10】　包含关系运算符和格式转换运算符的新西兰大蜥蜴类。

```
#Python运算符重载实例：n610Overloading.py
#定义新西兰大蜥蜴类
class Tuatara:
    #定义构造函数
    def __init__(self,name,age):
        self.name = name
        self.age = age
    #重载格式转换方法
    def __str__(self):
        info = f"大家好,我名叫{self.name},我今年{self.age}岁"
        return info
    #重载关系运算符'>'
    def __gt__(self,other):
        if isinstance(other, Tuatara):
            return(self.age > other.age)
        else:
            raise Exception("比较对象必须是Tuatara类型")
    #重载关系运算符'=='
    def __eq__(self, other):
        if isinstance(other, Tuatara):
            return(self.age == other.age)
        else:
            raise Exception("比较对象必须是Tuatara类型")
#用以上关系运算符设计比较蜥蜴大小的函数
def compare(x,y):
    if x == y:
        print(f"{x.name}与{y.name}年龄相同")
    elif x > y:
        print(f"{x.name}比{y.name}大{x.age - y.age}岁")
    else:
        print(f"{x.name}比{y.name}小{y.age - x.age}岁")
```

```
#创建大蜥蜴对象,测试格式转换与比较运算符
t1 = Tuatara("开心笑",100)
t2 = Tuatara("逗你玩",110)
print(t1)                  #t1 信息转成字符串后输出
print(str(t2))             #t2 信息转成字符串后输出
compare(t1,t2)             #比较蜥蜴 t1 和 t2 的大小
```

程序的运行结果如下：

```
============== RESTART: E:\PyCode\chapter06\n610Overloading.py ==============
大家好，我名叫开心笑，我今年100岁
大家好，我名叫逗你玩，我今年110岁
开心笑比逗你玩小10岁
```

走出标本馆，大家都感觉收获很大，不但找到了同“恶龙”有关的新西兰大蜥蜴和科莫多巨蜥的详细信息，而且还掌握了类与对象的相关应用。另外，进入森林公园中的机器熊小丁也传来好消息，它帮小明、大智和 help 小精灵解除了进入森林公园的屏障。

6.7 类的封装、继承与多态实验

实验名称：类的封装性、继承性与多态性的实现。

实验目的：

1）掌握类的定义以及对象的创建方法。

2）掌握类变量与实例变量的使用方法。

3）学会 4 种类方法的设计。

4）学会实现类的封装性、继承性与多态性。

实验内容：

1）编写一个包含类变量与实例变量的程序实例。

2）编写若干包含 4 种类中方法的程序实例。

3）编写若干实现类的封装性、继承性与多态性的程序实例。

6.8 习题

一、名称解释

1. 类
2. 对象
3. 类属性
4. 实例属性
5. 类方法
6. 静态方法
7. 方法重写

二、单选题

1. 定义如下类：

```
class Test():
    pass
```

下面说明错误的是（　　）。

A. 该类实例中包含 __dir__()方法

B. 该类实例中包含 __hash__()方法

C. 该类实例中包含 __dict__属性

D. 该类实例中没有包含任何方法和任何属性

2. 关于 python 类说法错误的是（　　）。

A. 类的实例方法必须创建对象后才可以调用

B. 类的实例方法必须创建对象前才可以调用

C. 类的类方法可以用对象和类名来调用

D. 类的静态属性可以用类名和对象来调用

3. 定义类如下：

```
class Test():
    def __init__(self, name):
        self.name = name
    def show(self):
        print(self.name)
```

下面代码能正常执行的是（　　）。

A.
```
t = Test('张三')
t.show()
```

B.
```
t = Test()
t.show('张三')
```

C.
```
t = Test()
t.show()
```

D.
```
t = Test
t.show('张三')
```

4. 定义类如下：

```
class A:
    def a():
        print('a')
class B:
    def b():
        print('b')
class C(A, B):
    def c():
        print('c')
```

下面说法错误的是（　　）。

A. 可以用类名 C 调用 a()方法　　B. 可以用类名 C 调用 b()方法

C. 可以用类名 C 调用 c( )方法　　　　　　D. 必须用 C 的对象调用以上方法

5. 执行如下代码：

```
import time
print(time.time())
```

以下选项中描述错误的是（　　）。

A. time 库是 Python 的标准库

B. 可使用 time. ctime( )，显示为更可读的形式

C. time. sleep（5）推迟调用线程的运行，单位为毫秒

D. 输出自 1970 年 1 月 1 日 00：00：00 以来的秒数

6. 以下关于 python 内置函数的描述，错误的是（　　）。

A. id( )返回一个变量的一个编号，是其在内存中的地址

B. all(ls)返回 True，如果 ls 的每个元素都是 True

C. type( )返回一个对象的类型

D. sorted( )对一个序列类型数据进行排序，将排序后的结果写回到该变量中

7. 关于函数的描述，错误的选项是（　　）。

A. Python 使用 del 保留字定义一个函数

B. 函数能完成特定的功能，对函数的使用不需要了解函数内部实现原理，只要了解函数的输入输出方式即可

C. 函数是一段具有特定功能的、可重用的语句组

D. 使用函数的主要目的是减低编程难度和代码重用

8. Python 中函数不包括（　　）。

A. 标准函数　　　　B. 第三库函数　　　　C. 内建函数　　　　D. 参数函数

9. 以下关于 python 函数的使用描述错误的是（　　）。

A. 函数定义是使用函数的第一步

B. Python 程序里一定要有一个主函数

C. 函数被调用后才能执行

D. 函数执行结束后，程序执行流程会自动返回到函数被调用的语句之后

10. Python 中，函数定义可以不包括以下（　　）。

A. 函数名　　　　B. 关键字 def　　　　C. 一对圆括号　　　　D. 可选参数列表

11. 以下关于 python 内置函数的描述，错误的是（　　）。

A. hash( )返回一个可计算哈希类型的数据的哈希值

B. type( )返回一个数据对应的类型

C. id( )返回一个数据的一个编号，跟其在内存中的地址无关

D. sorted( )对一个序列类型数据进行排序

12. 关于函数的可变参数，可变参数 *args 传入函数时存储的类型是（　　）。

A. List　　　　B. set　　　　C. dict　　　　D. tuple

13. 以下关于函数的描述，正确的是（　　）。

A. 函数的简单数据类型的全局变量在函数内部使用的时候，需要在显式声明为全局

变量

B. 函数的全局变量是列表类型的时候，函数内部不可以直接引用该全局变量

C. 如果函数内部定义了跟外部的全局变量同名的组合数据类型的变量，则函数内部引用的变量不确定

D. python 的函数里引用一个组合数据类型变量，就会创建一个该类型对象

14. 以下程序的输出结果是（　　）。

```
def f(x,y=0,z=0):
pass
f(1,,3)
```

A. pass　　B. None　　C. not　　D. 出错

15. 以下程序的输出结果是（　　）。

```
def fun1(a,b,*c):
    print(a,b,c)
fun1(1,2,3,4,5,6)
```

A. 1 2 {3,4,5,6}　　B. 1,2,3,4,5,6

C. 1 2 (3,4,5,6)　　D. 1 2 [3,4,5,6]

16. 关于以下程序输出两个值的描述正确的是（　　）。

```
da=[1,2,3]
print(id(da))
def getda(st):
   fa=da.copy()
   print (id (fa))
getda (da)
```

A. 两个值相等　　B. 每次执行的结果不确定

C. 首次不相等　　D. 两个值不相等

17. 下面代码的输出结果是（　　）。

```
def change(a,b):
a=10
b+ =a
a=4
b=5
change(a,b)
print(a,b)
```

A. 10 5　　B. 4 15　　C. 10 15　　D. 产生 NameError 异常

18. 以下程序的输出结果是（　　）。

```
def hub(ss, x=2.0,y=4.0):
ss += x* y
```

```
ss = 10
print(10, hub(22))
```

A. 22. 0 None　　B. 10 None　　C. 22 None　　D. 10. 0 22. 0

19. 以下程序的输出结果是（　　）。

```
fr = [ ]
def myf(frame):
    fa = ['12','23']
    fr = fa
myf(fr)
print( fr)
```

A. ['12', '23']　　B. '12', '23'　　C. 12 23　　D. [ ]

20. 执行以下代码，运行错误的是（　　）。

```
def fun(x,y = "Name",z = "No"):
    pass
```

A. fun(1,2,3)　　B. fun( )　　C. fun(1)　　D. fun(1,2)

21. 以下程序的输出结果是（　　）。

```
def func(num):
   num  * =2
x = 20
func(x)
print(x)
```

A. 40　　B. 出错　　C. 无输出　　D. 20

22. 以下程序的输出结果是（　　）。

```
img1 = [12,34,56,78]
img2 = [1,2,3,4,5]
def displ():
   print (img1)
def modi():
   img1 = img2
modi()
displ()
```

A. [1,2,3,4,5]　　B. ([12, 34, 56, 78])

C. ([1,2,3,4,5])　　D. [12, 34, 56, 78]

23. 以下程序的输出结果是（　　）。

```
ab = 4
def myab(ab, xy):
   ab = pow(ab,xy)
```

```
  print(ab,end=" ")
myab(ab,2)
print(ab)
```

A. 4 4　　B. 16 16　　C. 4 16　　D. 16 4

24. 执行以下代码，运行结果（　　）。

```
def split(s):
  return s.split("a")
s ="Happy birthday to you!"
print(split(s))
```

A. ['H', 'ppy birthd', 'y to you!']　　B. " Happy birthday to you!"

C. ['Happy', 'birthday', 'to', 'you!']　　D. 运行出错

25. 以下程序的输出结果是（　　）。

```
s =0
def fun(num):
  try:
     s += num
     return s
  except:
     return 0
  return 5
print(fun(2))
```

A. 0　　B. 2

C. UnboundLocalError　　D. 5

26. 以下程序的输出结果是（　　）。

```
ls = []
def func(a,b):
   ls.append(b)
   return a * b
s = func("Hello!",2)
print(s,ls)
```

A. 出错　　B. Hello! Hello!

C. Hello! Hello! [2]　　D. Hello! Hello! []

27. 以下程序的输出结果是（　　）。

```
dict = {'Name': 'baby', 'Age': 7}
print(dict.items())
```

A. [('Age',7), ('Name', 'baby')]

B. ('Age',7), ('Name', 'baby')

C. 'Age':7,'Name': 'baby'

D. dict_items([('Name', 'baby'), ('Age',7)])

28. 以下程序的输出结果是（　　）。

```
def test(b =2, a =4):
    global z
    z += a* b
    return z
z = 10
print(z, test())
```

A. 18 None　　B. 10 18　　C. UnboundLocalError　　D. 18 18

29. 以下程序的输出结果是（　　）。

```
def func(a, * b):
    for item in b:
        a += item
    return a
m =0
print(func(m,1,1,2,3,5,7,12,21,33))
```

A. 33　　B. 0　　C. 7　　D. 85

30. 以下程序的输出结果是（　　）。

```
def calu(x =3, y =2, z =10):
    return(x ** y * z)
h =2
w =3
print(calu(h,w))
```

A. 90　　B. 70　　C. 60　　D. 80

31. 以下程序的输出结果是（　　）。

```
img1 = [12,34,56,78]
img2 = [1,2,3,4,5]
def displ():
    print (img1)
def modi():
    img1 = img2
modi()
displ()
```

A. ([1,2,3,4,5])　　B. [12, 34, 56, 78]

C. ([12, 34, 56, 78])　　D. [1,2,3,4,5]

32. 以下程序的输出结果是（　　）。

```
def fun1():
    print (" in fun1()")
    fun2()

def fun2():
    print (" in fun2()")
    fun1()
fun1()
```

A. in fun1()　in fun2()　　B. in fun1()
C. 死循环　　D. 出错

三、简答题

1. 什么是面向对象编程?
2. 简述面向对象的三大特征。

四、程序分析题

1. 阅读以下代码，写出其功能。

```
class Cymbidium:
    def __init__(self):
        self.__name = "小兰"
        self.__phylum = "被子植物"
        self.__species = "猴面小龙兰"
        self.__home = "厄瓜多尔"
        self.__feature = "花心像猴脸,有两个长萼和两根长刺,有成熟的橘子气味"
    #介绍兰花特性的私有方法
    def __introduction(self):
        print(f'大家好,我名叫{self.__name},')
        print(f'我属于{self.__phylum}门,')
        print(f'我是一种{self.__species},')
        print(f'我产于{self.__home},')
        print(f'我的主要特征是{self.__feature}。')
        return
    #设置姓名的公有方法
    def setName(self,name):
        self.__name = name
    #获取姓名的公有方法
    def getName(self):
        return self.__name
    #设置产地的公有方法
    def setHome(self,home):
```

```
        self.__home = home
    #显示兰花特性的公有方法
    def show(self):
        self.__introduction()
```

2. 阅读以下代码，写出其功能和运行结果。

```
class Animal:
    #定义构造函数
    def __init__(self,name,lifespan):
        self.name = name
        self.lifespan = lifespan
    #定义成员函数
    def introduction(self):
        print(f"游客好,该动物名叫{self.name}。")
        print(f"它已经{self.lifespan}岁。")
        return
#创建 Animal 的对象
a1 = Animal("华南虎大奔",13)
a1.introduction()
```

五、程序设计题

1. 编程设计 Python 城堡中的精灵类，该类包含“姓名”“性别”“身高”“体重”等属性，以及“自我介绍”的成员函数。

2. 以精灵类为例，设计一个运算符重载的程序实例，要求该类重载“<、>、==”等关系运算符，以及 str 格式转换方法。

第7章 Python的异常处理

本章学习目标

理解异常的概念和异常处理的工作原理；
熟悉 Python 中的常见异常类；
明白 Python 的异常处理机制和编程方法；
掌握断言与上下文管理的正确使用；
学会用户自定义异常。

本章重点内容

try... except 语句的使用；
else 子句和 finally 子句的使用；
抛出异常的 raise 语句的使用；
断言与上下文管理；
用户自定义异常。

经过努力，小明、大智和 help 小精灵终于进入了森林公园，前面有一片沼泽地，上面放了一些木板通向对岸，这是通往 Python 软件谷和城堡基因库的必经之路。

“大家小心，前面的沼泽地中充满陷阱，上面的木板是由 Python 异常代码控制的，如果踩到包含异常语句的木板就会掉入陷阱中。”机器熊小丁提醒道。

“也就是说，大家必须掌握了 Python 的异常处理方法才能通过，对吗？” help 小精灵问道。

“是的，这是现在的占领者新添加的。”机器熊小丁答道。

7.1 什么是异常

“异常是指引起错误的非正常事件吧？我们在前面调试和运行程序的过程中发生过几次。”小明问道。

“是的，异常分为编译异常和运行异常，前者是由代码的语法错误造成的，在编译程序时发生；后者是由代码的逻辑错误造成的，在程序运行时发生。” help 小精灵答道。

“我在工作时也发生过错误，它属于运行异常吗？”机器熊小丁问道。

“是的，运行异常还可分为系统错误和应用程序的逻辑错误两种。” help 小精灵答道。

“我们无法处理系统错误，所以要学的是如何处理应用程序的逻辑错误吧?” 大智问道。

“是的，请看以下代码，它包含了 2 个异常危险。” help 小精灵对 python 语言比较精通，他也为此感到自豪。

【例 7-1】 求 1 到 9 之总和与均值的异常实例。

```
#Python 的异常实例: n701Exception. py
i = n = s = 0
num = [1,2,3,4,5,6,7,8,9]
while i < =9:
    s + = num[i]   #IndexError: list index out of range
    i + = 1
#ZeroDivisionError: division by zero
print(F" 总和 = {s},均值 = {s/n}")
```

机器熊小丁运行以上程序，显示结果如下:

```
=============== RESTART: E:\PyCode\chapter07\n701Exception.py ===============
Traceback (most recent call last):
  File "E:\PyCode\chapter07\n701Exception.py", line 5, in <module>
    s+=num[i]  # IndexError: list index out of range
IndexError: list index out of range
```

“以上结果显示，运行到第 5 行的 s += num[i] 语句时发生 IndexError: list index out of range 异常。” 机器熊小丁说道。

“是的，该异常的中文意思是‘索引异常: 列表索引超出范围’，是因为当循环访问 num[9] 时超出了列表 num 的下标范围 (0 至 8)，把循环条件‘i < =9’改为‘i <9’后再试试看。” help 小精灵建议道。

于是，机器熊小丁修改代码后继续运行，显示结果如下:

```
=============== RESTART: E:\PyCode\chapter07\n701Exception.py ===============
Traceback (most recent call last):
  File "E:\PyCode\chapter07\n701Exception.py", line 8, in <module>
    print(F"总和={s}, 均值={s/n}")
ZeroDivisionError: division by zero
```

“运行到第 8 行时发生 ZeroDivisionError: division by zero 异常。” 大智说道。

“我想，应该是‘除零异常’，因为 s/n 的分母为 0，所以发生异常，如果将 n 改为 9 就会正确执行。” 小明说道。

“有没有好的方法可以提高程序的可靠性和可维护性?” 机器熊小丁问道。

“Python 提供了异常 (Exception)、断言 (Assertions) 和上下文管理器等技术来处理程序运行中可能出现的错误，我们下面来学习它们吧。” help 小精灵说道。

7.2 Python 中的常见异常类

“BaseException 是 Python 所有异常的基类，我们只要掌握其子类 Exception，该子类是所有常规异常的父类。”help 小精灵说完，给出了 Exception 的以下常见子孙类。

（1） ArithmeticError　它是数值计算异常的父类，包含以下 3 个子类：

1） FloatingPointError：浮点数运算异常。例如，递归调用迭代次数太多时会发生。

2） OverflowError：数值运算越界异常。例如，math. pow(1000,1000)发生。

3） ZeroDivisionError：数值除零异常。例如，3/0 发生。

（2） AttributeError　属性异常，访问对象中属性不存在时发生。假如 Person 类中没有定义 sex 属性，但是代码访问了该属性。

（3） LookupError　它是数据查询异常的父类，包含以下 2 个子类：

1） IndexError：索引异常，索引超出序列边界时发生。例如，设 s 等于 'hello'，则 s 的索引是 0 至 4，访问 s[5]会超出序列边界。

2） KeyError：键异常，映射中没有对应的键时发生。假如 stu = {"name":"张三","sex":"男"}，如果访问 stu["tel"]时会发生。

（4） NameError　名称异常，如果使用还未被赋值的变量会发生该异常。假如 x 没有先赋值，则访问 x +3 会出现 NameError：name 'x' is not defined 错误。

（5） TypeError　类型异常，将不同类型数据进行运算时发生。例如，23 + "88"。

（6） ValueError　值异常，如果将非数值的字符串转换成数值类型的数据会发生该异常。例如，int("ab")。

（7） OSError　操作系统异常，例如，执行 open("file * 文件 . txt")语句会发生该异常，因为文件名中包含了星号‘ * ’，违背了文件的命名规则。

（8） FileNotFoundError　没有找到文件异常，假如当前目录中没有 testfile. txt 文件，执行 open("testfile. txt","r")语句时就会发生该异常。

（9） EOFError　文件结束标记 EOF 异常，访问文件时没有找到 EOF 标志。

（10） AssertionError　断言异常，当 assert 语句后面的“条件”不满足时发生。

学习完相关异常类后，大家准备过沼泽地。为了安全，小明建议大家在踩木板前，用手机中的 IDLE 测试木板上的语句，如：>>> 23 + "88"，这样虽然费时，但可靠，于是大家顺利通过。很快，他们到达蓝湖前面的森林，其中却充满诡异，里面似乎掩藏了很多机关。

7.3　Python 的异常处理机制

“在经过沼泽地时，只要大家小心，就不会触发异常，但前面的森林中掩藏了怪物，它们会主动抛出异常，所以我们必须学会怎么捕获和处理异常，即掌握异常的处理机制。”机器熊小丁提醒道。

“Python 是用 try... except 语句来捕获和处理可能发生的异常的，其中 try 子句用于捕获异常，except 子句用于处理异常，else 子句在没有发生异常时被执行，finally 子句不管是否发生异常都会被执行。”help 小精灵给出了异常处理语句的语法格式。

```
try:
    <可能发生异常的语句块>
```

```
except [异常类 1 as 对象 1]:
    <异常处理代码 1>
[except [异常类 2 as 对象 2]:
    <异常处理代码 2>
……
except [异常类 n as 对象 n]:
    <异常处理代码 n>
else:
    <无异常发生的语句块>
finally:
    <都会被执行的语句块>]
```

“也就是说，当 try 子句检测到语句块发生异常时，会把捕获的异常对象去同第一个 except 子句中的‘异常类 1’比较，如果匹配就执行 <异常处理代码 1>，否则去同下一个 except 子句比较，以此类推，如果没有 except 子句匹配，就执行 else 子句，对吗?”小明问道。

“是的，异常处理语句的语法格式中的方括号（[ ]）中的内容是可选项，但每一个 try 至少要有一个 except 子句。另外，如果有 finally 子句，则不管是否发生异常，都执行该子句。”help 小精灵答道。

“try... except 语句允许嵌套吗?”大智问道。

“可以的，如果存在嵌套，当内层 try 语句无法处理时，会将异常递交到外层的 try 进行处理，以此类推，直到最外层。”help 小精灵说完后，给出了以下程序实例。

【例 7-2】 包含“值异常”和“除零异常”的异常处理实例。

```
#try 子句和 except 子句测试实例: n702tryExcept. py
while True:
    try:
        str = input("输入字符'q'则结束,请输入分母数:")
        if str == 'q':
            break
        num = 99/float(str)
        print(F"99/{str} = {num}")
    except ValueError:
        print(F"值异常(ValueError):无法将您输入的{str}转换为浮点数")
    except ZeroDivisionError:
        print(F"除零异常(ZeroDivisionError):您输入的{str}不能为分母")
    except:
        print("Exception:其他类型异常")
```

“运行以上程序，如果无法用 float(str) 函数将输入的字符串转换为实数，会发生 ValueError（值异常），对吧?”小明问道。

“如果转换的结果为 0，会发生 ZeroDivisionError（除零异常）吧?”大智也问道。

"是的，你们分析得非常正确，请看以下运行结果。" help 小精灵测试了该程序。

```
=============== RESTART: E:\PyCode\chapter07\n702tryExcept.py ===============
输入字符'q'则结束，请输入分母数：ok
值异常（ValueError）：无法将您输入的ok转换为浮点数
输入字符'q'则结束，请输入分母数：0
除零异常（ZeroDivisionError）：您输入的0不能为分母
输入字符'q'则结束，请输入分母数：9
99/9=11.0
输入字符'q'则结束，请输入分母数：q
```

"再提供一个包含 else 子句和 finally 子句的程序实例吧。" 机器熊小丁建议道。

于是，help 小精灵给了一个访问字典的程序实例。

【例 7-3】 捕获字典的 KeyError 异常的程序实例。

```
#else子句和 finally 子句测试实例：n703elseFinally. py
stu = {1:"张三",2:"李四"}
while True:
    no = input("请输入字典中的键值:")
    if no == 'q':
        break                                    #输入字符 'q'则退出循环
    try:
        key = int(no)
        value = stu[key]
    except KeyError:
        print(F"KeyError(键异常):字典中没有键{key}")
    except Exception as e:
        print(F"其他类型异常:{e}")
    else:
        print(F"键{key}对应的值是:{value}")      #显示正确结果
    finally:
        print("输入'q'则退出")                    #显示提示信息
```

"很明显，如果输入的键不是 1 或者 2，会产生 KeyError 异常。" 大智说道。

"是的，如果输入的键不是数值，会产生其他类型异常。" 小明说道。

"对，如果输入的键是 1 或者 2，会输出该键对应的值。" help 小精灵答道。

"以上几种情况都会输出 '输入 q 则退出' 的提示。" 机器熊小丁也插话道。

大家测试该程序的运行结果如下：

```
============== RESTART: E:\PyCode\chapter07\n703elseFinally.py ==============
请输入字典中的键值：3
KeyError（键异常）：字典中没有键3
输入'q'则退出
请输入字典中的键值：p
其他类型异常：invalid literal for int() with base 10: 'p'
输入'q'则退出
请输入字典中的键值：2
键2对应的值是：李四
输入'q'则退出
请输入字典中的键值：q
```

7.4 抛出异常

“前面说过，怪物可能会主动抛出异常，它们是怎么抛出异常的?”大智问道。

“我想，它们是通过运行控制森林的代码抛出的。”小明说道。

“很有可能，因为除了程序运行错误会抛出异常外，程序员也可在代码中添加 raise 语句主动抛出异常，Python 提供了 raise 语句和 assert 断言两种抛出异常的方法。”help 小精灵答道。

7.4.1 raise 语句

“raise 语句的后面可以是‘异常类’或‘异常对象’或不带参，请看如下测试结果。”help 小精灵说道。

例 1：抛出 TypeError 异常类

```
>>> raise TypeError
#运行结果如下:
Traceback (most recent call last):
  File"<pyshell#5>", line 1, in <module>
    raise TypeError
TypeError
```

例 2：抛出 OverflowError 异常对象

```
>>> ofe = OverflowError("数值运算越界异常")        #创建异常对象
>>> raise ofe
#运行结果如下:
Traceback (most recent call last):
  File"<pyshell#8>", line 1, in <module>
    raise ofe
OverflowError: 数值运算越界异常
```

例 3：创建 FloatingPointError 异常对象后抛出

```
>>> raise FloatingPointError("浮点数运算异常")
#运行结果如下:
Traceback (most recent call last):
  File"<pyshell#10>", line 1, in <module>
    raise FloatingPointError("浮点数运算异常")
FloatingPointError:浮点数运算异常
```

“所有异常都可以用 raise 语句抛出吗? 如果 raise 语句的后面不带参数将抛出什么?”小明问道。

“是的，不过 raise 语句通常用在用户自定义异常中，如果 raise 的后面不带参数，则将异常传递给上一级 except 处理。”help 小精灵说完后给出实例 7-4。

【例 7-4】　用两重 try 语句捕获 raise 抛出的 TypeError 异常。

```
#Python 的抛出异常实例：n704raise.py
try:
    try:
        raise TypeError('类型异常')
    except TypeError   as e1:
        print(F"({e1})被内部 try 捕获,然后继续抛给上一级 try")
        raise                          #将异常传递到上一级处理
except TypeError   as e2:
    print(F"({e2})又被外部 try 再次捕获")
```

程序运行结果如下：

```
================= RESTART: E:\PyCode\chapter07\n704raise.py =================
（类型异常）被内部try捕获，然后继续抛给上一级try
（类型异常）又被外部try再次捕获
```

7.4.2　assert 断言

"前面介绍过 AssertionError 异常是当 assert 语句后面的'条件'不满足时发生的，对吗？"大智问道。

"是的，其语法格式是'**assert <条件>，<错误提示>**'，请看以下测试。"help 小精灵说道。

```
>>> assert 70 > 80,"条件不满足"        #输出以下异常信息：
Traceback (most recent call last):
  File"<pyshell#9>", line 1, in <module>
    assert 70 > 80,"条件不满足"
AssertionError: 条件不满足
```

"前面的森林中有南洋巨蜥、烈焰巨人、幽灵巨魔、食人魔、独角巨兽、巨型毒蚁等怪物，它们可以伪装成千奇百怪的植物，为了安全通过，我们应该设计一个怪物识别程序。"机器熊小丁建议道。

"可以定义一个列表，用来保存以上怪物，用 assert 来检验出现的动物是否在列表中，如果在，则是怪物。"help 小精灵说道。

于是，大家利用 assert 语句设计一个识别怪物的程序。

【例 7-5】　设计一个包含断言语句的怪物识别程序。

```
#Python 的断言语句测试实例：n705assert.py
monsters = ["南洋巨蜥","烈焰巨人","幽灵巨魔","食人魔","独角巨兽","巨型毒蚁"]
while True:
    try:
        name = input("请输入要检查的动物名,输入'q'则结束检查:")
        if name == 'q':
```

```
            break
        #要求 name 不出在现列表中,否则抛出异常信息
        assert name not in monsters, F"怪物{name}出现!!!"
    except Exception  as e:
        print(f"异常:{e}")            #输出异常信息
    else:
        print(F"正常:动物{name}不是怪物,不用担心")
```

程序的运行结果如下：

```
================= RESTART: E:\PyCode\chapter07\n705assert.py =================
请输入要检查的动物名，输入'q'则结束检查：幽灵巨魔
异常：怪物幽灵巨魔出现！！！
请输入要检查的动物名，输入'q'则结束检查：巨型毒蚁
异常：怪物巨型毒蚁出现！！！
请输入要检查的动物名，输入'q'则结束检查：青龙
正常：动物青龙不是怪物，不用担心
请输入要检查的动物名，输入'q'则结束检查：q
```

7.5 用户自定义异常

“为了应对意外情况的发生，我们还应该掌握用户自定义异常。” help 小精灵说道。

“是的，Python 虽然提供了很多异常类来处理程序在运行中可能出现的错误，但不能解决所有的问题，怎么定义异常类呢?” 大智响应道。

“用户可以定义一个 Exception 类的子类，该子类就是用户自定义异常类。” help 小精灵答道。

“Python 解释器会自动抛出用户自定义的异常吗?” 小明问道。

“不会，所以程序员必须在代码中用 raise 语句抛出用户自定义异常，然后用 try.... except 语句来捕获和处理该异常。” help 小精灵答道。

“前面的森林入口，有一台识别来访者的机器，我之前窃取了其源代码，我们来分析其工作原理吧。” 机器熊小丁给出了以下源代码。

【例 7-6】 检查来访者身份的用户自定义异常应用实例。

```
#Python 的自定义异常类实例: n706CustomException.py
#定义异常类
class  CustomException(Exception):
    def __init__(self,msg):
        self.msg = msg
    def __str__(self):
        return self.msg
#以下代码是对自定义异常的功能测试
identities = ("造物主","先知","进化者","革命狂")
while True:
    try:
```

```
        myIdentities = input("请输入身份,输入'q'则结束:")
        if myIdentities == 'q':
            print("取消戒备状态。")
            break
        if myIdentities not in  identities:
            raise CustomException(f"非法入侵者{myIdentities}闯入!!!")
        print(f"欢迎{myIdentities}进入...")
    except CustomException as e:
        print(f"错误提示:{e}")
```

“该程序的功能是检查来访者是否是元组（“造物主”，“先知”，“进化者”，“革命狂”）中的成员，如果不是则抛出用户自定义异常。”小明看明白了以上代码。

大家测试了以上代码，其运行结果如下：

```
============ RESTART: E:\PyCode\chapter07\n706CustomException.py ============
请输入身份，输入'q'则结束: 先知
欢迎先知进入...
请输入身份，输入'q'则结束: hk
错误提示：非法入侵者hk闯入！！！
请输入身份，输入'q'则结束: 革命狂
欢迎革命狂进入...
请输入身份，输入'q'则结束: q
取消戒备状态。
```

于是，大家准备分别冒充“造物主”“先知”“进化者”和“革命狂”进入森林。

7.6　上下文管理语句 with

当大家来到森林的旁边，发现里面迷雾弥漫，光线阴暗，杂草横生，有时还传来几声怪叫声，充满诡异。

小明有点紧张，问道：“异常处理的技术全部学习完了吗？里面的环境变幻莫测，会不会发生意外？”

“还有‘下文管理语句 with’没有介绍，利用它可以实现对环境资源的自动管理，为了安全，还是学完它再进入森林吧。”help 小精灵说完，给了以下语法格式。

```
with <上下文管理器对象>  [as  <变量>]:
    <代码语句体>
```

“什么是上下文管理器？”大智问道。

“它是一个包含__enter__和__exit__方法的类，其中__enter__方法用于初始化和分配资源，with 语句会先执行它；而__exit__方法是当执行完 with 语句中的<代码语句体>后才执行的，它的功能是释放之前分配的资源。”help 小精灵答道。

“如果<代码语句体>发生异常，with 语句怎么处理？”大智问道。

“会将异常的相关信息传递给__exit__方法的 errType（异常类型）、errValue（异常值）和 traceback（错误栈信息）的参数。”help 小精灵答道。

“哦，可以考虑把异常处理语句放在__exit__方法中，输出相关异常信息。with 语句中的 as 选项有什么用呢?”小明问道。

“把上下文管理器对象赋值给 as 后面的<变量>。”help 小精灵答道。

“噢，可以用该<变量>访问上下文管理器对象的相关方法。”大智说道。

“是的，Python 提供了很多上下文管理器，例如，打开文件、连接数据库、连接网络等，下面以打开文件为例，看看其使用方法吧。”help 小精灵继续说道。

【例 7-7】 with 在打开文件中的应用。

分析：Python 中的 open 方法能打开文件并生成上下文管理器对象，源代码如下：

```
#with 的 open 应用实例：n708witOpen.py
with open("f:/withTest.txt", "r",encoding = "utf-8") as f:
    data = f.read()
    print(F"文件 withTest.txt 的内容是:{data}")
```

“以上代码包含了异常处理，太好了。”大智感叹道。

“是的，如果发生异常（如 withTest.txt 文件不存在），with 会输出‘FileNotFoundError（文件找不到）’的异常信息。”help 小精灵答道。

利用以上技术，大家顺利通过了森林，这时发现前面有两条分叉路，一条是通往 Python 软件谷的，另外一条是通往城堡基因库的。

“如果要先搭救 P 博士等 IT 人员，就必须选择第一条路，但有重兵把守；如果先搭救 J 博士等基因工作者，就必须选择第二条路，该路防范相对简单。”机器熊小丁介绍道。

大家商量决定还是先去相对简单的城堡基因库。

7.7 异常处理实验

实验名称：Python 的异常处理练习。

实验目的：

1）掌握 Python 的异常处理机制与编程方法。

2）掌握断言与上下文管理的正确使用。

3）学会用户自定义异常。

实验内容：

1）用 try... except... else... finally 语句编写程序实例。

2）用断言语句 assert 编写程序实例。

3）用上下文管理语句 with 编写程序实例。

7.8 习题

一、单选题

1. 以下不是 Python 中的关键字的是（　　）。

A. raise　　B. with　　C. import　　D. final

2. 有关异常说法正确的是（　　）。

A. 程序中抛出异常终止程序　　B. 程序中抛出异常不一定终止程序

C. 拼写错误会导致程序终止　　D. 缩进错误会导致程序终止

3. 以下哪项 Python 能正常启动（　　）。

A. 拼写错误　　B. 错误表达式　　C. 缩进错误　　D. 手动抛出异常

4. 对以下程序描述错误的是（　　）。

```
try:
    #语句块1
except Error1 as e1:
    #语句块2
```

A. 程序有异常处理，因此一定不会终止程序

B. 程序有异常处理，但也可能会因异常终止程序

C. 语句块 1 如果抛出 Error1 异常，不会因为异常终止程序

D. 语句块 2 不一定会执行

5. 如果 Python 程序执行时，产生了“unexpected indent”的错误，其原因可能是（　　）。

A. 代码中使用了错误的关键字　　B. 代码中缺少“:”符号

C. 代码里的语句嵌套层次太多　　D. 代码中出现了缩进不匹配的问题

6. 以下关于异常处理的描述，错误的选项是（　　）。

A. Python 通过 try、except 等保留字提供异常处理功能

B. ZeroDivisionError 是一个变量未命名错误

C. NameError 是一种异常类型

D. 异常语句可以与 else 和 finally 语句配合使用

7. 关于程序的异常处理，以下选项中描述错误的是（　　）。

A. 程序异常发生经过妥善处理可以继续执行

B. 异常语句可以与 else 和 finally 保留字配合使用

C. 编程语言中的异常和错误是完全相同的概念

D. Python 通过 try、except 等保留字提供异常处理功能

8. 运行以下程序：

```
try:
num = eval(input("请输入一个列表:"))
num.reverse()
print(num)
except:
print("输入的不是列表")
```

从键盘上输入 1,2,3，则输出的结果是（　　）。

A. [1,2,3]　　B. [3,2,1]　　C. 运算错误　　D. 输入的不是列表

9. 以下 Python 语言关键字在异常处理结构中用来捕获特定类型异常的选项

是（　　）。

A. For　　B. lambda　　C. in　　D. except

10. 以下关于异常处理的描述，正确的是（　　）。

A. try 语句中有 except 子句就不能有 finally 子句

B. Python 中，可以用异常处理捕获程序中的所有错误

C. 引发一个不存在索引的列表元素会引发 NameError 错误

D. Python 中允许利用 raise 语句由程序主动引发异常

11. 以下选项中 Python 用于异常处理结构中用来捕获特定类型异常保留字的是（　　）。

A. except　　B. do　　C. pass　　D. while

12. 用户输入整数的时候不合规导致程序出错，为了不让程序异常中断，需要用到的语句是（　　）。

A. if 语句　　B. eval 语句　　C. 循环语句　　D. try-except 语句

13. 以下 Python 语句运行结果异常的选项是（　　）。

A. >>> PI，r=3.14，4　　B. >>> x=y=z=1

C. >>> int(True)　　D. >>> a

14. 执行以下程序，输入 x，输出结果是（　　）。

```
x = 'python'
try:
 y = eval(input('请输入整数:'))
 z = y * 2
 print(z)
except:
 print('请输入整数')
```

A. x　　B. 请输入整数　　C. pythonpython　　D. python

15. 以下程序的输出结果是（　　）。

```
s = ''
try:
  for i in range(1,10,2):
    s.append(i)
except:
  print('error')
print(s)
```

A. 13 5 79　　B. [1,3,5,7,9]

C. 2,4,6,8,10　　D. error

16. Python 中用来抛出异常的关键字是（　　）。

A. try　　B. except　　C. raise　　D. finally

17. 关于异常，下列说法正确的是（　　）。

A. 异常是一种对象

B. 一旦程序运行，异常将被创建

C. 为了保证程序运行速度，要尽量避免异常控制

D. 以上说法都不对

18. Python 语言中，下列哪一子句是异常处理的出口（　　）。

A. try{... }子句　　B. except{... }子句

C. finally{... }子句　　D. 以上说法都不对

二、填空题

1. 根据异常的来源，可以把异常分为两种类型：系统定义的运行异常和__________异常。

2. 同一段程序可能产生不止一种异常。可以放置多个________子句，其中每一种异常类型都将被检查，第一个与之匹配的就会被执行。

3. except 子句都带一个参数，该参数是某个异常的类及其变量名，except 用该参数去与抛出的__________的类型进行匹配。

4. Python 用 try... except... ____________语句捕获并处理异常。

5. Python 语言认为那些可预料或不可预料的出错称为__________。

6. ______________是 Python 所有异常的基类。

7. 处理应用程序发生的逻辑错误通常用____________及其子类。

8. 抛出异常、生成异常对象都可以通过__________语句实现。

9. 捕获异常的统一出口通过____________语句实现。

10. Python 语言的类库中提供了一个_______________类，所有的异常都必须是它的实例或它子类的实例。

11. 对程序语言而言，一般有编译错误和__________错误两类。

12. 在异常处理中，若 try 中的代码可能产生多种异常则可以对应多个 except 语句，若 except 中的参数类型有父类子类关系，此时应该将父类放在子类的________。

13. 异常处理通常由 try 、except、________和 finally 4 个子句组成。

14. try... except 语句如果没有捕获到异常，则执行______语句。

15. try... except 语句不管是否捕获到异常，都执行______语句。

16. Python 中允许利用________语句由程序主动引发异常。

17. Python 的________用来捕获所有异常，因为 Python 里面的每次错误都会抛出一个异常，所以每个程序的错误都被当作一个运行错误。

三、程序分析题

1. 阅读以下代码，写出当用户输入 12ab 和 56 时的运行结果。

```
try:
    number = int(input("请输入数字:"))
    print("number:",number)
```

```
except Exception as e:
        print("异常信息:",e)
else:
        print("没有异常")
finally:
        print("finally")
print("执行完毕")
```

2. 阅读以下代码，写出程序的功能。

```
#定义上下文管理器类
class myOpen:
        def __init__(self, filePath, mode = "r", encoding = "utf-8"):
            self. filePath = filePath
            self. mode = mode
            self. encoding = encoding
        def __enter__(self):
            self. file = open( self. filePath, mode = self. mode, encoding =
self. encoding)
            return self. file
        def __exit__(self, exType, value, traceback):
            if exType ! = None:
              print(F"异常信息:{exc_type}")
            else:
              print(F"正常结束!")
            self. file. close()
            return True
#用 with 访问上下文管理器
with myOpen("f:/withTest. txt", "w",encoding = "utf-8") as myf:
         myf. write("Python 城堡")
```

四、程序设计题

1. 设计一个检查用户信息是否合法的用户自定义异常类，要求检查输入的用户性别是否是“男”或“女”，所学专业是否是元组（“人工智能”“大数据”“计算机软件”“生物制药”）中的一种，如果不是则报错。

2. 设计一个程序实例，要求根据用户输入的索引值来查询字符串中对应的字符，如果用户输入出现索引越界或非数字等错误会产生异常，要求捕捉所有可能的异常。

3. 设计一个包含断言语句的成绩录入程序，要求用 assert 语句来测试录入的课程名称是否在["语文""数学""英语""物理""生物""化学"]列表中，成绩是否大于或等于 0 且小于或等于 100，如果输入不正确，则要求重新输入。

第8章 SQLite 数据库编程

本章学习目标

了解数据库的相关概念；
熟悉 SQLite 的数据类型与常用函数；
掌握管理 SQLite 的常用命令；
学会用 SQLite 软件管理数据库；
学会开发管理 SQLite 数据库的程序。

本章重点内容

SQLite 的数据类型与常用函数；
SQLite 的常用命令；
SQLite 软件的使用方法；
开发管理 SQLite 数据库的程序。

大家经过艰难的跋涉，终于，顺利进入了基因库所在的园区。

“该基因库中包含了城堡中大部分的生物活体、生物样本、生物基因组和蛋白质序列，它是基因测序、基因组合、基因编辑的综合实验平台，也是生物知识搜索、分析、计算、生命科学研究的大数据平台。”help 小精灵向大家介绍道。

但进入工作大楼后发现原来的科技人员以及仪器设备都不知去向，只见到一位老大爷。老大爷告诉他们，所有的人都被抓走了，电脑设备也被搬走了，同时把几个硬盘交给了他们，说这是 J 博士被带走前留下的。

“说不定能在硬盘中查到‘恶龙’的基因信息，不过电脑都被搬走了，怎么读取其中的数据？”小明说道。

“给我看看，我能读取。”机器熊小丁说道。

help 小精灵把硬盘交给了小丁，小丁浏览硬盘数据后发现里面只保存了几百个扩展名为 . db 的文件。

“这些都是数据库文件，要访问它们必须要有相关软件和电脑，看来我们只能自己编程读写这些数据库文件了。”没有见到 J 博士等基因工作人员，help 小精灵有点伤心。

8.1 数据库的相关概念

“什么是数据库？它是一组按照一定规则和数据结构存储在一起的数据集合吗？”大智问道。

“是的，它是独立于应用程序的、方便用户共享的、冗余度相对较低的数据仓库。Python 的数据库管理系统（Database Management System，DBMS）可对数据库中的数据进行添加、删除、修改、查询、备份和安全管理等操作。”help 小精灵答道。

“数据库的种类很多吗？本基因库中用到的是哪一种数据库管理系统？”小明问道。

“数据库主要分为关系型数据库和非关系型数据库两大类，本基因库中用到的 SQLite 属于关系型数据库。”help 小精灵答道。

8.2 SQLite 数据库

“关系型数据库是用二维表及其之间的关系来组织数据的，具有 ACID 特性，即原子性（Atomicity）、一致性（Consistency）、隔离性（Isolation）和持久性（Durability）。”机器熊小丁也了解一点关系型数据库。

“SQLite 数据库是开源的，同其他关系型数据库相比，它具有以下优点：①不需要配置，不需要用户管理，可以嵌入到应用程序的进程中运行；②是轻量级的，每个数据库完全存储在单个磁盘文件中，运行时需要的内存较少。”help 小精灵介绍道。

“也就是说，它具有零管理成本、资源占用少和性能良好的优点。”小明总结道。

8.2.1 SQLite 的下载方法

“SQLite 是数据库的开发平台吗？在哪里可以下载它？”大智问道。

“其官网（网址为 https://www.sqlite.org/download.html）提供了应用于相关操作系统的预编译二进制文件（Precompiled Binaries），例如 sqlite-dll-win64-x64-3330000.zip 是运行在 64 位 Windows 环境的 SQLite 软件压缩包。”help 小精灵说道。

机器熊小丁按提示下载解压后，发现该文件包含了用于创建和管理数据库的 sqlite3.exe 文件、用于显示数据库之间差异的 sqldiff.exe 文件和数据库分析器 sqlite3_analyzer.exe 文件。

“它们不用安装，下载解压后可直接运行。”help 小精灵介绍道。

小丁双击 sqlite3.exe 文件后，出现图 8-1 所示的命令行窗口。

“如果在 DOS 环境下，输入‘sqlite3 路径名\数据库文件名.db’会打开以上窗口，同时会创建文件名为“路径名\数据库文件名.db”的数据库。”help 小精灵继续说道。

“它也叫‘命令行窗口’，在‘sqlite >’提示符的后面输入 SQLite 命令即可运行。”机器熊小丁说完后，输入‘.help’命令查看了 SQLite 命令的帮助信息。

“我们先从数据类型开始学吧。”大智建议道。

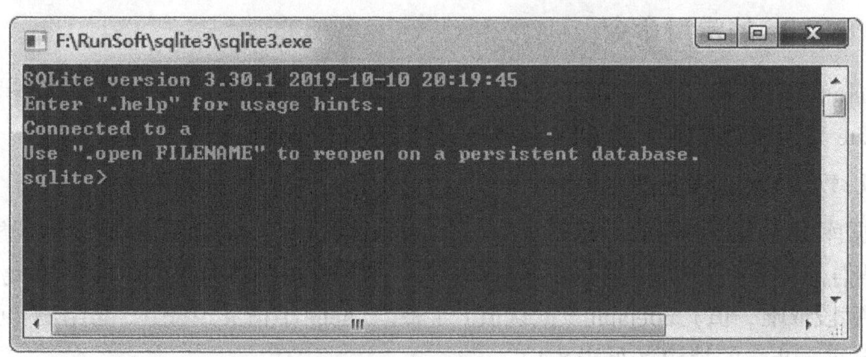

图 8-1　SQLite 的命令行窗口

8.2.2　SQLite 的数据类型

“SQLite 是动态的弱数据类型，这点同 Python 相似，它们不用先声明字段的类型，DBMS 会根据表的列值自动判断字段的类型。”机器熊小丁说道。

“是的，SQLite 主要包含以下几种数据类型。”help 小精灵给出了相关数据类型。

1）NULL：标识一个空值。

2）INTERGER：整型。

3）REAL：浮点型。

4）TEXT：字符串类型。

5）BLOB：二进制类型。

“包含的数据类型不多啊。”大智说道。

“是的，不过它兼容以下静态数据类型。”help 小精灵补充道。

1）smallint：16 位短整型。

2）interger：32 位整数。

3）decimal(m,n)：m 长度和 n 小数位的实数，默认 m 为 5，n 为 0。

4）float：32 位实数。

5）double：64 位实数。

6）char(n)：长度固定为 n 的字符串，n 不能超过 254。

7）varchar(n)：长度不固定且最大长度为 n 的字符串，n 不能超过 4000。

8）graphic(n)：和 char(n)一样，不过其单位是两个字节，n 不能超过 127。它支持双字节长度的字体，如中文字。

9）vargraphic(n)：长度可变且最大长度为 n 的双字节字符串，n 不能超过 2000。

10）date：包含了年月日的日期类型。

11）time：包含了时分秒的时间类型。

12）datetime：包含了年月日、时分秒、千分之一秒的日期时间类型。

由于以上知识不难，小明和大智很快就掌握了。

8.2.3 SQLite 的常用命令

“前面介绍的图 8-1 是 SQLite 的命令行窗口，可以在其中输入数据库的 SQL 语句指令或者 SQLite 交互命令去执行。”机器熊小丁说道。

1. 数据库的 SQL 语句

“数据库由若干表格构成，而表格由若干字段构成，字段包含字段名、字段类型和字段属性等信息，而字段属性又包括 primary key（主键）、not null（字段值不允许空）、unique（字段取唯一值）、default（默认值）4 种。”help 小精灵说完后，给出了巨型猪笼草的表格 nepenthes 的结构（见表 8-1）。

表 8-1 巨型猪笼草的表格 nepenthes 的结构

字段名	字段说明	字段类型	字段属性
id	编号	smallint	primary key、not null
name	名称	varchar（10）	
kind	种类	varchar（10）	default（'巨型猪笼草'）
home	产地	varchar（20））	

“创建表格前要先创建数据库吧？例如，在 DOS 环境输入‘sqlite3 F:\PythonData\db\plant.db’命令可以创建一个保存植物的数据库文件 plant.db，对吗？”小明问道。

“对，我们来学习相关 SQL 语句，它们以分号（;）结尾，且大小写不敏感。如 create 和 CREATE 的意思相同。其注释用两个减号（--）表示。”机器熊小丁说完后，给出了以下常见的 SQL 语句。

1）创建表格：create table <表名>（<字段名 1> <字段类型 1>[<字段属性 1>]，…，<字段名 n> <字段类型 n>[<字段属性 n>]）。

例如，创建表 8-1 中的巨型猪笼草表格的 SQL 语句：create table nepenthes（id smallint primary key not null，name varchar（10），kind varchar（10）default（'巨型猪笼草'），home varchar（20））。

2）删除表格：drop table [<数据库>.]<表名>。

功能：删除<数据库>中名为<表名>的表，如果没有指定<数据库>，则删除当前打开的数据库中的表。

例如，删除前面创建的 nepenthes 表的 SQL 语句：drop table nepenthes。

3）插入记录：insert into <表名>[（<字段列表>）] values（<值列表>）。

功能：为名为<表名>的表添加一条包含指定字段和值的记录，如果插入所有字段值，则<字段列表>可以省略。

例如，以下是为表 nepenthes 添加 2 条记录的 SQL 语句，结果见表 8-2。

```
insert into nepenthes (id,name,home) values(1,"小捕","菲律宾");
insert into nepenthes (id,name,home) values(2,"神捕","巴拉望");
```

表 8-2 表 nepenthes 添加 2 条记录的 SQL 语句的结果

id	name	kind	home
1	小捕	巨型猪笼草	菲律宾
2	神捕	巨型猪笼草	巴拉望

4）查询数据：select <字段列表> from <表名> [where <条件>]。

功能：从名为<表名>的表中查询满足<条件>记录的相关字段内容，如果没有 where <条件>子句，则查询所有的记录，如果<字段列表>用“*”号代替，则查所有字段，该语句还可以包含以下子句：

① **join <表名 2> on <连接条件>**：表示根据<连接条件>从<表名>和<表名 2>中查。

② **distinct**：表示消除查询结果中所有重复的记录。

③ **limit <记录数>**：表示查询结果只返回规定数目的记录。

④ **group by <字段列表> having <分组条件>**：表示查询结果按<分组条件>对<字段列表>进行分组。

⑤ **order by <字段列表> [asc | desc]**：表示查询结果按<字段列表>进行排序，asc 表示升序，desc 表示降序，默认是升序。

例如，查 id 等于 1 的记录相关字段内容的 sql 语句：

```
select id,home from nepenthes where id = 1。
```

5）更新数据：update <表名> set <字段 1> = <值 1>，…，<字段 n> = <值 n> [where <条件>]。

功能：用给定<值>更新表中满足<条件>记录的<字段>的值，如果没有 where 子句，则更新所有记录。另外，where 中的<条件>可以用以下子句：

① Like <模式表达式>：表示同<模式表达式>匹配的字符串。其中，<模式表达式>中的百分号（%）代表零个或多个数字或字符，下画线（_）代表一个数字或字符。如 Like 'py%'代表以 py 开头的字符串，Like 'py_ '代表以 py 开头，长度为 3 的字符串。

② Glob <模式表达式>：表示同<模式表达式>匹配的字符串。其中，<模式表达式>中的星号（*）代表零个或多个数字或字符，问号（?）代表一个数字或字符。如 Glob 'py*'代表以 py 开头的字符串，Glob 'py? '代表以 py 开头，长度为 3 的字符串。

例如，将 nepenthes 表中 id 等于 1 的 name 字段的值改为"神捕手"的 sql 语句：

```
update nepenthes set name = "神捕手" where id = 1。
```

6）删除记录：delete from <表名> [where <条件>]。

功能：删除满足<条件>的记录，如果没有 where 子句，则删除所有记录。

例如，删除 nepenthes 表中 id 等于 1 的记录的 sql 语句：

```
delete from nepenthes where id = 1。
```

【例 8-1】 在 SQLite 命令行窗口中测试以上 SQL 语句，结果如图 8-2 所示。

2. SQLite 交互命令

“sqlite 交互命令也可以操作数据库吗？它同 SQL 语句有什么不同？”大智问道。

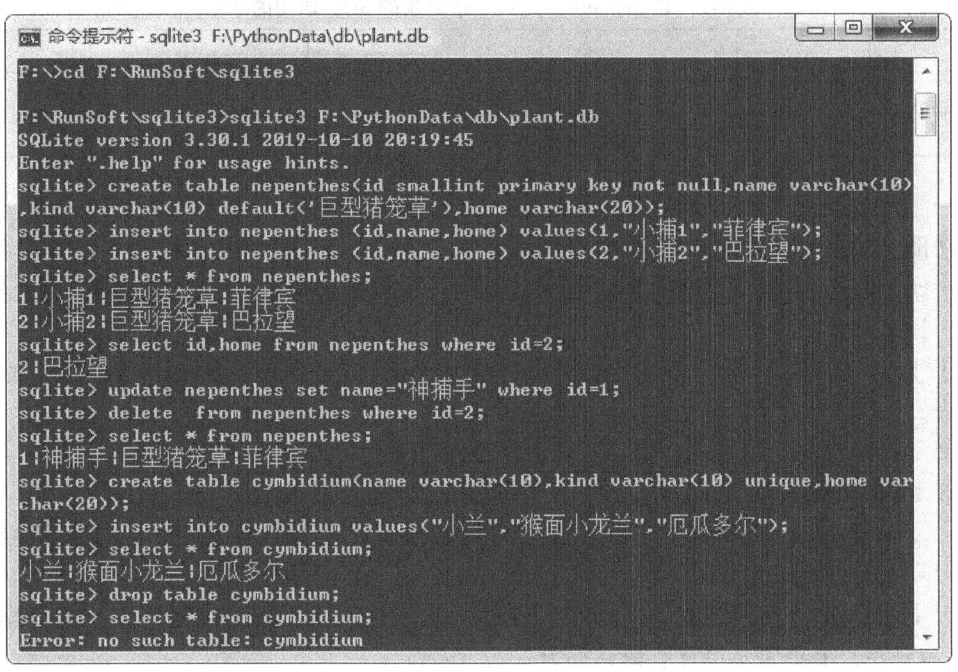

图 8-2　数据库的 SQL 语句测试

“SQL 语句通常用在程序代码中，而 SQLite 命令通常在交互窗口执行，常见命令如下。” help 小精灵答道。

1）. open 数据库名 . db　#打开数据库。如 . open F：/PythonData/db/plant. db。
2）. database　#显示当前打开的数据库的位置。
3）. tables　#显示数据库中所有的表名。
4）. schema　#查看所有表的创建语句。
5）. schema 表名　#查看指定表的创建语句。如 . schema nepenthes。
6）. dump　#以 SQL 语句的形式列出所有表的内容。
7）. dump 表名　#以 SQL 语句的形式列出指定表的内容。如 . dump nepenthes。
8）. mode column　#设置显示模式为列模式。
9）. mode list　#设置显示模式列表模式，它是默认模式。
10）. separator 分隔符　#设置显示信息的分隔符，默认为“|”。如 . separator：。
11）. header on/off　#显示或关闭表头。
12）. width 宽度　#设置显示列的宽度。如 . width 15。
13）. show　#列出当前显示格式的配置。
14）. help　#输出帮助信息。
15）. exit 或 . quit　#退出 SQLite 终端的命令

【例 8-2】 SQLite 交互命令的测试结果如图 8-3 所示。

图 8-3　SQLite 交互命令的测试结果

8.2.4　SQLite 的常用函数

“另外，SQLite 还提供了以下内置函数，它们对大小写不敏感，在 SQL 语句中可以使用它们。” help 小精灵补充道。

1. 算术函数

1） max(x)：返回 x 列的最大值。

如 SELECT max(score) FROM student。

2） min(x)：返回 x 列的最小值。

如 SELECT min(score) FROM student。

3） sum(x)：计算 x 列的总和。

如 SELECT sum(score) FROM student。

4） count(*)：返回数据库表中的记录个数。

如 SELECT count(*) FROM student。

5） avg(x)：返回 x 列的平均值。

如 SELECT avg(score) FROM student。

6） abs(x)：返回数值参数 x 的绝对值。

如 SELECT abs(26)，abs(-17)。

7） random()：返回介于 -2147483648 和 +2147483647 之间的随机整数。

如 SELECT random( ) AS random。

8）round(x,n)：将 x 四舍五入，保留小数点后 n 位，若忽略参数 n，则默认为 0。

如 SELECT round(score,1) FROM student。

2. 字符处理函数

1）length(s)：返回字符串 s 的长度。

如 SELECT name，length(name) FROM student。

2）lower(s)：将 s 的大写字符转换为小写字符。

如 SELECT lower(name) FROM student。

3）upper(s)：将 s 的小写字符转换为大写字符。

如 SELECT upper(name) FROM student。

4）substr(s,m,n)返回字符串 s 中以第 m 个字符开始，n 个字符长的子串。s 最左端的字符序号为 1。若 m 为负，则从右至左数起。若 SQLite 配置支持 UTF-8，则“字符”代表的是 UTF-8 字符而非字节。

如 SELECT substr(name,2,3) FROM student。

3. 日期时间函数

1）date( )：返回一个“YYYY-MM-DD”格式的日期。

如 select date ( )。

2）time( )：返回一个“HH:MM:SS”格式的时间。

如 select time( )。

3)datetime( )：返回一个“YYYY-MM-DD HH：MM：SS”格式的日期时间。

如 select datetime( )。

4）strftime(格式 ,日期/时间, 修正符, 修正符, ...)：把 YYYY-MM-DD HH：MM：SS 格式的日期字符串转换成其他形式的字符串。

如 select strftime（'%Y 年%m 月%d 日,%H 时%M 分%S 秒', 'now', 'localtime')。

结果：2019 年 11 月 27 日，10 时 26 分 00 秒。

8.3 Python 的 SQLite 编程

“以上都是以交互执行方式访问数据库的，每次都要重复输入相关 SQL 语句或交互命令，比较麻烦。如果改为脚本文件执行方式就方便多了。”小明说道。

“是的，可以在 Python 代码中用 execute( )等函数执行 SQL 语句。”help 小精灵答道。

“当访问 SQLite 数据库的语句比较多时，通常采用脚本文件执行方式。Python 标准库提供了对 SQLite 数据库的编程接口，以下是其设计过程。”机器熊小丁介绍道。

1. 导入数据模块

“是用 import 命令导入 SQLite 模块吗?”大智问道。

“是的，你可以在 IDLE 平台上测试以下语句。”help 小精灵答道。

```
>>> import sqlite3
```

2. 建立数据库连接对象

“导入 SQLite 模块后，使用模块的 connect 函数建立数据库的连接对象。机器熊小丁，你来演示一下以下语句。”help 小精灵建议道。

```
>>> myDbStr = "F:/PythonData/db/plant.db"
>>> conn = sqlite3.connect(myDbStr)
```

“在建立数据库连接时，如果指定的数据库不存在，connect 会新建数据库，然后打开它吗?”机器熊小丁问道。

“是的，还可以用以下语句建立内存数据库连接。”help 小精灵补充道。

```
>>> conn = sqlite3.connect(':memory:')
```

3. 创建游标对象

“建立数据库的连接后，可以利用该连接来创建游标对象。”机器熊小丁在 IDLE 平台上演示了游标对象的创建。

```
>>> cur = conn.cursor()
```

“游标对象有什么用?”小明问道。

“SQLite 是用游标对象执行 SQL 语句的。”机器熊小丁解释道。

4. 执行 SQL 语句

“游标对象用以下 4 个函数执行 SQL 语句。”help 小精灵说道。

1) cur.execute("SQL 语句")：执行 SQL 语句。

2) cur.execute("SQL 语句"，参数表)：执行带参数的 SQL 语句。

3) cur.executemany("SQL 语句"，参数表)：根据参数执行多次 SQL 语句。

4) cur.executescript("SQL 脚本")：执行 SQL 脚本。

机器熊小丁在 IDLE 平台上测试了以下 3 条 SQL 语句。

例 1：创建包含 name、kind 和 home 字段的猴面小龙兰兰花表。

```
>>> cur.execute("create table cymbidium(name varchar(10),kind varchar(10) unique,home varchar(20))")
```

例 2：向兰花表中插入一条记录。

```
>>> cur.execute("insert into cymbidium values('小兰','猴面小龙兰','厄瓜多尔')")
```

例 3：查询兰花表中的所有记录。

```
>>> cur.execute("select * from cymbidium")
```

5. 获取游标中的查询结果

“如何获取上述‘例 3’的查询结果?”大智问道。

“可以调用游标对象的以下函数获取。”help 小精灵继续介绍道。

1) cur.fetchone()：返回一行记录，如果没有记录返回 None。

2） cur. fetchall( )：返回所有行记录，如果没有记录返回空列表。

3） cur. fetchmany(size)：返回 size 行记录，如果没有记录返回空列表。

“以下语句输出‘例 3’的查询结果。”机器熊小丁运行了以下语句。

```
>>> print(cur. fetchall( ))
```

返回：[('小兰', '猴面小龙兰', '厄瓜多尔')]

6. 提交或回滚事务

“提交事务会将结果存盘吗？回滚事务是做什么用的？”小明问道。

“是的，可以用 conn. commit( )函数来提交，回滚是撤销前面的操作，用 conn. rollback( )函数实现。”help 小精灵答道。

7. 关闭游标与数据库连接

“最后要关闭对象，释放前面操作占用的内存资源吧？”大智问道。

“是的，可以用 close( )函数来关闭前面打开的游标和数据库连接。”机器熊小丁演示了以下关闭函数。

```
>>> cur. close( )
>>> conn. close( )
```

“整个过程完成了吗？现在来设计一个完整的程序实例吧？”小明建议道。

“就以标本馆中的生物为例，测试创建表格，以及插入、查询和删除表格数据吧。”大智说道。

于是，大家创建了一个名为 n803Data. db 的数据库，然后在该数据库中创建了一个名为 cymbidium 的表，用于保存“猴面小龙兰”的信息，见表 8-3 中的结果。

表 8-3　猴面小龙兰表格 cymbidium 的内容

name	classis	home
小兰	猴面小龙兰	厄瓜多尔
小龙	猴面小龙兰	秘鲁

【例 8-3】　猴面小龙兰表的创建、插入、查询与删除实例。

```
#Python 的 sqlite3 实例 1：n803sqlite3Test1. py
import sqlite3                                          #导入数据库模块
myDbStr = "E:/PyCode/chapter08/n803Data. db"            #数据库文件位置
conn = sqlite3. connect(myDbStr)                        #建立数据库连接对象
cur = conn. cursor( )                                   #创建游标对象
#执行创建表格、插入记录、查询表格数据、删除表格记录等 SQL 语句
cur. execute("create table if not exists cymbidium(name varchar(10),classis varchar(10),home varchar
(20))")
cur. execute("insert into  cymbidium values('小兰','猴面小龙兰','厄瓜多尔')")
cur. execute("insert into  cymbidium values('小龙','猴面小龙兰','秘鲁')")
cur. execute("select * from cymbidium")                 #查询表格数据
```

```
lst1 = cur.fetchall()                           #获取游标中的查询结果
cur.execute("delete from cymbidium")            #删除表格记录
cur.execute("select * from cymbidium")          #查询表格数据
lst2 = cur.fetchall()                           #获取游标中的查询结果
conn.commit()                                   #提交事务
conn.close()                                    #关闭数据库连接
print(f"删除记录前,表格内容:{lst1}")             #输出查询结果
print(f"删除记录后,表格内容:{lst2}")             #输出查询结果
```

程序的运行结果如下：

```
============== RESTART: E:\PyCode\chapter08\n803sqlite3Test1.py ==============
删除记录前，表格内容：[('小兰', '猴面小龙兰', '厄瓜多尔'), ('小龙', '猴面小龙兰'
, '秘鲁')]
删除记录后，表格内容：[]
```

“数据库的连接、插入、删除、修改和查询等操作是经常进行的，建议把它们定义成相关函数，方便访问者调用和共享。”help 小精灵建议道。

于是，大家设计了以下巨蜥数据库，见表 8-4 和管理程序实例 8-4。

表 8-4 巨蜥数据库

species	length	lifespan
斑点楔齿蜥	0.75	110
科莫多巨蜥	3	50

【例 8-4】 设计巨蜥数据库表的管理程序。

```
#Python 的 sqlite3 实例 2：n804sqlite3Test2.py
#输入巨蜥数据的函数
def inputData():
    species = input("请输入巨蜥的种类:")
    length = input("请输入巨蜥的体长:")
    lifespan = input("请输入巨蜥的寿命:")
    return species,length,lifespan
#获取数据库连接的函数
def getConnect(dbstr):
    import sqlite3
    conn = sqlite3.connect(dbstr)
    sqlstring = "create table if not exists lizard(species varchar(10) primary key,"\
"length float,lifespan integer)"
    conn.execute(sqlstring)
    cur = conn.cursor()
    cur.execute("delete from lizard")
    return conn
#添加一条记录的函数
```

```
def addOneRec(cur,dt):
    sqlstr = "insert into lizard(species,length,lifespan) values(?,?,?)"
    cur.execute(sqlstr,(dt[0],dt[1],dt[2]))
#修改一条记录的函数
def modifyRec(cur,dt):
    sqlstr = "update lizard set length = ?,lifespan = ? where species ='" + dt[0] + "'"
    cur.execute(sqlstr,(dt[1],dt[2]))
#删除一条记录的函数
def delOneRec(cur):
    species = input("请输入要删除的巨蜥种类:")
    sqlstr = "delete from lizard where species ="
    cur.execute(sqlstr + "'" + species + "'")
#显示表中一条记录的函数
def showOneRec(cur):
    species = input("请输入要查寻的巨蜥种类:")
    sqlstr = "select * from lizard where species ="
    cur.execute(sqlstr + "'" + species + "'")
    one = cur.fetchone()
    print(f"种类为{species}的巨蜥是:{one}")
#显示表中所有记录的函数
def showAllRec(cur):
    cur.execute("select * from lizard")
    records = cur.fetchall()
    print("表中当前记录内容如下:")
    for line in records:
        print(line)
#关闭游标和连接
def closeData(conn,myCur):
    conn.commit()
    myCur.close()
    conn.close()
#主程序入口
if __name__ == "__main__":
    dbstr = "E:/PyCode/chapter08/n804Data.db"
    conn = getConnect(dbstr)
    myCur = conn.cursor()
    print("-----准备添加记录-----")
    dt1 = ('斑点楔齿蜥',0.75, 110)
    dt2 = ('科莫多巨蜥',3.0, 50)
    addOneRec(myCur,dt1)
    addOneRec(myCur,dt2)
    showAllRec(myCur)
```

```
print(" -----准备修改记录-----")
dt = inputData()
modifyRec(myCur,dt)
showOneRec(myCur)
print(" -----准备删除记录-----")
delOneRec(myCur)
showAllRec(myCur)
closeData(conn,myCur)
```

程序的运行结果如下：

```
============== RESTART: E:\PyCode\chapter08\n804sqlite3Test2.py ==============
-----准备添加记录-----
表中当前记录内容如下:
('斑点楔齿蜥', 0.75, 110)
('科莫多巨蜥', 3.0, 50)
-----准备修改记录-----
请输入巨蜥的种类: 斑点楔齿蜥
请输入巨蜥的体长: 0.8
请输入巨蜥的寿命: 120
请输入要查寻的巨蜥种类: 斑点楔齿蜥
种类为斑点楔齿蜥的巨蜥是: ('斑点楔齿蜥', 0.8, 120)
-----准备删除记录-----
请输入要删除的巨蜥种类: 斑点楔齿蜥
表中当前记录内容如下:
('科莫多巨蜥', 3.0, 50)
```

掌握了数据库的相关知识以后，大家准备编程访问J博士提供的硬盘中的数据库，想从中查找“恶龙”的真实信息。

“J博士来了。”老大爷说道。

J博士见到大家后，讲述了事情的经过。原来几年前，一位自称“大侠”的神秘人物进入城堡，他勾结Python软件谷中名为“天真”的程序员和城堡基因库中名为“无邪”的技术员，他们让大家服用了一种名为“夺魂散”的神经麻药，控制了整个森林公园，把基因库中的技术员和电脑都运到软件谷去挖一种名叫“宇宙币”的虚拟矿了。

“软件谷的前面是一条江，由4条‘快乐蜥’守护，就是你们听说的‘恶龙’，它们是‘无邪’领导的基因变异科研小组的实验成果。要控制它们，必须先研究出‘夺魂散’的解药来唤醒该科研组成员，同时，软件谷的内外还有很多‘线程卫队’在守卫。”J博士说道。

“小明和大智，你们有能力在不同的空间之间穿梭，建议你们去‘系统空间’寻找对付‘线程卫队’的方法。”help小精灵看着小明和大智说道。

“其余人员利用生产‘夺魂散’期间留在基因库研究其解药吧。”J博士建议道。大家一致同意该建议。

8.4　SQLite数据库编程实验

实验名称：SQLite数据库编程实验。

实验目的：

1）了解数据库的相关概念。

2）熟悉 SQLite 的数据类型与常用函数。

3）掌握管理 SQLite 数据库的常用命令。

4）学会用 SQLite3 软件管理数据库。

5）学会开发管理 SQLite 数据库的软件。

实验内容：

1）用 SQLite 软件管理数据库。

2）编写一个 SQLite 数据库管理程序。

8.5 习题

一、判断题

1. 关系数据库是用二叉树节点之间的关系来组织数据的，具有 ACID 特性。（ ）
2. SQLite 是开源的，轻量级的，运行时需要的内存较少。（ ）
3. SQLite 软件压缩包中包含用于创建和管理数据库的 sqlite3. exe 文件。（ ）
4. SQLite 使用的是强数据类型，同 Java 语言差不多。（ ）
5. graphic(n)是静态类型，SQLite 无法使用。（ ）
6. 关系数据库由若干表格构成，而表格由若干字段构成。（ ）
7. create table 语句可以创建关系数据库。（ ）
8. 语句 drop table [<数据库>.] <表名>可以获取数据库中的表格内容。（ ）
9. insert into <表名> [(<字段列表>)] values(<值列表>)用于插入记录。（ ）
10. select <字段列表> from <表名> [where <条件>]用于选择字段列表。（ ）
11. SQLite 交互命令的前面带点，如“. tables ”是显示数据库中所有表名。（ ）
12. SQLite 包含算术、字符处理、日期时间等内置函数。（ ）

二、填空题

1. MySQL 数据库的约束有：主键约束、唯一约束、检查约束、________、外键约束。

2. 关系数据库的特性有 Atomicity（原子性）、__________、Isolation（隔离性）和 Durability（持久性）等特性。

3. MySQL 中的________是能确定一条记录的唯一标识。例如，身份证证号。

4. MySQL 中用于与另一张表的关联，能确定另一张表记录的字段叫______。

5. 关系型数据库的锁机制分为________和悲观锁两种。

6. SQLite 压缩包中的________________文件用于创建和管理数据库。

7. 可以在 SQLite 的命令行窗口执行________语句和 SQLite 交互命令。

三、简答题

1. 简述 SQLite 主要包含的数据类型。
2. 简述 Python 中 SQLite 的编程过程。

四、程序分析题

1. 阅读下列代码，写出函数的功能。

```
def getConnect(dbstr):
    import sqlite3
    conn = sqlite3.connect(dbstr)
    sqlstring = "create table if not exists elves(no integer primary key,"\
        "name varchar(10),score float)"
    conn.execute(sqlstring)
    return conn
```

2. 已知参数 cur 是游标对象，阅读下列代码，写出函数的功能。

```
def showOneRec(cur):
    no = input("请输入要查寻的精灵工号:")
    sqlstr = "select * from elves where no = "
    cur.execute(sqlstr + no)
    print(f"工号为{no}的精灵是:")
    for row in cur:
        print(row[0],row[1],row[2])
```

3. 已知参数 cur 是游标对象，阅读下列代码，写出函数的功能。

```
def showAllRec(cur):
        cur.execute("select * from elves")
        records = cur.fetchall()
        print("表中当前记录内容如下:")
        for line in records:
            print(line)
```

4. 已知参数 cur 是游标对象，阅读下列代码，写出函数的功能。

```
def addOneRec(cur):
    dt = inputData()
    sqlstr = "insert into elves(no,name,score) values(?,?,?)"
    cur.execute(sqlstr,(dt[0],dt[1],dt[2]))
```

5. 已知参数 cur 是游标对象，阅读下列代码，写出函数的功能。

```
def modifyRec(cur):
    dt = inputData()
    sqlstr = "update elves set name = ?,score = ? where no = " + dt[0]
```

```
    cur.execute(sqlstr,(dt[1],dt[2]))
```

6. 已知参数 cur 是游标对象，阅读下列代码，写出函数的功能。

```
def delOneRec(cur):
    no = input("请输入要删除的精灵工号:")
    sqlstr = "delete from elves where no = "
    cur.execute(sqlstr + no)
    showAllRec(cur)
```

五、程序设计题

请设计程序，首先打开 mydata.db 数据库，然后建立数据库的连接对象，并且创建游标对象，再用游标对象的 execute() 函数执行 select 查询语句，最后将查询结果显示出来，并关闭数据库连接。

第9章 Python的文件管理

本章学习目标

了解文件的基本概念；
明白文件的打开与关闭方法；
掌握文件的读与写操作；
掌握文件和目录的管理函数；
学会编写访问与管理文件和目录的程序。

本章重点内容

文件的打开与关闭；
文件的读与写操作；
文件和目录的编程。

小明和大智同操作系统取得联系后携带“线程卫队”的特征码来到系统空间，操作系统请电脑管家对特征码进行辨别后，确定是黑客线程，是一种寄居在某个进程中的线程，它们具有很强的伪装性和潜伏性。

要想摆脱黑客的控制，就必须了解黑客的特征，找到其潜伏的位置。它们通常以文件的方式掩藏在存储空间中，可以通过文件扫描技术找到它们。

9.1 文件的基本概念

“我们在电脑中经常遇到文件，它是一组信息元素的有序序列吧？一般存储在硬盘或者光盘等存储介质中。”大智说道。

“是的，它们有些是程序代码，有些是普通数据，如exe文件、文本文档、图像、音频、视频等。”操作系统答道。

“怎么区分文件类型？”小明问道。

“可以通过文件名的扩展名来区分其类型，如扩展名为.py的文件是Python源程序，扩展名为.jpg的文件是以JPEG格式保存的图像文件。”电脑管家答道。

“文件的类型有多少种？”大智问道。

“根据文件的存储格式不同，文件又可分为文本文件和二进制文件两种。扩展名

为 . py的 Python 源代码和扩展名为 . txt 的记事本文件都属于文本文件，它们由字符组成。”操作系统答道。

“前面学习的字符串有 ASCII、Unicode、UTF-8、GB2312 和 GBK 等常见编码，文本文件可以采用这些编码存盘吗?”小明问道。

“是的，二进制文件是基于 0 或 1 编码的文件。”电脑管家答道。

9.2 文件的打开与关闭

“访问文本文件和二进制文件前都要先打开它们吗?”小明问道。

“是的，访问结束后又必须关闭它们。”电脑管家答道。

1. 打开文件

“打开文件是将文件的内容从外部介质读取到内存中，方便当前程序访问它。用 open( ) 函数实现，完成任务后将返回一个文件对象。”操作系统说完后，给出了 open ( ) 函数的语法格式。

格式：**open(file,mode = 'r',buffering = -1,encoding = None,errors = None)**

“其中，参数 file 是被打开的文件路径，它指明文件的存储位置；参数 mode 是文件的访问模式，有以下取值范围。”电脑管家解释道。

r：以只读方式打开，并将文件指针指向文件头，文件不存在会报错，它是默认方式。

w：以只写方式打开，并将文件指针指向文件头，如果文件不存在则创建，文件存在则将其内容清空。

a：以追加方式打开，并将文件指针指向文件尾部，如果文件不存在则创建。

r +：在 r 的基础上增加了可写功能。

w +：在 w 的基础上增加了可读功能。

a +：在 a 的基础上增加了可读功能。

b：读写二进制文件（默认是文本文件），需要与前面几种模式搭配使用，如 rb 是以只读方式打开二进制文件，还有 wb、ab、rb +、wb + 和 ab + 等。

“参数 buffering 表示缓冲区的策略选择，它是一个可选的；如果设置为 0，表示不使用缓冲区，直接读写，仅在二进制模式下有效；如果设置为 1，表示用行缓冲区方式，在文本模式下有效；如果是大于 1 的值，表示用该值大小的缓冲区；默认值是 -1，表示用默认大小的缓冲区。”操作系统补充道。

“参数 encoding 是指明文本采用的编码方式吧? 如 UTF-8、GBK 等编码。”小明问道。

“是的，通常 Linux 环境默认用 UTF-8 编码，Windows 为 cp936，即 GBK 编码。可以用 locale 模块的 getpreferredencoding( ) 函数来获取运行环境的默认编码方式。”操作系统答道。

“另外，参数 errors 指明了编码和解码错误时的处理方式，如果值为 strict 则抛出异常 ValueError，值为 ignore 则忽略错误，值为 replace 则使用某字符进行替代，该参数不能在二进制模式下使用。”电脑管家说道。

于是，小明和大智在 IDLE 平台上测试了以下 open 语句：

```
>>> f1 = open('f:/JavaBook/Test. jpg', 'wb + ')
```

“如果文件的路径用‘\’作为分隔符，则必须在路径名前面要加 r 或者用两个"\"进行转义，请看以下语句。”操作系统提醒道。

```
>>> f2 = open(r'f:\JavaBook\book. txt', 'r', encoding = 'utf - 8')
>>> f3 = open('f:\\JavaBook\\book. txt', 'w')
```

2. 关闭文件

“关闭文件是指将前面打开的文件内容存储回外部介质中，并释放该文件对象所占用的内存资源，以及解除对当前文件的控制，对吗?”大智问道。

“是的，不过如果打开的文件没有被修改过，则不需要存回外部介质。它的操作比较简单，如关闭文件对象 f1，可以用 f1. close( )方法实现。”电脑管家答道。

“另外，可用文件 f1 的 closed 属性判断文件是否已关闭，如果文件已经关闭，则返回 True，否则返回 False。”操作系统补充道。

9.3 文件的读与写操作

“文件打开以后，怎么进行读/写操作?”小明问道。

“文本文件用打开时选择的编码方式进行读/写，如果没有选择，则用操作系统的默认编码方式读/写。二进制文件以字节流方式进行读/写，下面分别介绍其相关方法。”操作系统答道。

9.3.1 文件的读操作

“大家看以下函数的功能。”操作系统给出了读文件的相关方法。

1)f. read(size)　　#读取文件的 size 个字符或者字节，如果无 size 参数则读取所有内容，但对于大文件，如果一次性读取所有内容，可能会因内存不够而产生异常。

2) f. readline( )　　#读取文件的一行内容，用于访问文本文件。

3) f. readlines( )　　#读取文件的所有行内容，用于访问文本文件，它的返回结果是列表，列表元素是每行，带换行符（\n），如果文件很大，可能会因内存不够产生异常。

4) f. readable( )　　#判断文件是否可读，返回 True 或 False。

5) f. seek(n)　　#把当前文件指针的位置移动 n 个字节。

6) f. tell( )　　#获取当前文件指针所在的字节位置。

7) f. next( )　　#返回下一行，并将文件指针移到下一行。经常与循环语句 for … in file 配合访问文件 file 的每行内容。

8) f. seekable( )　　#如果文件是可随机访问的，即可用 seek( )方法，则返回 True，否则返回 False。

“文件操作属于输入/输出操作，容易产生异常，所以程序代码中最好增加异常处理，以保证程序运行的可靠性。”电脑管家说道。

于是他们设计了一个读取文本文件的程序实例。

【例 9-1】 用以上方法读取文件“f: /星火燎原 . txt”中的内容，程序代码如下。

```
#文件对象的读操作测试: n901FileRead. py
f = None
try:
    f = open('E:/PyCode/chapter09/星火燎原 . txt', 'r')
    if f. readable( ):
        print("该文件可以被访问,其内容是:")
        print(f. read(11))          #读取文件中 11 个字符
        print(f. readline( ))       #读取文件一行内容
    for line in f:
        print(line,end = "")        #循环读取文件每行内容
    f. seek(0)                      #移动指针到最前面
    print(f"\n 文件指针的当前字节位置: {f. tell( )}")
except FileNotFoundError as e:
    print(F"文件没有找到异常:{e}")
except Exception as e:
    print(F"其他异常:{e}")
finally:
    if f ! = None:
        f. close( )
```

程序的运行结果如下:

```
================ RESTART: E:\PyCode\chapter09\n901FileRead.py ================
该文件可以被访问，其内容是:
《星火燎原（七绝·新韵
）》文/红尘笠翁:

雾锁江山冷色浓，红船探索雨风中。
神州大地惊雷响，星火燎原照夜空。

文件指针的当前字节位置: 0
```

9. 3. 2 文件的写操作

“有‘读’就有‘写’，Python 提供了以下与文件写操作相关的方法。”操作系统分析了以下文件写函数的功能。

1) f. write(data): 将数据 data 写入文件，返回写入的字符或者字节个数。
2) f. writelines(list): 将一个列表的所有内容写入文件，通常用于文本文件。
3) f. writable( ): 判断文件是否可写，返回 True 或 False。
4) f. flush( ): 立即将缓冲区中的所有数据写入磁盘文件，并清空缓冲区。
5) f. truncate(size): 截断文件的 size 个字符。

大家设计了一个与文本文件写操作有关的程序实例，见例 9-2。

【例 9-2】 用以上方法将一首诗的内容写入“f: /荡舟 . txt”文件，程序代码如下:

```
#文件对象的写操作测试: n902FileWrite. py
```

```
f = None
try:
    f = open('F:/荡舟.txt', 'w',encoding = 'utf-8')
    if f.writable():
        print("该文件可以写数据!")
        f.write('《荡舟(辘轳体·平水韵)》文/红尘笠翁:\n')
        l = ['一江秋水荡轻舟,水荡轻舟到上游。\n', '舟到上游鱼闪烁,游鱼闪烁一江秋。\n']
        f.writelines(l)                                #将列表内容全部写入文件
        f.flush()                                      #将缓冲区中的数据写入文件
        f.close()                                      #关闭文件
        f = open('F:/荡舟.txt', 'a',encoding = 'utf-8')  #以追加方式再次打开文件
        f.write('2021-09-30')                          #在诗内容的尾部添加日期
    f.close()
except FileNotFoundError as e:
    print(F"文件没有找到异常:{e}")
except Exception as e:
    print(F"其他异常:{e}")
finally:
    print("文件已经存盘!")
```

程序的运行结果如下:

```
该文件可以写数据!
文件已经存盘!
```

用记事本打开“F:/荡舟.txt”文件的结果如下:

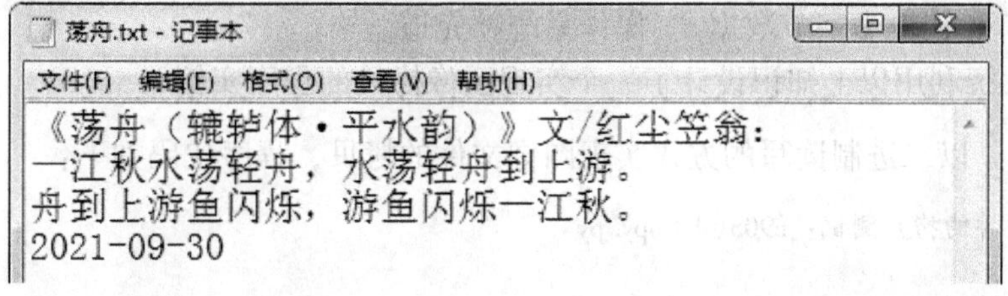

“听说CSV文件是以逗号分隔的纯文本文件,它可以被Excel软件读写,我想试试。”小明说完后,试着采用该格式将一首诗的内容写入“五一游园.csv”文件中,其代码如下:

```
s = '''《五一游园(采桑子·李清照体·新韵)》
文/红尘笠翁:
春姑离去花犹在。一苑馨香,一苑馨香。
阵阵清风,芳溢洒八方。
江城解禁心舒畅。几束阳光,几束阳光。
无限温情,煦润满心房。'''
with open("F:/五一游园.csv",'w') as f:
```

```
    f. write( str( s) )
    print( "文件已经存盘!" )
```

大智用 WPS 软件打开了“F：/五一游园 . csv”文件，其结果如下：

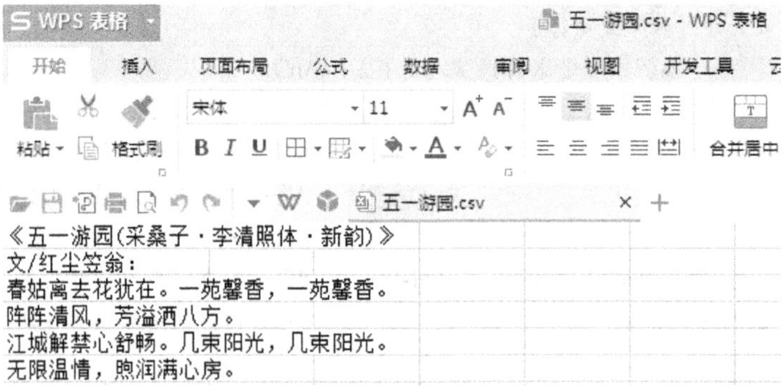

《五一游园(采桑子 · 李清照体 · 新韵)》
文/红尘笠翁：
春姑离去花犹在。一苑馨香，一苑馨香。
阵阵清风，芳溢洒八方。
江城解禁心舒畅。几束阳光，几束阳光。
无限温情，煦润满心房。

9. 3. 3　二进制文件的读写

“如果文件以二进制方式打开，则按字节流方式进行读/写操作，二进制文件的存取分为以下两种。”电脑管家说道。

1. 字节数据的读/写

“图像、音频和视频等文件是二进制文件吧？可以用 read( ) 和 write( ) 函数来访问它们吗？”大智问道。

“可以的，不过二进制文件保存的是字节数据，如果文件的内容是字符串，则必须将它们转换为字节数据后保存。”电脑管家答道。

“可以用 bytes（‘字符串’，encoding =‘编码方式’）函数，或者在‘字符串’前加 b 来将‘字符串’转换为字节数据。”操作系统补充道。

小明和大智利用以上知识设计了一个实现图像拷贝的程序实例。

【例 9-3】 以二进制读写的方式实现图像文件的拷贝，程序代码如下：

```
#二进制文件的拷贝测试：n903FileCopy. py
try:
    source = open( "E:/PyCode/chapter09/n903. jpg" , "rb" )    #以二进制读方式打开源文件
    target = open( "F:/n903_copy. jpg" , "wb" )               #以二进制写方式打开目标文件
    while True:
        data = source. read(1024)                              #从源文件中读 1024 字节
        if data == b"":                                        #如果读完则退出
            break
        target. write( data)                                   #将数据写入目标文件
except FileNotFoundError as e:
    print( F"文件没有找到异常:{e}" )
except Exception as e:
    print( F"其他异常:{e}" )
```

```
finally:
    source.close()
    target.close()
print('拷贝完成!')
```

程序运行后，实现了图像的拷贝，并显示如下提示：

```
拷贝完成!
```

打开“F:/n903_copy.jpg”文件，显示以下内容：

婺源秋韵 [鹧鸪天·晏几道体·中华新韵] 作者：红尘笠翁 简体

题记：婺源，朱熹故乡，位于江西省东北部。这里民风淳朴，风景秀丽，红、白、黑、绿四大特闻名天下。每到秋季，满山色彩斑斓，白墙黛瓦的徽派建筑隐映其间，伴随鸟语花香，犹如人间仙境.....

枫染江南喜气添，白墙黛瓦隐山间。
奇峰秀水书诗韵，鸟语花香庆瑞年。
情陶醉，意缠绵，酒鱼粉肉送君前。
红白黑绿由您选，淳朴民生心底甜。

2. 对象数据的读/写

“如果要存取的是对象数据（如人、精灵、蜥蜴的对象等），则可以用对象的序列化和反序列化来存取，它以对象为单位来读写数据。”电脑管家说道。

“是的，Python 中 pickle 模块的 dump()函数和 load()函数分别实现对象数据的序列化和反序列化。”操作系统补充道。

“什么是对象数据的序列化和反序列化?”大智问道。

“对象序列化就是指将对象转换为字节流，然后将其保存到磁盘文件中或通过网络发送到服务器或者客户机的过程。”操作系统答道。

“对象反序列化的过程应该同序列化的过程相反吧?”小明问道。

“是的，我们来定义一个巨蜥类，然后用 dump()和 load()来存取其对象。”电脑管家给出了以下程序实例。

【例 9-4】 用序列化和反序列化实现对象的存取，程序代码如下：

```
#巨蜴对象的读写：n904objectReadWrite.py
import pickle
```

```
#先定义一个称为"恶龙"的巨蜥类
class Loong:
    #定义构造方法
    def __init__(self,name,age=100,length=3.0):
        self.name = name            #名字
        self.age = age              #寿命
        self.length = length        #体长
    #定义显示巨蜥信息的成员函数
    def show(self):
        print(f"{self.name}:寿命{self.age}岁,身长{self.length}米")
        return
#下面生成3个巨蜥对象
p1 = Loong("巨蜴1")
p2 = Loong("巨蜴2",98)
p3 = Loong("巨蜴3",102,3.2)
#用上下文管理语句with和对象序列化方法dump()来保存3个巨蜥对象
print("1)将三个对象存入f:/n904.dat文件")
with open("f:/n904.dat", "wb") as f1:
    pickle.dump(p1,f1)          #对象序列化
    pickle.dump(p2,f1)          #对象序列化
    pickle.dump(p3,f1)          #对象序列化
#用上下文管理语句with和对象反序列化方法load()来读取3个巨蜥对象
print("2)从f:/n904.dat文件读取以下三个对象:")
with open("f:/n904.dat", "rb") as f2:
    pickle.load(f2).show()      #对象反序列化,再显示
    pickle.load(f2).show()      #对象反序列化,再显示
    pickle.load(f2).show()      #对象反序列化,再显示
```

程序的运行结果如下：

```
============ RESTART: E:\PyCode\chapter09\n904objectReadWrite.py ============
1) 将三个对象存入f:/n904.dat文件
2) 从f:/n904.dat文件读取以下三个对象:
巨蜴1: 寿命100岁, 身长3.0米
巨蜴2: 寿命98岁, 身长3.0米
巨蜴3: 寿命102岁, 身长3.2米
```

9.4 文件和目录的管理操作

“关于文件内容的读写，我基本掌握了。但查看文件或目录的信息，或者删除、拷贝、移动文件或目录等操作还没有介绍。”小明说道。

“这部分内容属于文件和目录的管理，Python 的 os 模块、os. path 子模块以及 shutil 模块中包含了很多相关函数，可以直接拿来用。”操作系统回答道。

“使用前要先用 import <模块名>语句导入相关模块。”电脑管家补充道。

9.4.1 os 模块的常用函数

“os 模块包含的常用函数见表 9-1，使用前要先用 import os 导入。”操作系统介绍道。

表 9-1 os 模块包含的常用函数

函 数 名	功 能 描 述	实 例
os. getcwd( )	得到当前 Python 脚本的工作目录	os. getcwd( ) #返回 'C:\\Program Files\\Python37-32'
os. chdir("目录名")	更换 Python 脚本的工作目录	os. chdir("F:\\PythonData")
os. listdir("目录名")	返回指定目录下的所有文件名和目录名	os. listdir('F:\\Test') #返回['mydir', '春意. txt','霜降. txt']
os. mkdir("目录名")	创建单级目录	os. mkdir('F:\\Test\\PY') #在 Test 目录下创建子目录 PY
os. makedirs("目录名")	创建多级目录	os. makedirs('F:\\Test\\AA\\BB')#在 Test 下创建子目录 AA 以及 AA 下创建 BB
os. rename("旧名","新名")	将文件或目录重命名	os. rename("F:\Test\PY","F:\Test\CC")#将子目录 PY 改名为 CC
os. rmdir("目录名")	删除空目录	os. rmdir("F:\\Test\\CC")#删除空目录 CC
os. removedirs("目录名")	删除空目录	os. removedirs("F:\\Test\\AA\\BB")#删除空目录 BB
os. remove("文件名")	删除指定名的文件	os. remove("F:\\Test\\霜降. txt")#删除文件“霜降. txt”

9.4.2 os. path 子模块的常用函数

“模块 path 是 os 的子模块，包含的常用函数见表 9-2，使用前要先用 import os. path as p 导入。”电脑管家介绍道。

表 9-2 os. path 子模块的常用函数

函 数 名	功 能 描 述	实 例
os. path. exists("路径")	检验路径是否存在	p. exists("F:\\Test\\AA")#返回 True
os. path. isabs("路径")	判断路径是否是绝对路径	p. isabs("F:\\Test\\AA")#返回 True
os. path. isdir("路径")	判断路径是否是一个目录	p. isdir("F:\\Test\\AA")#返回 True
os. path. isfile("路径")	判断路径是否是一个文件	p. isfile("F:\\Test\\春意. txt")#返回 True
os. path. dirname("路径")	获取路径的目录名	p. dirname("F:\\Test\\春意. txt")#返回'F:\\Test'
os. path. basename("路径")	获取路径的文件名	p. basename("F:\\Test\\春意. txt")#返回'春意. txt'
os. path. getsize("路径")	获取路径中指定文件的大小	p. getsize("F:\\Test\\春意. txt")#返回 134

（续）

函　数　名	功能描述	实　　例
os. path. getctime("路径")	获取路径中指定文件的创建时间	p. getctime("F:\\Test\\春意. txt") #返回 1597300520. 04835
os. path. getmtime("路径")	获取路径中指定文件的最后修改时间	p. getmtime("F:\\Test\\春意. txt") #返回 1597134992. 0903113
os. path. getatime("路径")	获取路径中指定文件的最后访问时间	p. getatime("F:\\Test\\春意. txt") #返回 1597300520. 04835
os. path. split("路径")	将路径分隔为目录名和文件名	p. split("F:\\Test\\春意. txt") #返回('F:\\Test', '春意. txt')
os. path. splitext("路径")	将路径分隔为文件名和扩展名	p. splitext("F:\\Test\\春意. txt") #返回('F:\\Test\\春意', '. txt')

9. 4. 3　shutil 模块的常用函数

“模块 shutil 主要用于对文件或目录的复制、移动和删除操作，包含的常用函数见表 9-3，使用前要先用 import shutil 导入。”操作系统说道。

表 9-3　shutil 模块的常用函数

函　数　名	功能描述	实　　例
shutil. copytree("源目录", "目标目录")	复制目录树。"源目录"可以包含子目录，"目标目录"必须不存在	shutil. copytree("F:\\Test","F:\\newdir")
shutil. copyfile("源文件", "目标文件")	复制文件	shutil. copyfile("F:\\Test\\春意. txt","F:\\春意. txt")
shutil. copy("源文件", "目标")	复制文件。"目标"可以是文件或者目录	shutil. copy("F:\\Test\\春意. txt","F:\\Test\\AA")
shutil. move("原路径", "新路径")	移动文件或目录	shutil. move("F:\\Test\\AA","F:\\Test\\BB")
shutil. rmtree("目录名")	删除目录树，可以是空目录或包含文件的目录	shutil. rmtree("F:\\Test\\BB")

“下面看一个综合实例，请分析其工作原理。”操作系统说道。

【例 9-5】　文件或目录的信息获取与文件复制的程序实例。

```
#文件的复制测试: n905FileCopy. py
import os,shutil,sys
try:
    fileName = input('1)请按“盘符:/目录/文件名. 扩展名”格式输入源文件:')
    if os. path. exists(fileName) and os. path. isfile(fileName):
```

```
    d = os.path.dirname(fileName)           #获取文件所在的目录名
    f = os.path.basename(fileName)          #获取文件名
    s = os.path.getsize(fileName)           #获取文件名的大小
    print(F'被复制文件的目录是:{d},文件名:{f},大小是:{s}字节')
  else:
    print(F'{fileName}不存在,或者它不是文件')
    os._exit(0)                             #终止程序
  dirName = input('2)请按"盘符:/目录"格式输入目标目录:')
  if os.path.exists(dirName) and os.path.isdir(dirName):
    print(F'复制前{dirName}目录中包括的文件和子目录有:{os.listdir(dirName)}')
    shutil.copy(fileName,dirName)
    print(F'复制后{dirName}目录中包括的文件和子目录有:{os.listdir(dirName)}')
    print('文件复制成功')
  else:
    print(F'{dirName}不存在,或者它不是目录')
    sys.exit(0)                             #触发 SystemExit 异常
except Exception  as e:
  print(F'产生异常:{e}')
```

“以上代码是先用 os.path 模块中的 isfile(fileName)和 exists(fileName)函数判断用户输入的源文件字符串是否是文件名，是否存在该文件，如果是，则获取并且输出其所在的目录名、文件名和文件的大小等信息。”大智先说道。

“然后，用 os.path 模块中的 isdir(dirName)和 exists(dirName)函数判断用户输入的目标目录字符串是否是目录名，是否存在该目录，如果是，则输出文件拷贝前该目录中包括的文件和子目录，然后用 shutil 模块中的 copy(fileName,dirName)函数完成文件的拷贝，并输出拷贝后该目录中包括的文件和子目录。”小明也答道。

“太好了，你们掌握了文件和目录的基本操作，再学习一点线程的相关知识，就可以对付黑客线程了，以下是该程序的运行结果。”电脑管家表扬道。

```
================ RESTART: E:\PyCode\chapter09\n906FileCopy.py ================
1)请按“盘符:/目录/文件名.扩展名”格式输入源文件:F:/Test/春意.txt
被复制文件的目录是: F:/Test，文件名: 春意.txt,大小是: 134字节
2)请按“盘符:/目录”格式输入目标目录:F:/Test/Temp
复制前F:/Test/Temp目录中包括的文件和子目录有: []
复制后F:/Test/Temp目录中包括的文件和子目录有: ['春意.txt']
文件复制成功
```

“今天就学到这里吧，明天开始学习线程。”操作系统说道。

于是小明和大智告别了他们，前往空间旅馆休息。

9.5 文件处理实验

实验名称： Python 的文件处理实验。

实验目的：

1) 了解文件的基本概念。

2）掌握文件的打开与关闭方法。

3）掌握文件的读与写操作。

4）学会文件和目录的管理。

5）学会编写文件访问程序。

实验内容：

1）编写一个文件访问的程序。

2）编写一个文件管理的程序。

9.6 习题

一、判断题

1. Python 内置的 open 函数在打开文件的时候可能会产生异常。（ ）

2. open("test. txt", 'r +')是以只读模式打开 test. txt 文件。（ ）

3. 文本文件是可以迭代的，可以使用 for line in fp 类似的语句遍历文件对象 fp 中的每一行。（ ）

4. 二进制文件也可以使用记事本或其他文本编辑器打开，但是一般来说无法正常查看其中的内容。（ ）

5. fi = fopen("t. txt","r +") 执行后只能对"t. txt"文件进行读操作。（ ）

6. 使用 Python 内置的 open 函数打开某个文件的时候，如果该文件不存在，则可能产生异常。所以一定要使用 try except 对其进行处理。（ ）

7. 以读模式打开文件时，文件指针指向文件开始处。（ ）

8. 访问文本文件前要打开它们，但二进制文件可以先访问后打开。（ ）

9. 关闭文件是指将前面打开的文件内容存储回外部介质中，并释放该文件对象所占用的内存资源。（ ）

10. 二进制文件以字节流方式进行读/写。（ ）

11. 教材中采用 CSV 文件格式保存的“五一游园”词内容可以记事本打开，但不能用 WPS 软件打开，因为它是逗号分隔的纯文本文件。（ ）

12. 二进制文件的存取分为字节数据的读/写和对象数据的读/写两种。（ ）

13. 模块 os 包含的函数属于标准库，不需要先用 import <模块名> 导入再使用。（ ）

二、单选题

1. 执行如下代码：

```
fname = input("请输入要写入的文件名：")
fo = open(fname,"w + ")
ls = ["三尺平台智慧栽","一支粉笔育英才","寒来暑往痴心护",
"桃李芬芳遍地开"]
fo. writelines(ls)
```

```
fo.seek(0)
for line in fo:
    print(line + "\n")
fo.close()
```

以下选项中描述错误的是（　　）。

A. fo.writelines(ls)将元素全为字符串的 ls 列表写入文件

B. fo.seek(0)这行代码如果省略，也能打印输出文件内容

C. 代码主要功能为向文件写入一个列表数据，并重新读出打印

D. 执行代码时，从键盘输入“教师.txt”，则创建该文件

2. 关于 Python 文件打开模式的描述，以下选项中错误的是（　　）。

A. 覆盖写模式 w　　B. 追加写模式 a　　C. 创建写模式 n　　D. 只读模式 r

3. 关于 Python 对文件的处理，以下选项中描述错误的是（　　）。

A. Python 通过解释器内置的 open() 函数打开一个文件

B. 当文件以文本方式打开时，读写按照字节流方式

C. 文件使用结束后要用 close() 方法关闭，释放文件的使用授权

D. Python 能够以文本和二进制两种方式处理文件

4. Python 文件读取方法 read(size) 的含义是（　　）。

A. 从头到尾读取文件所有内容

B. 从文件中读取一行数据

C. 从文件中读取多行数据

D. 从文件中读取指定 size 大小的数据，如果 size 为负数或者空，则读取到文件结束

5. 以下选项中不是 Python 文件读操作方法的是（　　）。

A. readline　　B. readlines　　C. readtext　　D. read

6. 以下关于 Python 文件的描述，错误的是（　　）。

A. open 函数的参数处理模式 'b' 表示以二进制数据处理文件

B. open 函数的参数处理模式 '+' 表示可以对文件进行读和写操作

C. readline 函数表示读取文件的下一行，返回一个字符串

D. open 函数的参数处理模式 'a' 表示追加方式打开文件，删除已有内容

7. 关于以下代码的描述，错误的选项是（　　）。

```
with open('abc.txt','r+') as f:
lines = f.readlines()
for item in lines:
print(item)
```

A. 执行代码后，abc.txt 文件未关闭，必须通过 close() 函数关闭

B. 打印输出 abc.txt 文件内容

C. item 是字符串类型

D. lines 是列表类型

8. 文件 book.txt 在当前程序所在目录内，其内容是一段文本：book，下面代码的输

出结果是（　　）。

```
txt = open("book.txt", "r")
print(txt)
txt.close()
```

A. book.txt　　B. txt　　C. 以上答案都不对　　D. book

9. 有一个文件记录了 1000 个人的高考总分，每一行信息长度是 20 个字节，要想只读取最后 10 行的内容，不可能用到的函数是（　　）。

A. seek()　　B. readline()　　C. open()　　D. read()

10. 设 city.csv 文件内容如下（　　）。

巴哈马，巴林，孟加拉国，巴巴多斯
白俄罗斯，比利时，伯利兹
下面代码的执行结果是：

```
f = open("city.csv", "r")
ls = f.read().split(",")
f.close()
print(ls)
```

A. ['巴哈马', '巴林', '孟加拉国', '巴巴多斯\n白俄罗斯', '比利时', '伯利兹']
B. ['巴哈马, 巴林, 孟加拉国, 巴巴多斯, 白俄罗斯, 比利时, 伯利兹']
C. ['巴哈马', '巴林', '孟加拉国', '巴巴多斯', '\n', '白俄罗斯', '比利时', '伯利兹']
D. ['巴哈马', '巴林', '孟加拉国', '巴巴多斯', '白俄罗斯', '比利时', '伯利兹']

11. 以下程序的输出结果是（　　）。

```
fo = open("text.txt",'w+')
x,y = 'this is a test','hello'
fo.write('{} + {}\n'.format(x,y))
fo.seek(0)
print(fo.read())
fo.close()
```

A. this is a test hello　　B. this is a test
C. this is a test,hello.　　D. this is a test + hello

12. 以下选项中不是 Python 对文件写操作方法的是（　　）。

A. writelines　　B. write 和 seek　　C. writetext　　D. write

13. 以下关于文件的描述错误的是（　　）。

A. readlines()函数读入文件内容后返回一个列表，元素划分依据是文本文件中的换行符
B. read()一次性读入文本文件的全部内容后，返回一个字符串
C. readline()函数读入文本文件的一行，返回一个字符串
D. 二进制文件和文本文件都是可以用文本编辑器编辑的文件

14. 给出如下代码：

```
fname = input("请输入要打开的文件：")
fo = open(fname,"r")
for line in fo.readlines():
print(line)
fo.close()
```

关于上述代码的描述，以下选项中错误的是（　　）。

A. 通过 fo.readlines()方法将文件的全部内容读入一个字典 fo

B. 通过 fo.readlines()方法将文件的全部内容读入一个列表 fo

C. 上述代码可以优化为：

```
fname = input("请输入要打开的文件：")
with open(fname, "r") as fo:
    data = fo.read()
  print(data)
```

D. 用户输入文件路径，以文本文件方式读入文件内容并逐行打印

15. 以下程序输出到文件 text.csv 里的结果是（　　）。

```
fo = open("text.csv",'w')
x = [90,87,93]
z = []
for y in x:
z.append(str(y))
fo.write(",".join(z))
fo.close()
```

A. [90,87,93]　　B. 90,87,93　　C. '[90,87,93]'　　D. '90,87,93'

16. 文件 test.txt 里的内容"Python 城堡漫游记"，运行以下程序：

```
fo = open("test.txt",'r')
fo.seek(6)
print(fo.read(4))
fo.close()
```

其输出结果是（　　）。

A. Python　　B. 城堡漫游记　　C. 城堡漫游　　D. Python 城堡

17. 关于 Python 文件处理，以下选项中描述错误的是（　　）。

A. Python 能处理 JPG 图像文件　　B. Python 不可以处理 PDF 文件

C. Python 能处理 CSV 文件　　D. Python 能处理 Excel 文件

18. 运行以下程序代码：

```
fo = open("text.csv",'w')
s = "Python 城堡漫游记"
```

```
fo.write(",".join(s))
fo.close()
```

则文件 text.csv 中的内容是（　　）。

A. P,y,t,h,o,n,城,堡,漫,游,记　　B. Python,城,堡,漫,游,记

C. Python,城堡,漫游记　　D. Python 城堡漫游记

19. 关于 CSV 文件的描述，以下选项中错误的是（　　）。

A. CSV 文件的每一行是一维数据，可以使用 Python 中的列表类型表示

B. CSV 文件通过多种编码表示字符

C. 整个 CSV 文件是一个二维数据

D. CSV 文件格式是一种通用的文件格式，应用于程序之间转移表格数据

20. 以下选项中，不是 Python 对文件的读操作方法的是（　　）。

A. readline　　B. readlines　　C. readtext　　D. read

21. 以下文件操作方法中，打开后能读取 CSV 格式文件的选项是（　　）。

A. fo = open("123.csv","w")　　B. fo = open("123.csv","x")

C. fo = open("123.csv","a")　　D. fo = open("123.csv","r")

22. 关于 Python 文件的'+'打开模式，以下正确的描述是（　　）。

A. 追加写模式

B. 与 r/w/a/x 一同使用，在原功能基础上增加同时读写功能

C. 只读模式

D. 覆盖写模式

23. 以下关于 Python 文件对象 f 的描述，错误的选项是（　　）。

A. f.closed 文件关闭属性，当文件关闭时，值为 False

B. f.writable()用于判断文件是否可写

C. f.readable()用于判断文件是否可读

D. f.seekable()判断文件是否支持随机访问

24. 以下选项中，不是 Python 对文件的打开模式的是（　　）。

A. 'w'　　B. '+'　　C. 'c'　　D. 'r'

25. Python 文件只读打开模式的是（　　）。

A. w　　B. x　　C. b　　D. r

26. 以下选项中，对文件的描述错误的是（　　）。

A. 文件中可以包含任何数据内容

B. 文本文件和二进制文件都是文件

C. 文本文件不能用二进制文件方式读入

D. 文件是一个存储在辅助存储器上的数据序列

27. 以下关于文件的描述，错误的是（　　）。

A. 二进制文件和文本文件的操作步骤都是"打开 - 操作 - 关闭"

B. open()打开文件后，文件的内容并没有在内存中

C. open()只能打开一个已经存在的文件

D. 文件读写之后，要调用close()才能确保文件被保存在磁盘中了

28. 分析以下程序代码：

```
fo = open("text.csv",'w')
x = [[11,12,13],[21,22,23],[31,32,33]]
y = []
for a in x:
    for b in a:
        y.append(str(b))
fo.write(",".join(y))
fo.close()
```

其输出结果是（　　）。

A. 11,12,13,21,22,23,31,32,33

B. [11,12,13,21,22,23,31,32,33]

C. ([11,12,13],[21,22,23],[31,32,33])

D. [[11,12,13],[21,22,23],[31,32,33]]

29. 以下关于CSV文件的描述，错误的是（　　）。

A. CSV文件可用于不同工具间进行数据交换

B. CSV文件格式是一种通用的，相对简单的文件格式，应用于程序之间转移表格数据。

C. CSV文件通过多种编码表示字符

D. CSV文件的每一行都是一维数据，可以使用Python中的列表类型表示

30. 在访问文件时，下列说法正确的是（　　）。

A. 文件打开后，不用关闭

B. 文件操作步骤是操作文件，关闭文件

C. 文件只能读取，不能覆盖

D. 文件可以读取，也可以写入

31. 语句f1 = open(r'book.txt', 'r')的功能是（　　）。

A. 打开当前目录下的文件book.txt，既可以向文件写数据，也可以从文件读数据

B. 打开当前目录下的文件book.txt，只能向文件写入数据，不能从文件读取数据

C. 打开当前目录下的文件book.txt，不能向文件写入数据，只能从文件读取数据

D. 以上说法都不对

32. 文本文件和二进制文件的区别在于（　　）。

A. 存储格式不同　　B. 前者带有缓冲，后者没有

C. 前者是块读写，后者是字节读写　　D. 二者没有区别，可以互换使用

三、简答题

1. 简述Python中读取文件的read，readline和readlines方法之间的区别。

2. 简述打开文件的open()函数中参数mode的含义与取值范围。

3. w+、r+和 a+都可以实现对文件的读写，那么他们有什么区别呢?
4. 简述读写 Python 文件的基本操作步骤。

四、程序分析题

1. 阅读以下代码，写出其功能，并介绍 CSV 文件的特点。

```
fo = open("f:/莲.csv", "w")
ls = ["叶绿花红香十里","凡尘不染洁如冰","情深藕断丝犹在","献出全身把德兴"]
fo.write(",".join(ls) + "\n")
fo.close()
```

2. 阅读以下代码，请写出其功能和运行结果。

```
l = ['《新韵·江水传情》文/红尘笠翁\n',
    '儿离粤北求学早,父念亲人久望江。\n',
    '点点思情传海水,深深祝愿汇珠江。\n', '2019/11/6']
print("1)将列表内容以二进制方式存盘。")
with open("f:/sc3.dat", "wb") as f1:
    for line in l:
        f1.write(bytes(line,encoding = "gbk"))
print("2)以文本方式读取数据文件,内容如下:")
with open("f:/sc3.dat", "r") as f2:
    print(f2.read())
```

五、程序设计题

1. 已知文件“夏日激情.txt”的内容如下：
《夏日激情（五律·平水韵)》文/红尘笠翁
三伏喜来临，深情热浪侵。
蝉鸣寻挚爱，蛙鼓觅知音。
互奏荷塘韵，相亲树下阴。
前缘今日叙，发誓永同心。
请设计一个程序给其添加行号后存盘，可以用 enumerate（文件对象）函数和 for 语句获得文件对象的“行索引”和“行值”来实现。

2. 用对象序列化技术将{"词名":"故乡记忆","作者":"红尘笠翁"}的字典对象和["河环村落屋藏山。沃土产良田。"," 春闻花香，秋尝果蜜，溪水养鱼鲜。"," 鸟唱牛背泉伴曲。天籁奏风弦。","晨享鸡鸣，日听虫叫，明月照人眠。"]的列表对象存盘，然后用对象反序列化技术将其读出。

第10章 Python的多线程机制

本章学习目标

了解Python的多线程机制；
熟悉线程的创建方法；
理解线程的属性和函数；
明白线程的状态与守护线程；
掌握线程的同步机制；
学会设计多线程程序。

本章重点内容

Thread的创建方法；
Thread的属性和函数；
Thread的同步机制；
多线程程序的设计。

第二天早餐后，小明和大智很快去见操作系统和电脑管家。

10.1 线程的相关概念

“要学会‘线程’，必须先了解‘进程’，因为线程是进程的一部分。”电脑管家见到小明和大智后，就认真介绍起来。

“所谓‘进程’就是程序代码在处理机上的一次执行过程。例如，你们上次玩的《植物大战僵尸》游戏就是进程”操作系统说道。

“噢，该游戏包含正在运行的程序以及用户信息和装备信息等数据。”大智说道。

“是的，它还包括程序运行的状态、当前指令的地址、上下文环境等临时数据，这些数据保存在进程控制块（PCB）中。”电脑管家答道。

“对，所以说进程是由程序、数据和进程控制块三部分组成的，它是程序资源分配和调度的最小单元。”操作系统总结道。

“现在的操作系统可以同时运行多个程序，这叫支持多进程吗？”小明问道。

“是的，所以执行效率高。”操作系统自豪地说道。

“那什么是线程呢?”大智问道。

“线程是进程内部的一个执行流（一段代码的运行），线程出现后，它成了进程内的一个相对独立的、可调度的最小执行单元，是系统独立调度和分配 CPU 的最小单元，线程共享该进程所拥有的全部资源。”电脑管家答道。

“可以把进程比喻成一个团队，而线程是其中的一个成员吗？它们共同完成一项任务。例如，学生成绩管理系统中有数据输入线程、数据处理线程和数据输出线程等，它们可以并行执行。”小明问道。

“这个比喻很好，把进程分为多个能同时运行的线程，是为了进一步提高了计算机资源的利用率，加快软件的运行速度。”操作系统答道。

“线程也包含三个部分，分别是程序块、数据和线程控制块（TCB）。”电脑管家补充道。

10.2 线程的创建

“Python 语言内置了多线程机制吗?”大智问道。

“是的，Python 的_ thread 模块可提供低级别的、原始的线程支持，但 Python 3 之后的 threading 模块能提供功能丰富的多线程支持，所以关键要掌握第二种。”电脑管家答道。

“是用 import threading 导入该线程模块吧?”小明问道。

“是的，下面分别介绍 threading 模块创建线程的两种方式。”操作系统说道。

10.2.1 用 Thread 类的构造函数创建线程

“Thread 类的构造函数是 Thread(group = None, target = None, name = None, args = (), kwargs = None, daemon = False)。其参数含义见表 10-1。”操作系统介绍道。

表 10-1 Thread 类的构造函数的参数

参数名	功能描述
group	线程隶属于的线程组，该参数尚未实现，无需填写
target	线程运行的目标函数名，该参数必须有
name	线程对象的名称，不填写就用默认线程名
args	用于保存传给 target 目标函数的参数值，以元组的方式保存
kwargs	用于保存传给 target 目标函数的参数值，以字典的方式保存
daemon	如果为 True 则该线程是守护线程，默认是 False

“什么是线程运行的目标函数?”大智问道。

“目标函数是线程用来完成主体任务的自定义函数，通常在创建线程前定义。”电脑管家解释道。

“如果定义了目标函数 action，则 t1 = threading. Thread(target = action)语句表示创建了目标函数为 action 的线程 t1 吗?”小明问道。

“是的，线程 t1 创建后，可以用 t1. start( )方法来启动它。”电脑管家答道。

“不过，使用前要用 import threading 语句导入线程模块。” 操作系统补充道。

于是，大家试着创建了以下线程实例。

【例 10-1】 用 Thread 类的构造函数创建线程的实例。

```
#用 Thread 的构造函数创建线程：n1001newThread1. py
import threading
#定义线程的目标函数
def action(n):
    for i in range(n):
        #函数 current_thread()获取当前线程对象,getName()获取线程名字
        subName = threading. current_thread(). getName()
        print(subName +":执行到第" + str(i+1) +"步\n")
    print(subName +":结束! \n")
    #主程序代码
if __name__=='__main__':
    #创建并启动第一个线程,以元组的方式传参数 3
    t1 = threading. Thread(target = action, name = "黑客线程", args = (3,))
    t1. start()
    #创建并启动第二个线程,以元组的方式传参数 3
    t2 = threading. Thread(target = action, name = "杀毒先锋", args = (3,))
    t2. start()
```

程序的运行结果如下：

```
黑客线程:执行到第 1 步
杀毒先锋:执行到第 1 步
黑客线程:执行到第 2 步
杀毒先锋:执行到第 2 步
黑客线程:执行到第 3 步
杀毒先锋:执行到第 3 步
黑客线程:结束!
杀毒先锋:结束!
```

“其实，以上程序运行时，除了包含‘黑客线程’和‘杀毒先锋’两个并发执行的线程外，还包含一个主线程，用 threading. current_thread( ). getName( )函数可以获取其名称，其默认名称是 MainThread。” 操作系统说道。

10.2.2 继承 Thread 类创建线程

“除了用 Thread 类创建线程外，还可以用 Thread 的子类创建线程。” 电脑管家说道。

“不过，该方法不能随便给目标函数命名，而是重写父类 Thread 的目标函数 run( )。” 操作系统补充道。

“子线程也是用 start( )方法启动吗?” 大智问道。

“是的，我们用继承 Thread 方式重写例 10-1 的功能吧。”电脑管家建议道。

【例 10-2】 继承 Thread 类创建多线程的实例。

```
#继承 Thread 类创建多线程：n1002newThread2. py
import threading as th
#创建子线程类,继承 Thread 类
class MyThread(th. Thread):
    def __init__(self, name, n):
        th. Thread. __init__(self)      #初始化父类
        self. name = name
        self. n = n
    #重写父类的 run()目标函数
    def run(self):
        for i in range(self. n):
          #函数 current_thread()获取当前线程对象,getName()获取线程名字
          subName = th. current_thread(). getName()
          print(subName +":执行到第" + str(i+1) +"步\n")
        print(subName +":结束! \n")
#主程序代码
if __name__ =='__main__':
    #创建并启动第一个线程
    t1 = MyThread("黑客线程",3)
    t1. start()
    #创建并启动第二个线程
    t2 = MyThread("杀毒先锋",3)
    t2. start()
```

程序的运行结果如下：

```
黑客线程:执行到第 1 步
杀毒先锋:执行到第 1 步
黑客线程:执行到第 2 步
杀毒先锋:执行到第 2 步
黑客线程:执行到第 3 步
杀毒先锋:执行到第 3 步
黑客线程:结束!
杀毒先锋:结束!
```

10.3 Thread 的属性和方法

“线程是对象，它有哪些属性和方法呢?”小明问道。

“最常用的属性是 name、ident 和 daemon，见表 10-2。”电脑管家答道。

表 10-2 Thread 对象的常用属性

属性名	功能描述
name	线程对象的名称，默认名是 MainThread、Thread-1、Thread-2、…
ident	线程对象的标识号，它是一个非零整数，线程调用 start( )启动后，系统自动分配，没有启动则返回 None
daemon	布尔值，表示这个线程是否是守护线程，默认为 False

“线程对象的常用方法见表 10-3。”操作系统说道。

表 10-3 线程对象的常用方法

方法名	功能描述
start( )	启动线程对象
getName( )	获取线程对象的名称
setName("线程名")	修改线程对象的名称
isAlive( )或 is_alive( )	判断线程对象是否存活，值为 True 或 False，存活是指线程启动后到终止前的状态
isDaemon( )	判断线程对象是否为守护线程，默认为 False
setDaemon(布尔值)	设置线程对象的守护状态，布尔值为 True 或 False，必须在 start ( ) 之前调用才有效
join(timeout = None)	阻塞当前上下文环境的线程，把 CPU 的控制权交给该线程对象，直到 timeout 秒后，如果 timeout 参数等于 None，则直到线程对象终止

“另外，线程模块 threading 还具有以下两个方法。”电脑管家补充道。

threading. current_thread( )：返回当前占用 CPU 的线程对象。

threading. active_count( )：获取处于存活状态的线程数量。

小明和大智利用以上属性和方法设计了以下程序实例。

【例 10-3】 Thread 的属性和方法测试实例。

```
#Thread 的方法测试：n1003Threadmethod. py
import threading as th
import time                                   #导入时间模块
#创建子线程类,继承 Thread 类
class MyThread(th. Thread):
    def __init__(self,name,t):
        th. Thread. __init__(self)
        self. name = name
        self. t = t
    #重写父类的 run( )方法,测试 name 属性和 isAlive( )和 active_count( )方法
    def run(self):
        print("\n%s 的开始时间:%s" % (self. name, time. ctime()))
        print("\n 现在,%s 是否活跃?%s" % (self. name, self. isAlive()))
        print('\n 正在运行的线程数量:',th. active_count())
        time. sleep(self. t)                   #睡眠 t 秒
```

```
        print("\n%s 的结束时间:%s" % (self.name, time.ctime()))
#以下是主程序代码
if __name__ =='__main__':
    main = th.current_thread()            #获取当前线程对象
    print("\n 当前线程的名字是:%s" % (main.getName()))
    print("\n 将当前线程的名字改为:主线程")
    main.setName("主线程")                #修改线程名
    print("\n%s 的开始时间:%s" % (main.getName(),time.ctime()))
    t1 = MyThread("子线程",2)             #创建子线程
    print("\n 子线程是否活跃?",t1.isAlive())
    print("\n 子线程是否为守护线程?",t1.isDaemon())
    t1.setDaemon(True)                    #把线程 t1 设置为守护线程,可以用 t1.daemon = True 替代
    print("\n 现在,子线程是否为守护线程?",t1.isDaemon())
    t1.start()                            #启动子线程 t1
    t1.join()                             #阻塞当前线程,出让 CPU 给子线程 t1
    print("\n%s 的结束时间:%s" % (main.getName(),time.ctime()))
```

程序的运行结果如下：

```
当前线程的名字是:MainThread
将当前线程的名字改为:主线程
主线程的开始时间:Mon Aug 24 09:55:57 2020
子线程是否活跃? False
子线程是否为守护线程? False
现在,子线程是否为守护线程? True
子线程的开始时间:Mon Aug 24 09:55:57 2020
现在,子线程是否活跃? True
正在运行的线程数量: 3
子线程的结束时间:Mon Aug 24 09:55:59 2020
主线程的结束时间:Mon Aug 24 09:55:59 2020
```

10.4 线程的状态与守护线程

“大家有没有注意到线程是动态的，就像游戏中的小精灵一样，它们是有生命周期的。”操作系统说道。

“另外，前面多次提到的守护线程是什么？它有什么特点？”小明问道。

“我们现在分别介绍这两个概念。”电脑管家说道。

10.4.1 线程的状态

“由于线程的个数总是大于 CPU 的个数，所以对于多线程的程序，一个线程不可能始终独占 CPU，CPU 会在不同线程之间切换，因此线程存在多种状态，通常有新建、就绪、运行、阻塞和死亡五种状态，线程的生命周期会在这五种状态之间切换，如图 10-1 所

示。”操作系统解释道。

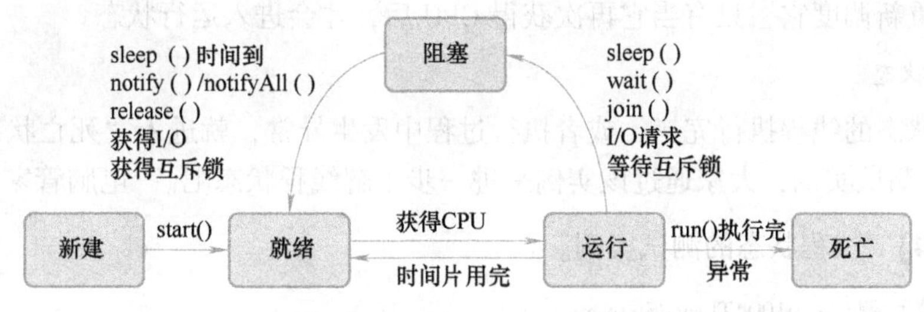

图 10-1　线程的生命周期

1. 新建状态

当一个线程刚刚被创建，还没有被启动时，它处于“新建状态”。新建状态的线程还没有得到系统分配的资源，所以程序也不会执行该线程，此时它没有任何线程的动态特征。

2. 就绪状态

当新建状态的线程用 start( ) 方法启动后，它将获得除 CPU 以外的所需资源，它的状态也马上转为“就绪状态”。就绪状态的线程位于可运行线程池中，等待 Python 解释器中的线程调度器调度，由于它还没有获取 CPU 的使用权，所以该线程并未真正运行。

3. 运行状态

当处于就绪状态的线程获得 CPU 后，它开始执行 run( ) 方法，此时该线程处于“运行状态”。处于运行状态的线程不可能一直处于运行状态，线程调度器会根据调度策略重新分配 CPU，当运行状态的线程失去 CPU 后，可能会转向堵塞状态或死亡状态。通常有“抢占式”和“协同式”两种线程调度策略来重新分配 CPU。

4. 阻塞状态

处于运行状态的线程遇到以下几种情况，会暂时让出 CPU 而进入“阻塞状态”，这时其他处于就绪状态的线程就可以获得 CPU，进入运行状态。

① 线程通过调用 sleep( ) 方法开始睡眠。

② 条件变量或者事件对象调用 wait( ) 方法被阻塞。

③ 线程调用 join( ) 方法出让 CPU。

④ 线程请求 I/O 操作失败被阻塞。

⑤ 线程因获取互斥锁失败而被阻塞。

对于因以上情况被阻塞的线程，可以通过以下方法返回就绪状态：

① 当 sleep( ) 方法中的参数规定的休息时间到时，处于睡眠状态的线程返回就绪状态。

② 因 wait( ) 方法而被阻塞的线程被 notify( )/notifyAll( ) 方法唤醒。

③ 因 join( ) 方法而被阻塞的线程被 release( ) 方法唤醒。

④ 因 I/O 请求被阻塞的线程获得了 I/O 操作权。

⑤ 等待互斥锁的线程得到了一把锁。

堵塞状态的线程被唤醒后，并不会马上进入运行状态，而是先进入就绪状态，等待线程调度器重新调度它，只有当它再次获得 CPU 后，才会进入运行状态。

5. 死亡状态

当运行状态的线程执行完毕，或者执行过程中发生异常，就进入“死亡状态”。

“以下是测试实例，大家通过该实例来进一步了解线程状态吧。”电脑管家说道。

【例 10-4】 线程状态的测试实例。

```
#线程状态的测试：n1004ThreadState. py
import threading as th
import time
#定义线程的目标函数
def action(n,stime):
    sub = th. current_thread()                    #获取子线程对象
    print(sub. getName() +":启动！\n")           #打印子线程启动
    print("%s 是否为活跃?%s\n" % (sub. getName(), sub. isAlive()))
    for i in range(n):
        print(sub. getName() +":执行到  " + str(i) +"\n")
        time. sleep(stime)                        #睡眠 stime 秒
    print(sub. getName() +":结束！\n")
#以下是主程序代码
if __name__=='__main__':
    main = th. current_thread()                   #获取主线程对象
    print(main. getName() +":启动！\n")          #打印主线程启动
    t1 = th. Thread(target = action,args = (2,2)) #创建子线程 1
    t2 = th. Thread(target = action,args = (2,1)) #创建子线程 2
    print("%s 是否为活跃?%s\n" % (t1. name, t1. isAlive()))
    print("%s 是否为活跃?%s\n" % (t2. name, t2. isAlive()))
    t1. start()                                   #启动子线程 1
    t2. start()                                   #启动子线程 2
    t1. join()                                    #阻塞当前线程,出让 CPU 给 t1
    print("%s 是否为活跃?%s\n" % (t1. name, t1. isAlive()))
    print("%s 是否为活跃?%s\n" % (t2. name, t2. isAlive()))
    print(main. getName() +":结束！\n")
```

程序的运行结果如下：

```
MainThread:启动！
Thread-1 是否为活跃？False
Thread-2 是否为活跃？False
Thread-1:启动！
Thread-2:启动！
Thread-1 是否为活跃？True
```

```
Thread-2 是否为活跃? True
Thread-1:执行到  0
Thread-2:执行到  0
Thread-2:执行到  1
Thread-1:执行到  1
Thread-2:结束!
Thread-1:结束!
Thread-1 是否为活跃? False
Thread-2 是否为活跃? False
MainThread:结束!
```

学完线程的状态，小明发现万物都在变化，线程或进程的状态描述了其生命周期。

10.4.2 守护线程

“线程的五种状态描述了线程的生命周期，但如果从线程的活跃性来看，线程分为前台线程和后台线程。”电脑管家继续介绍道。

“我们把同用户直接交互、比较活跃的线程称为前台线程，如窗口视图；把不与用户直接交互、不太活跃、为前台线程提供服务的线程称为后台线程，例如 Python 解释器中的垃圾回收线程。”操作系统说道。

“后台线程就是守护线程吧？其 daemon 属性值为 True，可以通过 setDaemon(True)方法或直接赋值来改变，对吗？”小明问道。

“是的，后台线程的生命依托于前台线程，当前台线程全部死亡时，后台线程也会随之死亡，下面我们来看一个程序实例。”操作系统说道。

【例 10-5】 守护线程测试实例。

```
#守护线程测试实例：n1005daemonTrue.py
import threading as th
import time
def run():
    subName = th.current_thread().getName()
    print("\n%s 开始时间:%s" % (subName, time.ctime()))
    time.sleep(1)                                  #线程睡眠 1 秒
    print("\n%s 结束时间:%s" % (subName, time.ctime()))
#以下是主程序代码
t = th.Thread(target = run,name = '后台线程')       #生成子线程 t
t.daemon = True  #等价 t.setDaemon(True),把线程 t 设置为后台线程
t.start()                                          #启动后台线程
mainName = th.current_thread().getName()           #获取当前主线程的名称
for n in range(3):
    print('\n%s:执行第%d 次' %(mainName,n))          #显示主线程信息
print('%s:执行完成！' %(mainName))                   #显示主线程结束
```

程序的运行结果如下：

```
后台线程开始时间:Fri Aug 21 09:45:18 2020
MainThread:执行第 0 次
MainThread:执行第 1 次
MainThread:执行第 2 次
MainThread:执行完成!
后台线程结束时间:Fri Aug 21 09:45:19 2020
```

“从以上实例的运行结果可以看出，作为前台线程的主线程循环执行 3 次后死亡，作为后台线程的子线程也会跟着死亡，实例中显示了后台线程的开始时间和结束时间。”大智分析了以上实例。

10.5 线程的同步机制

“线程之间有时要共享互斥资源，有时要共同完成某项任务，请问多个线程是如何相互合作的呢?”小明问道。

“线程的同步机制可以实现以上功能，Python 的 threading 模块提供了互斥锁 Lock、递归锁 RLock、条件变量 Condition、信号量 Semaphore 和事件 Event 等多种实现同步机制的类。”操作系统答道。

“啊，我们要回城堡了，J 博士和 help 小精灵发来消息说他们已经研制成功‘夺魂散’的解药，可以解救 P 博士等科技人员了，希望我们尽快回去。”大智说道。

“噢，那你们先回去吧，你们可以带走相关的学习资料。”操作系统说道。

于是二人只好告别电脑管家和操作系统，前往基因库会面。

10.5.1 互斥锁 Lock

小明和大智回到基因库见到 J 博士后，他们决定从山顶入口进入 Python 软件谷。于是，他们来到后山对面，发现附近有一艘小船，该船每次只能乘坐一人，可以用无线信号控制。

“该小船每次只能乘坐一人，它属于互斥资源，建议使用线程互斥锁 Lock 对象编程，该对象可以控制对互斥资源的访问。”小明指着操作系统提供的线程资料解释道。

“是的，在软件设计中，把访问互斥资源的代码称为临界区，threading 模块的互斥锁 Lock 对象有以下两个方法用于控制对临界区的访问。”大智也利用线程资料当起了老师。

1）lock. acquire(timeout = None)：该方法在线程进入临界区前调用，其作用是申请进入临界区的钥匙。如果成功则进入后锁门，如果不成功则阻塞等待。其中 timeout 参数表示等待 timeout 秒，如果没有该参数则一直等待，直到从临界区出来的线程唤醒它。

2）lock. release()：该方法在线程离开临界区时调用，其功能是归还钥匙和开门，并且唤醒其他等待该资源的线程。

“是的，为了保证每次一人乘船，可以在‘上船代码’的前面添加 Lock. acquire()方法，在‘下船代码’的后面添加 Lock. release()方法。”小明说道。

于是，大家设计了以下小船控制代码进行测试。

【例 10-6】 互斥锁 Lock 在小船访问控制中的应用实例。

```
#小船访问线程锁：n1006BoatLock.py
import threading as th
import time,random
#线程的目标函数
def run():
    threadName = th.current_thread().getName()
    myLock.acquire()                              #上船前上锁
    print(f"{threadName}在{time.strftime('%H:%M:%S')}时上船\n")
    time.sleep(random.randint(2,5))               #睡眠 2-5 秒,模拟乘船时间
    print(f"{threadName}在{time.strftime('%H:%M:%S')}时下船\n")
    myLock.release()                              #下船后开锁
#以下是主程序代码
if __name__ == '__main__':
    myLock = th.Lock()                            #创建互斥锁
    user = input("请输入用户名:")                   #输入客户名
    t1 = th.Thread(target = run,name = user)      #创建线程 t1
    t1.start()                                    #启动线程 t1
```

程序的运行结果如下：

```
=============== RESTART: E:\PyCode\chapter10\n1006BoatLock.py ===============
请输入用户名：大智
大智在17:55:23时上船
大智在17:55:28时下船
```

设计好小船的控制代码后，大家顺利驾船渡河。

10.5.2 条件变量 Condition

过河后，大家很快来到后山的山脚，他们需要通过缆车上山。

“由于要控制缆车的升降，所以要设计两个线程来控制它们，我认为利用 threading 模块的条件变量 Condition 比较适合，因为该类用于控制线程的同步。”小明说完后，给出了条件变量包含的主要方法。

1）acquire(timeout = None)：申请获得条件锁钥，如成功则锁门后继续执行，若不成功则阻塞等待。其中 timeout 参数表示等待 timeout 秒，没有该参数则一直等待直到其他线程来唤醒它。

2）release()：归还钥匙，并且开门唤醒其他等待该资源的线程。

3）wait(timeout = None)：线程主动挂起等待，直到收到 notify 通知才被重新唤醒。其中 timeout 参数表示等待 timeout 秒，没有该参数则一直等待到其他线程来唤醒它。

4）notify(n = 1)：从等待池中唤醒 n 个线程，默认唤醒 1 个线程。

5）notifyAll()：从等待池中唤醒所有线程。

“另外，wait()、notify()和 notifyAll()等方法必须在 acquire()方法后调用，否则会触发 RuntimeError 异常。”大智补充道。

“是的，我们定义一个逻辑变量 full 来判断缆车是否有人，如果缆车空（full 是 False）则下降，当缆车到达山脚后客户上车，设置缆车客满标志（full = True），并唤醒‘上升缆车线程’，这时缆车上升，当缆车到达山顶后客户下车，设置缆车客空标志（full = False），并唤醒‘下降缆车线程’，这时缆车下降，…，重复这个过程，把大家送上山顶。”小明说道。

于是大家设计了以下控制缆车运行的线程代码。

【例 10-7】 用条件变量 Condition 设计线程控制缆车的升降。

```
#缆车控制线程：n1007VehicleCondition.py
import threading as th
import time
con = th.Condition()                    #创建条件变量
#下降缆车的方法
def vehicleDown():
    con.acquire()                       #申请获得条件锁钥
    global full                         #全局变量
    while True:
        if not full:                    #如果缆车空,则下降
            print(f"下降空缆车")          #下降
            time.sleep(1)               #模拟下降时间
            print(f"缆车到达山脚,客户上车")
            full = True                 #设置缆车客满标志
            con.notify()                #唤醒"上升缆车线程"
        if full:                        #如果缆车满
            con.wait()                  #下降线程挂起等待唤醒
#上升缆车的方法
def vehicleUp():
    con.acquire()                       #申请获得条件锁钥
    global full                         #全局变量
    i = 0                               #记录上升次数
    while True:
        if full:                        #如果缆车满,则上升
            i = i + 1                   #上升次数 +1
            print(f"第{i}趟载客上升...")
            time.sleep(1)               #模拟上升时间
            print(f"缆车到达山顶,客户下车\n")
            full = False                #设置缆车客空标志
            con.notify()                #唤醒"下降缆车线程"
        if not full:                    #如果缆车空
```

```
        con. wait()                          #上升线程挂起等待唤醒
#主线程代码
full = False                                 #缆车空
t1 = th. Thread(target = vehicleDown)        #创建下降缆车线程
t2 = th. Thread(target = vehicleUp)          #创建上升缆车线程
t1. start()                                  #启动下降线程
t2. start()                                  #启动上升线程
```

程序的运行结果如下：

```
下降空缆车
缆车到达山脚,客户上车
第 1 趟载客上升...
缆车到达山顶,客户下车
下降空缆车
缆车到达山脚,客户上车
第 2 趟载客上升...
缆车到达山顶,客户下车
......
```

10.5.3 事件 Event

大家顺利到达山顶，发现除了有一个模仿蛙眼设计的探测灯外，没有发现线程卫队。

“大家小心，该蛙眼探测灯可以监视到360°的范围，它对运动的物体很灵敏，但对不动的物体却无动于衷，它 30s 亮一次，大家必须在它关闭的时候前进，如果被它发现会触发报警装置的。”J 博士提醒道。

“也就是说，它亮的时候我们停止脚步，它关闭的时候我们前进？但山顶的边缘离中心入口大概有 500 多米，蛙眼探测灯变幻这么快，我们怎么跟得上其节奏？”help 小精灵觉得有点难。

“旁边有车，可以用事件（Event）类设计一个同步探测灯的方法，利用线程来提醒‘开车前进’或‘停车等候’。”小明建议道。

“噢，事件（Event）类有一个初始值为 False 的信号标识，可以通过以下方法来改变或者判断该标识值。如果探测灯是关闭的（即事件对象标识为 Ture），汽车行驶；否则，车辆停止。”大智恍然大悟，并给出了 Event 类的以下方法。

1）set()：设置 Event 对象的内部信号标识为 True。

2）clear()：清除 Event 对象的内部信号标识，即将其设为 False。

3）isSet()：判断 Event 对象的内部信号标识的状态，返回 True 或 False。

4）wait()：根据 Event 对象的内部信号标识的值决定该线程的状态，如果为 False 则线程阻塞，为 True 则激活。

“好，我们利用以上方法来设计一个同步探测灯的线程。”J 博士说道。

【例 10-8】 设计蛙眼探测灯事件的响应控制线程。

```
#蛙眼探测灯事件: n1008LightEvent.py
import threading as th
import time
#探测灯的方法
def light(e):
    e.set()                                  #探测灯关闭时,设置事件 e 为 Ture
    while True:
        if e.is_set():                       #如果 e 为 Ture,即探测灯是关闭的
            time.sleep(3)                    #线程睡眠 3 秒,模拟关闭的时间
            e.clear()                        #时间到,探测灯开启,设置事件 e 为 False
        else:                                #如果 e 为 False,即探测灯是开启的
            time.sleep(3)                    #线程睡眠 3 秒,模拟开启的时间
            e.set()                          #时间到,探测灯关闭,设置事件 e 为 Ture
#控制车的方法
def car(e):
    while True:
        if e.is_set():                       #如果 e 为 Ture,即探测灯是关闭的
            print(f"当前探测灯关闭,汽车行驶...\n")
            time.sleep(3)                    #汽车行驶若干秒
        else:                                #否则,
            print("当前探测灯开启,全部车停止! \n")
            e.wait()                         #等待唤醒激活
    #主程序
if __name__=='__main__':
    e = th.Event()                           #生成事件对象
    eLight = th.Thread(target = light, args = (e,))  #创建探测灯线程
    eCar = th.Thread(target = car, args = (e,))      #创建开车线程
    eLight.start()                           #启动探测灯线程
    eCar.start()                             #启动开车线程
```

程序的运行结果如下:

```
当前探测灯关闭,汽车行驶...
当前探测灯开启,全部车停止!
当前探测灯关闭,汽车行驶...
当前探测灯开启,全部车停止!
当前探测灯关闭,汽车行驶...
当前探测灯开启,全部车停止!
当前探测灯关闭,汽车行驶...
......
```

利用以上控制代码，大家都躲避了蛙眼探测灯的监视，成功进入山洞。

10.5.4 信号量 Semaphore

大家入洞后，发现这是一个由多个大小不一、彼此相连的小洞穴构成的洞穴群。

"大家小心，该洞穴群从下到上分为9层，上下层通过缆车相连，每层有三至五个小洞穴，每个小洞穴都可能有一至三个线程卫队成员。"J博士提醒道。

小明和大智发现该缆车是通过 threading 的信号量（Semaphore）对象来控制乘客人数的，于是向大家介绍了信号量的工作原理。

"信号量（Semaphore）也是用来控制访问互斥资源的，与前面介绍的互斥锁（Lock）不同的是，信号量有多把钥匙，允许多个线程同时进入临界区，通过内置的计数器来记录访问互斥资源的剩余钥匙数，它的构造方法 Semaphore(value = 1)中的参数 value 代表内置计数器的初值，以下是它的两个主要方法。"大智说道。

1）Semaphore. acquire(timeout = None)：该方法在线程进入临界区前调用，其作用是申请进入临界区，如果计数器 >0，则获取钥匙，计数器 -1，进入临界区后锁门，否则阻塞等待。其中，timeout 参数表示等待 timeout 秒，如果没有该参数则一直等待，直到从临界区出来的线程唤醒它。

2）Semaphore. release()：该方法在线程离开临界区时调用，其作用是归还钥匙、开门、计数器 +1，并且唤醒其他等待该资源的线程。

为了方便大家理解，小明和大智根据每个缆车可以乘坐的人数设置信号量计数器的初值，编写了一个控制缆车的模拟程序实例。

【例 10-9】 用信号量 Semaphore 设计只允许乘坐 4 人的缆车控制程序。

```
#信号量的缆车应用：n1009VehicleSemaphore.py
import threading as th
import time,random
def run():
    semaphore.acquire()                          #申请进入临界区
    subName = th.current_thread().getName()#获取线程名(相当于客户名)
    print("%s 在%s 时进入缆车\n" % (subName,time.strftime("%H:%M:%S")))
    time.sleep(random.randint(1,5)) #线程睡眠1-5秒,模拟客户乘车时间
    print("%s 在%s 时离开缆车\n" % (subName,time.strftime("%H:%M:%S")))
    semaphore.release()                          #归还钥匙、离开临界区
    #以下是主程序代码
if __name__ == "__main__":
    semaphore = th.Semaphore(4)                  #创建信号量,1把锁配4把钥匙
    l1 = list()                                  #创建列表、保存客户线程
    for i in range(5):
        t = th.Thread(target = run,name = "客户" + str(i+1))#创建客户线程t
        l1.append(t)                             #将线程t添加到列表l1中
        t.start()                                #启动客户线程
```

程序的运行结果如下：

```
客户 1 在 15:33:34 时进入缆车
客户 2 在 15:33:34 时进入缆车
客户 3 在 15:33:34 时进入缆车
客户 4 在 15:33:34 时进入缆车
客户 2 在 15:33:36 时离开缆车
客户 5 在 15:33:36 时进入缆车
客户 5 在 15:33:38 时离开缆车
客户 1 在 15:33:39 时离开缆车
客户 3 在 15:33:39 时离开缆车
客户 4 在 15:33:39 时离开缆车
```

从以上运行结果可以看出，由于设置信号量计数器的值为 4，所以最多只允许 4 个用户同时进入缆车。

10.5.5 递归锁 RLock

由于大家准备充分，配合得当，所以他们很快控制了整个山洞，抓住了“天真”和“无邪”两个内鬼，制服了线程卫队，关闭了“宇宙币”挖矿机，救出了被困在洞中的 P 博士、技术人员和居民，J 博士和‘快乐蜥’开发小组人员利用基因技术制服了潜伏在山前河中的“恶龙”，大家欢呼雀跃。

“现在要坐船过河的居民比较多，但是船身与船桨有限。如果大家不理智，各自只抢到每艘船的船身或者只抢到船桨不放，会造成双方相互等待而无法开船。”看到大家都抢着过河，help 小精灵有点担心。

“是啊，这种情况的发生称为死锁。通常，为了完成某项任务需要多个资源，但每个线程分别占有了对方需要的部分资源，而等待对方释放其他资源，如果双方都不释放，会造成全部线程不能继续运行。”大智解释道。

“我们可以利用 threading 模块中的递归锁 RLock（也称为可重入锁）设计小船控制程序，解决它的死锁问题。该递归锁 RLock 也具有 acquire( ) 和 release( ) 方法，不同的是它获取了部分互斥资源的锁钥后，可以继续获取剩余的互斥资源的锁钥，而不会被阻塞。”小明说道。

于是大家设计了以下小船控制程序。

【例 10-10】 用递归锁 RLock 编程，实现对小船资源的控制。

```
#递归锁控制小船资源实例：n1010CrossRiverRLock.py
import threading as th
import time
#先得船身再得船桨的渡河方法
def crossRiver1(myLock):
    myLock.acquire()                              #申请获取船资源 1
    name = th.current_thread().getName()          #取客户的线程名
```

```
        print(f"{name}先抢到船身" )              #显示该客户抢到船身
        myLock.acquire()                          #申请获取船资源2
        print(f"{name}又抢到船桨")               #显示该客户抢到船桨
        print(f"{name}划船渡河…")               #显示该客户开始渡河
        time.sleep(0.6)                           #模拟划船时间
        myLock.release()                          #归还船资源1
        myLock.release()                          #归还船资源2
    #先得船桨再得船身的渡河方法
    def crossRiver2(myLock):
        myLock.acquire()                          #申请获取船资源1
        name = th.current_thread().getName()      #取客户的线程名
        print(f"{name}先抢到船桨")               #显示该客户抢到船桨
        myLock.acquire()                          #申请获取船资源2
        print(f"{name}又抢到船身")               #显示该客户抢到船身
        print(f"{name}划船渡河…")               #显示该客户开始渡河
        time.sleep(0.3)                           #模拟划船时间
        myLock.release()                          #归还船资源1
        myLock.release()                          #归还船资源2
    #主程序代码
    myLock = th.RLock()
    t1 = th.Thread(target = crossRiver1, name = "甲组居民", args = (myLock,))
    t2 = th.Thread(target = crossRiver2, name = "乙组居民", args = (myLock,))
    t3 = th.Thread(target = crossRiver2, name = "丙组居民", args = (myLock,))
    t1.start()
    t2.start()
    t3.start()
```

程序的运行结果如下：

```
甲组居民先抢到船身
甲组居民又抢到船桨
甲组居民划船渡河…
乙组居民先抢到船身
乙组居民又抢到船桨
乙组居民划船渡河…
丙组居民先抢到船身
丙组居民又抢到船桨
丙组居民划船渡河…
```

小船安装了以上控制代码后，避免了可能发生的混乱，大家顺利渡船回家。

10.6 多线程应用实验

实验名称：多线程的应用程序设计。

实验目的：

1）掌握 Thread 的创建方法。

2）理解 Thread 的属性和方法。

3）学会应用同步机制编写多线程程序。

实验内容：

1）用互斥锁 Lock 设计一个应用实例。

2）用递归锁 RLock 设计一个应用实例。

3）用条件变量 Condition 设计一个应用实例。

4）用信号量 Semaphore 设计一个应用实例。

5）用事件 Event 设计一个应用实例。

10.7 习题

一、判断题

1. 线程是操作系统进行资源分配和调度的基本单位，多个线程之间相互独立。（ ）
2. 线程是进程的一部分，是 CPU 进行调度的基本单位，一个进程下的多个线程可以共享该进程的所有资源。（ ）
3. 如果 IO 操作密集，则用多线程运行效率高。（ ）
4. Python 多线程有个全局解释器锁，该锁在任一时间只能有一个线程使用 Python 解释器。（ ）
5. 每个线程都能被系统分配资源，都有一个 Python 解释器，所以多线程可以实现并行运行。（ ）
6. 在一个时间只能由一个线程访问的资源称为临界资源。（ ）
7. 在 UNIX 平台上，当某个线程终结之后，该线程需要被其父线程调用 wait，否则该线程成为僵尸线程。（ ）
8. 在多线程中，可以比较容易地共享资源，比如使用全局变量或者传递参数。（ ）
9. 由于每个线程都有自己独立的内存空间，所以通常用共享内存和 Manager 的方法来共享资源，但这样做提高了程序的复杂度。（ ）
10. 用多线程实现 I/O 密集的应用，在 I/O 请求等待时方便切换到其他线程执行，减少等待时间。（ ）
11. 对于 CPU 密集的应用，如果用多线程实现，能充分利用多核 CPU。（ ）
12. 多线程是 Python 程序的并发机制，它能同步共享数据、处理不同的事件。（ ）
13. 线程能并行运行，但其系统资源开销大。（ ）
14. 线程的终止一般可以通过两种方法实现：自然撤销或者是被停止。（ ）

二、单选题

1. 下列说法中，错误的是（　　）。

A. 线程就是程序　　B. 线程是一个程序的单个执行流

C. 多线程是指一个程序的多个执行流　　D. 多线程用于实现并发

2. 线程调用了 sleep()方法后，该线程将进入（　　）状态。

A. 可运行状态　　B. 运行状态

C. 阻塞状态　　D. 终止状态

3. Python 用（　　）机制实现了线程之间的异步执行。

A. GIL（全局解释器锁）　　B. 虚拟机

C. 多个 CPU　　D. 异步调用

4. 关于 Python 线程，下面说法错误的是（　　）。

A. 线程是以 CPU 为主体的行为

B. Python 利用 GIL（全局解释器锁）实现了线程之间的异步执行

C. 创建线程的方法有两种：用 Thread 类的构造函数和继承 Thread 类

D. 新线程一旦被创建，它将自动开始运行

5. 在 Python 中的线程模型包含（　　）。

A. 一个虚拟处理器　　B. CPU 执行的代码

C. 代码操作的数据　　D. 以上都是

三、简答题

1. Python 的多进程和多线程的运行机制是什么？有什么优缺点？
2. 什么是线程同步？
3. 简述进程和线程的概念与特点。
4. 什么是 GIL？对多线程有什么影响？
5. 什么是线程安全？

四、程序分析题

1. 阅读以下代码，写出其功能和运行结果。

```
import threading as th
import time
#先拿碗再拿勺的吃饭方法
def eat1(myLock):
    myLock.acquire()
    name = th.current_thread().getName()
    print(f"{name}拿到碗")
    time.sleep(0.6)
    myLock.acquire()
    print(f"{name}拿到勺")
```

```
        print(f"{name}吃完饭")
        myLock.release()
        myLock.release()
#先拿勺再拿碗的吃饭方法
def eat2(myLock):
        myLock.acquire()
        name = th.current_thread().getName()
        print(f"{name}拿到勺")
        time.sleep(0.3)
        myLock.acquire()
        print(f"{name}拿到碗")
        print(f"{name}吃完饭")
        myLock.release()
        myLock.release()
#主程序代码
#myLock = th.Lock()
myLock = th.RLock()
t1 = th.Thread(target = eat1,name = "客户 1",args = (myLock,))
t2 = th.Thread(target = eat2,name = "客户 2",args = (myLock,))
t1.start()
t2.start()
```

2. 阅读以下代码，写出其功能和运行结果。

```
import threading as th
import time
#创建生产者子线程类
class Produce(th.Thread):
        def __init__(self,name,con):
                th.Thread.__init__(self)
                self.name = name
                self.con = con
        #重写 run()方法
        def run(self):
                global product
                self.con.acquire()
                i = 1
                while True:
                        if len(product) < 2:
                                sp = "商品" + str(i)
                                print( f"{self.name}生产{sp}... ")
                                product.append(sp)
                                i = i + 1
```

```
                time. sleep(1)
                self. con. notify()                    #通知消费者,商品已生产
            if len(product) = =2:
                self. con. wait()                      #仓库满,等待通知
#创建消费者子线程类
class Consume(th. Thread):
    def __init__(self,name,con):
        th. Thread. __init__(self)
        self. name = name
        self. con = con
    #重写 run()方法
    def run(self):
        global product
        self. con. acquire()
        while True:
            if product:
                sp = product. pop(0)
                print( f"{self. name}消费{sp}...")
                time. sleep(1)
                self. con. notify()                    #通知生产者,商品已消费
            if not product:
                self. con. wait()                      #仓库空,等待通知
#主程序
if __name__ == '__main__':
    product = []                                       #仓库,准备放 2 个商品
    con = th. Condition()                              #创建条件变量
    t1 = Produce("生产者",con)
    t1. start()
    t2 = Consume("消费者",con)
    t2. start()
```

3. 阅读以下代码，写出其功能和运行结果。

```
import threading as th
import time,random
def getMoney(num):
    threadName = th. current_thread(). getName()
    global money
    myLock. acquire()                                  #上锁进入临界区
    if money > = num:                                  #如果钱够取
        temp = money                                   #访问现有资金
        temp = temp - num                              #计算取款余额
        print(f"{threadName}取出{num}元,账户余款{temp}元\n")
```

```
        time.sleep(random.randint(1,2))          #睡眠1-2秒,模拟取款花费的时间
        money = temp                             #更新账户数据
    else:
        print(f"账户余款{money}元,{threadName}无法取出{num}元\n")
    myLock.release()                             #开锁离开临界区
#线程执行体函数
def run():
    for i in range(3):
        getMoney(100)                            #每次取款100元
#主程序
if __name__ == '__main__':
    money = 600                                  #账户余款初值
    myLock = th.Lock()                           #创建互斥锁
    st1 = th.Thread(target = run)                #创建线程1
    st1.start()                                  #启动线程1
    st2 = th.Thread(target = run)                #创建线程2
    st2.start()                                  #启动线程2
```

五、程序设计题

模仿程序分析题第3题中的代码，用互斥锁 Lock 编程实现两个用户线程从网上银行的共享账户中存款的互斥操作，任何一个用户在存款完成前，其他共享该账户的用户不能进行存款操作，否则账户数据会出错。

第11章 tkinter GUI 编程

本章学习目标

了解图形用户界面的基本概念；
熟悉 tkinter 的布局管理方法；
明白 tkinter 的事件处理原理；
掌握 tkinter 的常用组件；
学会综合应用以上知识点编程。

本章重点内容

tkinter 的布局管理；
tkinter 的事件处理；
tkinter 的常用组件；
综合应用以上知识编程。

看到 P 博士和 J 博士因被破坏的软件而发愁，小明和大智希望能再帮到他们。于是，小明和大智开始学习 GUI 编程的相关知识。

11.1 窗口开发模块概述

11.1.1 什么是 GUI

“什么是 GUI？它是用于窗口程序开发的吗？”大智问道。

“GUI 是英文单词 Graphical User Interface（图形用户接口）的缩写，满足 GUI 的程序叫窗口程序，又称为图形界面程序。”help 小精灵答道。

“像 Windows、Linux、UNIX 和 Mac OS X 等操作系统一样，由窗口、下拉菜单、对话框等组件构成，接受键盘和鼠标等输入设备控制的程序都属于 GUI 程序吧？”小明问道。

“是的，可以用 Python 中 tkinter 模块中的组件开发它们。当然，市场上还有 PyQt、PyGTK、wxPython 等功能强大一些的 GUI 开发库，建议初学者先学用 tkinter 开发。”help 小精灵说道。

“窗口程序具有界面美观、功能强大、人机交互方便等优点。”大智说道。

11.1.2 tkinter 简介

“Python 3.x 默认集成了 tkinter，所以采用 tkinter 进行窗口设计，不需要额外安装，可以采用 2 种方法导入它。” help 小精灵继续说道。

“可以用 import tkinter as tk 导入整个 tkinter 模块吧？在以前的实例中有类似的导入语句。” 大智问道。

“还可以用 from tkinter import * 语句导入 tkinter 模块中的所有类吧？” 小明也问道。

“是的，大智介绍的导入语句中的可选项 as 后的 tk 是 tkinter 的简写名。导入成功后，可用模块名 tkinter 或简写名 tk 来访问模块中的对象。例如，win = tkinter.Tk()或 win = tk.Tk()语句。小明介绍的导入语句，导入成功后可直接访问模块中的类，例如，语句 win = Tk()，方法 Tk() 用于创建一个根窗口 win 对象。” help 小精灵说完后给出了 Tk 窗口包含的主要成员函数，见表 11-1。

表 11-1 Tk 窗口包含的主要成员函数

函数名	功能描述	实例
title ("窗口标题")	设置窗口的标题	win.title ("第一个窗口程序")
iconbitmap ("图标路径")	设置窗口的图标	win.iconbitmap(bitmap = "python.ico")
geometry ("宽度 x 高度 + 横坐标 + 纵坐标")	设置窗口大小和位置。注意，宽高之间是字母 x，不是乘号 ×	win.geometry ("200x100 + 50 + 50")
resizable(width = 逻辑值，height = 逻辑值) 或 resizable (逻辑值，逻辑值)	指定窗口的宽度和高度是否可以改变，True 为可变，False 为不可变	win.resizable (width = True, height = False)
iconify()	将窗口图标化（最小化）	win.iconify()
deiconify()	将图标化的窗口恢复显示	win.deiconify()
update()	刷新窗口	win.update()
destroy()	销毁窗体	win.destroy()

“窗口创建并设置完毕后，可用 mainloop()函数启动事件循环，接受键盘或者鼠标等输入设备的控制，请看以下实例。” help 小精灵补充道。

【例 11-1】 tkinter 根窗口的创建与属性的设置实例，其程序源代码如下：

```
#第一个 tkinter 窗口程序：n1101tkinterTest.py
import tkinter as tk                          #导入 tkinter 模块
win = tk.Tk()                                 #创建一个窗口
win.title ("第一个 tkinter 窗口程序")          #设置窗口标题
win.iconbitmap("./image/rabbit16px.ico")      #设置窗口图标
win.geometry ('300×200')                      #设置窗口大小为 300×200
win.resizable (width = False, height = True)  #设置窗口宽和高是否可以变化
```

```
#win.resizable (True, False) 语句也可以设置窗口宽和高是否可以变化
win.mainloop()                                          #启动事件循环
```

程序的运行结果如图 11-1 所示。

图 11-1　窗口的创建与属性设置实例程序运行结果

11.2　tkinter 的布局管理

"例 11-1 创建的窗口中没有组件，如何在其中添加其他组件?" 大智问道。

"另外，怎么在窗口中摆放添加的组件?" 小明也问道。

"这要学习如何布局，tkinter 提供了 pack、gird 和 place 3 种布局管理器，它们规定了组件在容器中的摆放方法。" help 小精灵答道。

11.2.1　pack 方位布局

"该布局是通过 '<组件>.pack（参数组）' 函数来摆放<组件>的，参数的含义见表 11-2，默认是把<组件>放在容器最上面的中间位置，然后依次向下排列。" help 小精灵介绍道。

表 11-2　pack( ) 函数的参数含义

参 数 名	含 义 描 述
side	组件在容器中的停靠位置，取值为 LEFT、TOP、RIGHT、BOTTOM，或"left""top""right""bottom"，分别代表左、上、右、下，默认值是 TOP
anchor	组件在空间中的对齐方式，取值为 E、S、W、N 和 CENTER，或"e""s""w""n"和"center"，分别代表东（右）、南（下）、西（左）、北（上）和中间，当然还可以混合取值，如"ne""se""nw""sw"分别代表东北、东南、西北、西南，默认值是 CENTER
fill	组件如何填充 pack 分配给自己的空间，取值为 X、Y、BOTH 和 NONE，或"x""y""both"和"none"，分别代表水平填充、垂直填充、水平且垂直填充和不填充，默认值是 NONE
expand	组件是否扩展到容器的整个空白区，YES 扩展，NO 不扩展，默认值是 NO
ipadx 和 padx	水平方向上的内边距和外边距，默认边距是 0
ipady 和 pady	垂直方向上的内边距和外边距，默认边距是 0

【例 11-2】 pack 方位布局的程序实例，程序源代码如下：

```
#pack 方位布局测试：n1102packLayout. py
from tkinter import *
win = Tk( )                                                    #创建窗口 win
win. title( "pack 方位布局测试" )                               #设置窗体 win 的标题
win. iconbitmap( ". /image/rabbit16px. ico" )                  #设置窗体 win 的图标
win. geometry('550x200')                                       #设置窗口 win 的大小
b1 = Button( win, text = 'b1:上位、上对齐、不扩展大小、X 填充')   #在 win 中创建 b1 按钮
b1. pack( side = TOP, anchor = N, expand = NO, fill = X)       #设置 b1 的方位布局
b2 = Button( win, text = 'b2:下位、右对齐、不扩展大小、默认不填充') #在 win 中创建 b2 按钮
b2. pack( side = BOTTOM, anchor = E, expand = NO)              #设置 b2 的方位布局
b3 = Button( win, text = 'b3:左位不扩展 Y 填充')                #在 win 中创建 b3 按钮
b3. pack( side = LEFT, expand = NO, fill = Y)                  #设置 b3 的方位布局
b4 = Button( win, text = 'b4:右位不扩展 Y 填充')                #在 win 中创建 b4 按钮
b4. pack( side = RIGHT, expand = NO, fill = Y)                 #设置 b4 的方位布局
b5 = Button( win, text = 'b5:右位中对齐扩展 BOTH 填充')         #在 win 中创建 b5 按钮
b5. pack( side = RIGHT, anchor = CENTER, expand = YES, fill = BOTH) #设置 b5 的方位布局
b6 = Button( win, text = 'b6:下位扩展不填充')                   #在 win 中创建 b6 按钮
b6. pack( side = BOTTOM, expand = YES, fill = NONE)            #设置 b6 的方位布局
Button( win, text = '默认值'). pack( )                          #创建按钮、采用默认布局
win. mainloop( )                                               #启动事件循环
```

程序的运行结果如图 11-2 所示。

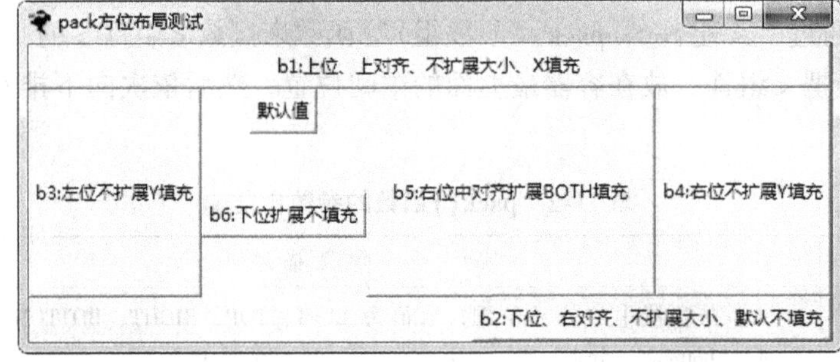

图 11-2　pack 方位布局实例的运行结果

"例 11-2 中的每个 Button（按钮）的 text（标题）属性已经注明了该按钮的布局方式。" help 小精灵提醒道。

"是啊，运行时 fill 属性为 X、Y、BOTH 的按钮会随窗口的大小而改变其宽度或者高度或者全部改变。" 小明测试后发现 fill 属性的特点。

11.2.2　gird 网格布局

"gird 是网格布局，它将容器分成一个若干行和若干列的二维表格，通过' <组件>.

gird（参数组）' 函数将组件放置在其中的某个单元中，其参数的含义见表11-3。" help小精灵继续介绍道。

表11-3 gird()函数的参数含义

参数名	含义描述
row	组件放置的行位置，从0开始算起，默认为上一个占领的行位置
column	组件放置的列位置，从0开始算起，默认为0列
rowspan	设置组件纵向跨越的行数
columnspan	设置组件横向跨越的列数
sticky	设置组件在单元格中的对齐方式，取值为E、S、W和N，或"e""s""w"和"n"，分别代表东（右）、南（下）、西（左）和北（上）；还可以混合取值，如NE、SE、NW、SW、N+S、E+W、N+E+S+W分别代表东北、东南、西北、西南、垂直方向拉升且保持水平中间对齐、水平方向拉升且保持垂直中间对齐、水平方向和垂直方向拉升的方式填充单元格，默认值是中间
ipadx和padx	水平方向上的内边距和外边距，默认边距是0
ipady和pady	垂直方向上的内边距和外边距，默认边距是0

小明和大智尝试设计了一个简单计算器的界面实例。

【例11-3】 用gird布局实现简单计算器的按钮界面。

分析：简单计算器有16个按钮，可以用网格布局来实现，按钮Button的text、width和height等属性分别表示按钮的标题、宽度和高度，程序源代码如下：

```
#gird 网格布局测试：n1103gridLayout. py
from tkinter import *
win = Tk()
win. title ("用 gird 实现计算器界面")
lst = list ("123 +456 -789 *0. =/")                     #用列表保存按钮标题
index =0
#用二重循环将16个按钮分成4行4列放在网格中
for i in range (4):
  for j in range (4):
    ch = lst [index]                                    #获取按钮的标题
    index += 1                                          #列表序号 +1
    btn = Button (win, text = ch, width = 10, height = 3)   #创建按钮
    btn. grid (row = i, column = j, sticky = W)         #按钮网络布局
win. mainloop()
```

程序的运行结果如图11-3所示。

用gird实现计算器界面

1	2	3	+
4	5	6	-
7	8	9	*
0	.	=	/

图 11-3　gird 布局实例的运行结果

11. 2. 3　place 坐标布局

“可不可以精确给出每一个组件在容器中的坐标位置和大小?” 大智问道。

“可以利用 place 坐标布局来实现，它通过 <组件>. place（参数组）函数实现组件在容器中的定位，其参数的含义见表 11-4。” help 小精灵答道。

表 11-4　place( ) 函数的参数含义

参数名	含义描述
x 和 y	设置组件在容器中的坐标位置，默认单位为像素
width 和 height	设置组件的宽度和高度，默认单位为像素
relx 和 rely	按与容器的宽度和高度的比例来设置组件的坐标位置，在 0.0 ~ 1.0 中取值
relwidth 和 relheight	按与容器的宽度和高度的比例来设置组件的宽度和高度，在 0.0 ~ 1.0 中取值
anchor	设置组件在容器中的对齐方式，取值为 E、S、W、N 和 CENTER，或 "e" "s" "w" "n" 和 "center"，分别代表东（右）、南（下）、西（左）、北（上）和中间；还可以混合取值，如 NE、NW、SE、SW 分别代表东北、西北、东南、西南

help 小精灵给出了 place 布局的程序实例。

【例 11-4】 用 place 布局设计一个用户登入窗口，程序源代码如下：

```
#place 坐标布局测试：n1104placeLayout. py
from tkinter import *
win = Tk()
win. title ("place 坐标布局测试")                    #设置窗口标题
win. geometry('280x200')                            #设置窗口大小
win. resizable(False,False)                         #设置窗口大小不变
lb1 = Label(win,text = "账号:")                     #创建"账号:"提示标签
```

```
lb1.place(x=45,y=38,width=25,height=25,anchor=NW)         #设置标签的位置、大小和对齐方式
en1=Entry(win)                                             #创建输入框对象en1
en1.place(x=78,y=38,width=150,height=25,anchor=NW)        #设置输入框的位置、大小和对齐
                                                            方式
lb2=Label(win,text="密码:")                                #创建"密码:"提示标签
lb2.place(x=45,y=86,width=25,height=25,anchor=NW)         #设置标签的位置、大小和对齐
                                                            方式
en2=Entry(win,show="*")                                    #创建输入框,输入密码时显示
                                                            "*"号
en2.place(x=78,y=86,width=150,height=25,anchor=NW)        #设置输入框的位置、大小和对齐
                                                            方式
bt1=Button(win,text="登录")                                #创建"登录"按钮
bt1.place(x=95,y=130,anchor=NW)                            #设置按钮的位置和对齐方式
bt2=Button(win,text="取消")                                #创建"取消"按钮
bt2.place(x=150,y=130,anchor=NW)                           #设置按钮的位置和对齐方式
win.mainloop()
```

程序的运行结果如图 11-4 所示。

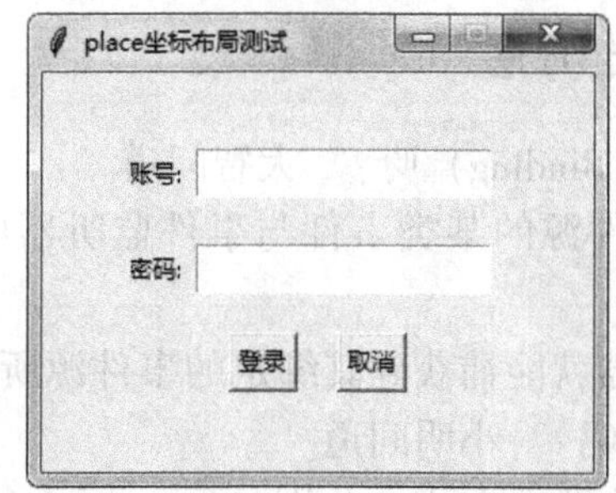

图 11-4　place 布局实例的运行结果

“以上窗体并不复杂，但因为要详细给出每个组件在窗体中的位置和大小，所以代码很长。”小明说道。

“是的，由于窗体中组件的大小和位置是固定的，它们不会随窗口的变化而改变，因此该布局有很多局限性，一般很少使用。”help 小精灵说道。

11.3　tkinter 的事件处理

“听说 tkinter 窗体程序的主要特点是提供了强大的事件处理机制，请问什么是事件处理?”大智问道。

11.3.1　事件处理的相关概念

“要理解 tkinter 的事件处理机制，必须先掌握表 11-5 中的事件、事件源、事件监听

器，以及事件监听器中的事件处理方法等内容。”help 小精灵说道。

表 11-5 事件处理的相关概念

事件元素	概念含义描述
事件（event）	是指在某种场景中某种对象发生的行为。例如，上课铃响、股票上涨、用户单击按钮、鼠标移动、键盘按下等
事件源（event source）	是指产生事件的对象。例如，上述事件中的学校铃、股票、按钮、鼠标、键盘等
事件监听器（event handler）	又称事件处理者，指当事件发生后，用来执行相关的事件处理方法的对象。例如，关注上课铃的老师和学生、关注股票涨跌的股民
事件处理方法（event method）	也叫事件处理函数，指事件监听器执行的方法。如老师或者学生听到上课铃进入教室上课，股民看到股票涨跌时买或卖股票

“tkinter 中包含的组件都是事件源吧？前面介绍的窗口实例中都用 mainloop( ) 方法启动事件循环，并且处理事件源触发的事件（如鼠标单击按钮），对吗？”小明问道。

“它们都是事件源，但要处理触发的事件，还必须先进行事件绑定。”help 小精灵答道。

11.3.2 tkinter 的事件绑定方法

“什么是事件绑定（Event Binding）呀？”大智问道。

“事件绑定是指将某类事件源的某类事件与事件监听器中的某事件处理函数建立联系。”help 小精灵答道。

“事件绑定后，事件监听器就能捕获到其绑定的事件源所发出的事件，并自动执行该事件相关的事件处理函数，对吗？”小明问道。

“是的，tkinter 提供了 4 种绑定方式，分别是 command 参数绑定、bind( ) 函数绑定、bind_class 函数绑定和 bind_all 函数绑定。”help 小精灵答道。

“绑定前要先定义好事件处理函数吧？事件处理函数有什么特点？”大智问道。

“是的，除了与 command 参数绑定的事件处理函数，其他事件处理函数都包含 event（事件对象）参数，请看其语法格式。”help 小精灵答道。

```
def <事件处理函数名>(event):
    <函数内容>
```

“另外，如果该事件处理函数是类的成员函数，则还要包含 self 参数，其语法格式如下。”help 小精灵补充到。

```
def <事件处理函数名>(self,event):
    <函数内容>
```

“那我们来学习这 4 种绑定方式吧？”大智说道。

1. 使用 command 参数绑定事件

“该方式是在创建组件对象时，设置组件对象的 command 参数值来绑定事件处理函数，请看如下格式。”help 小精灵介绍道。

格式：**<组件对象> = <组件类>（<容器对象>，command = <事件处理函数>）**

“如果想创建按钮 b，并且将鼠标左键单击 b 的事件与 clickhandler( ) 函数绑定，其代码怎么写？”小明问道。

“是 b = Button（win，text = '按钮'，command = clickhandler），这样当按钮 b 被单击时会执行 clickhandler( ) 函数”help 小精灵答道。

于是，小明他们共同设计了一个鼠标左键单击按钮的事件处理程序。

【例 11-5】 使用 command 参数绑定鼠标左键单击按钮的事件处理函数。

分析：可以在窗口中放一个按钮和一个标签，按钮绑定事件处理函数 clickhandler( )，用户用鼠标左键单击按钮后，修改按钮和标签的 text 属性值分别为诗词的标题和内容，代码如下：

```
#事件绑定测试:n1105commandTest.py
from tkinter import *
#定义事件处理函数
def clickhandler():
  b1.config(text="武江夜色(鹧鸪天·晏几道体)")            #修改按钮 b1 的标题
  l1.config(text=sc)                                   #配置标签 l1 的 text 属性值
#以下是主程序代码
win=Tk()                                               #创建窗口对象
win.title("command 参数绑定实例")                       #设置窗口的标题
win.geometry('200x150')                                #设置窗口的大小
win.config(background="white");                        #设置窗口的背景色为白色
b1=Button(win,text="单击我呀",command=clickhandler)    #创建按钮,并绑定事件处理函数
sc="""
文/红尘笠翁:
夏日沙汀起暖风,路灯点亮映江红。
江心七八拍浮客,河畔零星垂钓翁。
蛙声密、曲音浓。大妈挥袖舞长空。
星光渔火江中聚,柳树游人月夜逢。
"""
l1=Label(win,text="")                                  #创建标签 l1
l1.config(background="white");                         #设置标签的背景色为白色
b1.pack()                                              #设置按钮 b1 的方位布局
l1.pack()                                              #设置标签 l1 的方位布局
win.mainloop()                                         #启动事件循环
```

程序的运行结果如图 11-5 和图 11-6 所示。

2. 使用 bind( ) 函数绑定事件

“如果组件对象已经创建了，怎么绑定事件处理函数？”小明问道。

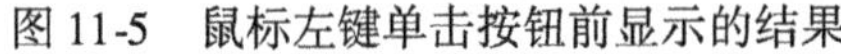
图 11-5　鼠标左键单击按钮前显示的结果

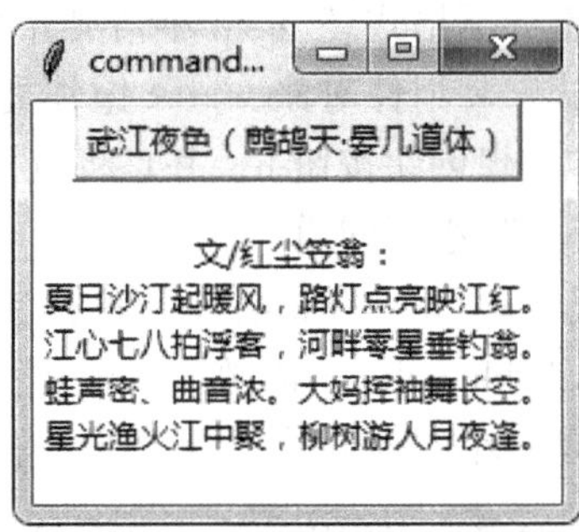

图 11-6　鼠标左键单击按钮后显示的结果

“可以用 bind( ) 函数来绑定，其语法格式如下。” help 小精灵答道。

格式：**<组件对象>.bind** ('**<事件类型>**', **<事件处理函数>**[,add="|'+']）

“其中，参数 add 的默认值为"，表示用该事件处理函数替代原来绑定的函数；如果为‘+’，则将该事件处理函数添加到事件处理队列中。” help 小精灵补充道。

“假如已有语句 b = Button (win, text ='按钮')，如何将按钮 b 的鼠标左键单击事件与处理函数 clickhandler( ) 绑定？” 大智问道。

“可以用 b. bind ('<Button-1>', clickhandler) 语句实现，其中 <Button-1> 代表鼠标左键事件。” help 小精灵介绍道，大家修改了例 11-5 的代码，设计了使用 bind( ) 方法绑定鼠标左键单击按钮的事件处理函数实例，见例 11-6。

【例 11-6】 使用 bind( ) 函数绑定鼠标左键单击按钮的事件处理函数实例。

分析：可以在窗口中放一个按钮和一个标签，使按钮绑定事件处理函数 clickhandler (event)，用户的鼠标左键单击按钮后，修改按钮和标签的 text 属性值分别为新诗词的标题和内容，代码如下：

```
#事件绑定测试：n1106bindTest.py
from tkinter import *
#定义事件处理函数
def clickhandler(event):
    b1.config(text="惬意人生(七律·平水韵)")                #修改按钮 b1 的标题
    l1.config(text=sc)                                      #配置标签 l1 的 text 属性值
#以下是主程序代码
win=Tk()                                                    #创建窗口对象
win.title("bind()方法绑定实例")                             #设置窗口的标题
win.geometry('200×150')                                     #设置窗口的大小
win.config(background="white");                             #设置窗口的背景色为白色
sc="""
文/红尘笠翁：
放下红尘爱作舟,交心难遇四时愁。
晨迎金虎东方出,夜伴婵娟浩宇游。
雨喜风舒传畅泰,谷黄果熟显丰收。
```

```
田园漫步寻诗韵,野径休闲养寸眸。
"""
b1 = Button(win,text = "单击我呀")                    #创建按钮对象 b1
b1.bind('<Button-1>',clickhandler)                    #b1 绑定事件处理函数
l1 = Label(win,text = "")                             #创建标签 l1
l1.config(background = "white");                      #设置标签的背景色为白色
b1.pack()                                             #设置 b1 的方位布局
l1.pack()                                             #设置标签 l1 的方位布局
win.mainloop()
```

程序的运行结果如图 11-7 所示。

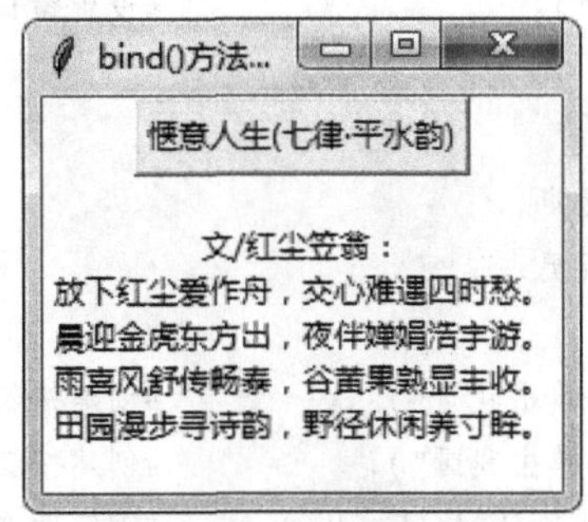

图 11-7　鼠标左键单击按钮后显示的结果

3. 使用 bind_class()函数绑定事件

“如果想把一个事件处理函数绑定多个组件，怎么实现?”小明问道。

“可以用 bind_class()函数将一个事件处理函数绑定一类组件，其语法格式如下，其中可选参数 add 的含义同前面相同。”help 小精灵答道。

格式：**<组件对象>. bind_class**（'**<组件类>**', '**<事件类型>**', **<事件处理函数>** [, add = "|‘+’])

例如，将整个按钮类 Button 的鼠标左键单击事件 <Button-1>与处理函数 clickhandler()绑定的代码如下。

```
b = Button(win,text = '按钮')
b.bind_class ('Button', '<Button-1>', clickhandler)
```

“以上语句不是只绑定单个按钮 b 吗?”大智问道。

“不是，而是绑定按钮的所有对象，我们来修改例 11-6 的代码，设计用 bind_class()方法绑定所有按钮的鼠标左键单击事件实例，见例 11-7。”help 小精灵说道。

【例 11-7】 用 bind_class()方法绑定所有按钮的鼠标左键单击事件实例。

分析：可以在窗口中放两个按钮和一个标签，所有按钮都绑定事件处理函数 clickhandler（event），不管用户在哪个按钮上单击，都会执行该事件处理函数，修改按钮和标签的 text 属性值分别为新诗词的标题和内容，代码如下：

```
#事件绑定测试：n1107bind_classTest.py
from tkinter import *
#定义事件处理函数
def clickhandler(event):
    b1.config(text="离别(七绝·平水韵)")                  #修改按钮 b1 的标题
    l1.config(text=sc)                                   #配置标签 l1 的 text 属性值
#以下是主程序代码
win=Tk()                                                 #创建窗口对象
win.title("bind_class()方法绑定实例")                    #设置窗口的标题
win.geometry('200x150')                                  #设置窗口的大小
win.config(background="white");                          #设置窗口的背景色为白色
sc="""
文/红尘笠翁：
柳欲留情花落絮，浮云缥缈水无声。
倚窗目送伊人去，夜枕黄粱数五更。
"""
b1=Button(win,text="按钮 1：单击我呀")                   #创建按钮对象 b1
b2=Button(win,text="按钮 2：单击我呀")                   #创建按钮对象 b2
b1.bind_class('Button','<Button-1>',clickhandler)        #绑定所有按钮
l1=Label(win,text="")                                    #创建标签 l1
l1.config(background="white");                           #设置标签的背景色为白色
b1.pack()                                                #设置 b1 的方位布局
b2.pack()                                                #设置 b2 的方位布局
l1.pack()                                                #设置标签 l1 的方位布局
win.mainloop()
```

程序的运行结果如图 11-8 和图 11-9 所示。

图 11-8　鼠标左键单击按钮前显示的结果

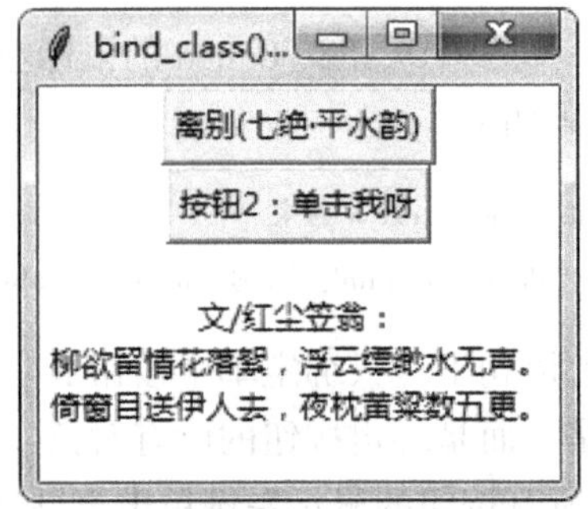

图 11-9　鼠标左键单击按钮 1 或按钮 2 后显示的结果

4. 使用 bind_all()函数绑定事件

“有没有更广的绑定？例如绑定所有类型的组件？”小明问道。

“bind_all()函数可以绑定所有类型的组件，其语法格式如下。”help 小精灵说道。

格式：<组件对象>.**bind_all**（'<**事件类型**>'，<**事件处理函数**> [, add = "|'+']）

例如，将窗体 win 中所有组件的鼠标左键单击事件<Button-1>与 clickhandler 事件处理函数绑定的代码如下：

```
win = Tk( )
win. bind_all ('<Button-1>', clickhandler)
```

于是，大家用窗口、按钮和编辑框等组件设计了以下实例。

【例 11-8】 用 bind_all( )方法绑定窗体 win 中所有组件的鼠标左键单击事件的实例。

分析：可以在窗口中放一个按钮和一个编辑框，窗体中的所有组件都绑定事件处理函数 clickhandler（event），用户单击任何按钮都会执行该事件处理函数，修改按钮 text 属性值为诗词的标题，并且将诗词的内容插入到编辑框中，代码如下：

```
#事件绑定测试:n1108bind_allTest. py
from tkinter import *
#定义事件处理函数
def clickhandler(event):
    b1. config(text = "凉亭听雨( 五律・平水韵)")        #修改按钮 b1 的标题
    st. insert(END,sc)                              #插入内容到 st 的最后
#以下是主程序代码
win = Tk()                                          #创建窗口对象
win. title("bind_all()方法绑定实例")                  #设置窗口的标题
win. geometry('200x150')                             #设置窗口的大小
win. config(background = "white");                   #设置窗口的背景色为白色
win. bind_all('<Button-1>',clickhandler)             #绑定所有组件
sc = """
文/红尘笠翁:
亭静听风雨,千丝奏万弦。
凡尘音洗净,山色雾添鲜。
往事随云去,浮华伴境迁。
鸟鸣林密处,韵起暖心田。
"""
b1 = Button(win,text = "单击我呀")                    #创建按钮对象 b1
st = Text(win,width = 25,height = 8)                 #创建 25*8 的编辑框 st
st. config(fg = 'blue',font = '楷体',bd = 3)          #设置编辑框 st 的属性
b1. pack()                                           #设置 b1 的方位布局
st. pack()                                           #设置编辑框 st 的方位布局
win. mainloop()
```

程序的运行结果如图 11-10 所示。

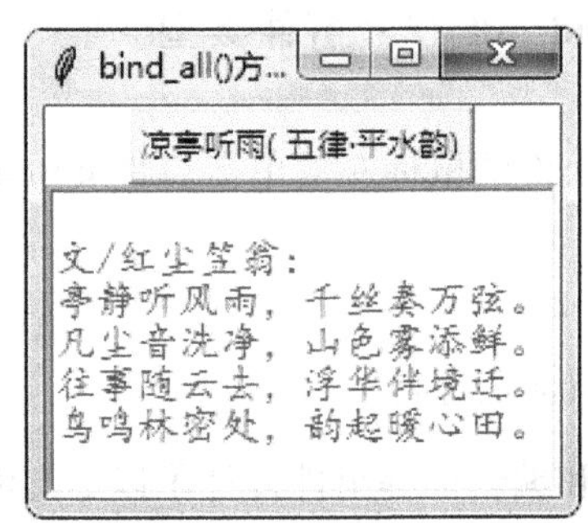

图 11-10　鼠标左键单击按钮后的显示结果

11.3.3　tkinter 的常用事件类型

“前面的实例中使用的都是鼠标左键单击事件 < Button-1 >，现在介绍一点其他类型的事件吧。”大智建议道。

“好的，tkinter 通常用尖括号内的字符串表示事件类型，下面介绍几种常用的事件类型吧。”help 小精灵说道。

1. 鼠标事件

“鼠标事件主要有鼠标单击、鼠标双击、鼠标按下和鼠标释放，tkinter 分别用 < Button-n >、< Double – Button-n >、< ButtonPress-n > 和 < ButtonRelease-n > 表示，其中 n 的取值为 1、2 和 3，分别代表鼠标的左键、中键和右键。”help 小精灵继续说道。

“另外，鼠标进入组件（放到组件上面）和鼠标移出组件的事件是用 < Enter > 和 < Leave > 表示吗?”小明问道。

“还有，鼠标拖动（即按下并移动鼠标）是用 < Bn – Motion > 表示吧?”大智也问道。

“你们都对，其中鼠标拖动事件的 Bn 的取值为 B1、B2 和 B3，分别代表鼠标的左键、中键和右键，另外 < MouseWheel > 表示鼠标滚轮滚动事件。”help 小精灵答道。

2. 键盘事件

“键盘任意键的按下事件用 < Key >（或 < KeyPress >）表示，松开事件用 < KeyRelease > 表示，当然也可以指明哪些键按下或松开，如 < KeyPress-A > 表示 A 键按下。”help 小精灵介绍道。

“特殊键的键名怎么表示?如 Esc、F1、F2、...、F12、Tab、Shift + 字符、Ctrl + 字符、Alt + 字符、Delete、BackSpace、Home、NumLock、左键、右键、上键、下键、< Enter > 键和空格键等。”大智问道。

“它们的键名分别用 < Escape >、< F1 >、< F2 >、...、< F12 >、< Tab >、< Shitf-字符 >、< Control-字符 >、< Alt-字符 >、< Delete >、< BackSpace >、< Home >、< Num_Lock >、< Left >、< Right >、< Up >、< Down >、< Return > 和 < space > 表示。”help 小精灵答道。

“这些键可以组合使用吗?”小明问道。

“可以，如 < Control-C > 表示 Ctrl + C 键，< Control-Shift-Alt-KeyPress-A > 表示同时按下 Ctrl、Shift、Alt 和 A4 个键，< Control-KeyRelease-A >，表示同时松开 Ctrl 和 A 键。”

help 小精灵答道。

3. 组件事件

“除了键盘和鼠标会产生事件，如果组件的大小、属性和状态等发生改变也会产生事件，常见的组件事件见表 11-6。” help 小精灵介绍道。

表 11-6　常见的组件事件

事 件 名	含 义 描 述
< Configure >	组件大小改变，新的组件大小会存储在事件 event 对象中
< Property >	组件属性发生改变
< Visibility >	组件变为可视状态
< Activate >	组件从不可用变为可用
< Deactivate >	组件从可用变为不可用
< Map >	组件从隐藏状态变为显示状态
< Unmap >	组件从显示状态变为隐藏状态
< Expose >	组件从被遮挡状态变为暴露状态
< FocusIn >	组件获得焦点
< FocusOut >	组件失去焦点
< Destroy >	组件被销毁时

11.3.4　tkinter 的事件对象 event

“事件对象（event）有什么用?” 小明问道。

“可以利用 event 的属性来获取事件的相关信息，event 常见属性见表 11-7。” help 小精灵答道。

表 11-7　事件对象 event 的常见属性

属 性 名	含 义 描 述
widget	事件源，即产生该事件的组件
type	事件类型
x,y	当前鼠标的位置，以像素 px 为单位
x_root，y_root	当前鼠标相对于上层框架的位置
num	鼠标的按钮编号，1、2 和 3 分别表示左键，中键，右键
char	键盘按键的可见字符名，只有键盘事件才有，string 类型
keysym	键盘按键的名称，只有键盘事件才有
keycode	键盘按键的编码，只有键盘事件才有
keysym_num	键盘按键的数字代码，只有键盘事件才有
width,height	组件新尺寸，只有 Configure 事件才有，以像素 px 为单位

help 小精灵给出了以下程序实例。

【例 11-9】 获取键盘按键按下事件相关信息的实例。

分析：可以在窗口中放一个标签，键盘按键绑定事件处理函数 keyhandler（event），用户按下键后，修改标签的 text 属性值为按键的相关信息，代码如下：

```
#事件类型测试：n1109keyTest. py
from tkinter import *
#键盘按下事件处理函数
def keyhandler(event):
    s = f"可见字符:{event. char}\n"
    s = s + f"键名:{event. keysym}\n"
    s = s + f"键码:{event. keycode}\n"
    s = s + f"键数字代码:{event. keysym_num}\n"
    lb1. config(text = s)                    #配置标签 lb1 的 text 属性值
#以下是主程序代码
win = Tk()
win. title("Key 事件类型实例")
win. geometry('200x100')
lb1 = Label(win,text = "标签")
win. bind(" <Key> ",keyhandler)           #win 绑定键盘按下事件处理函数
lb1. pack()                               #lb1 的方位布局
win. mainloop()
```

程序的运行结果如图 11-11 所示。

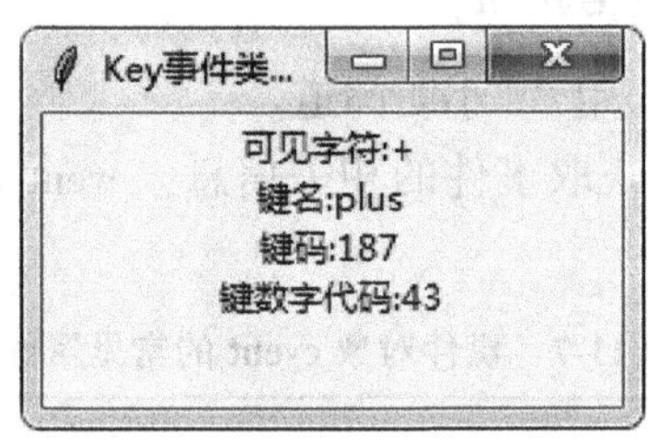

图 11-11　用户按下“+”键的运行结果

11.4　tkinter 的常用组件

“布局管理和事件处理的基础知识学完了，我们现在来学习 tkinter 的常用组件吧，它们是构造窗体程序的基本部件。”help 小精灵建议道。

11.4.1　tkinter 的容器组件

“容器是可以包装其他组件的组件吧？前面介绍的 Tk 窗体中可以放按钮、文本框和标签等其他组件。”小明问道。

“是的，Tk 是顶层容器，它是应用程序的主窗口，是最外层的容器，它不依赖于其他组件，可以独立存在。”help 小精灵答道。

“tkinter 中还有其他容器吗？”大智问道。

"除了 Tk 外，还有 Frame 框架、LabelFrame 框架和 Toplevel 顶级窗等常用容器，下面分别介绍它们。" help 小精灵答道。

1. 普通框架 Frame

"Frame 也是承载放置其他组件的容器，可用它将窗体分成不同的区域，把功能相关的组件放在其中，它不独立存在，它通常被放在 Tk 窗体中，类似于 Java 语言中的 JPanel 面板。" help 小精灵介绍道。

"Tk 窗体中的每个 Frame 区域可以采用不同的布局吗?" 小明问道。

"可以的，可以嵌套组合使用 Frame，实现窗体的灵活布局，创建 Frame 对象的语法格式如下。" help 小精灵答道。

格式：**对象名 = Frame（父窗口，属性 1 = 值 1，…，属性 n = 值 n）**

"应该有 width（宽度）和 height（高度）属性吧?" 大智问道。

"是的，还有 padx（水平内边距，即内容和边框的水平间距）、pady（垂直内边距，即内容和边框的垂直间距）、bg（边框背景色）、bd（边框线宽）和 relief（边框样式，默认值是 GROOVE，还可以设置为 FLAT、SUNKEN、RAISED 或 RIDGE 样式）等属性。例如，语句 f1 = Frame（win，width = 200，height = 200，bg = "yellow"，padx = 3，pady = 3，bd = 10，relief = RIDGE）是在 win 窗口中创建一个宽度和高度为 200 像素、背景色为黄色、水平和垂直内边距为 3 像素、线宽为 10 像素、边框样式为 RIDGE 的普通框架。" help 小精灵答道。

2. 标签框架 LabelFrame

"LabelFrame 与 Frame 有什么不同?" 大智问道。

"LabelFrame 默认带边框，且多了 text（边框文本）、font（文本字体）、fg（文字颜色）和 labelanchor（文字位置）等属性，其中 labelanchor 的默认值是"nw"，其标签文字的位置如图 11-12 所示。" help 小精灵答道。

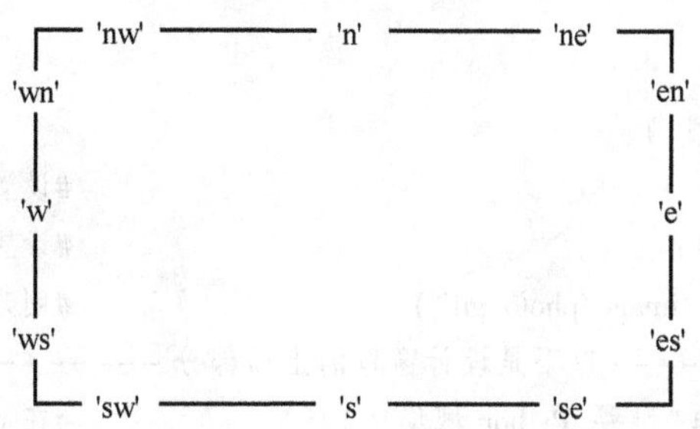

图 11-12 标签文字的位置

help 小精灵给出了以下创建 LabelFrame 对象的格式。

格式：**对象名 = LabelFrame（父窗口，属性 1 = 值 1，…，属性 n = 值 n）**

"例如，语句 f1 = LabelFrame（win，width = 200，height = 200，bg = "yellow"，bd = 10，text = "飞船"，fg = "red"，font = "楷体"，labelanchor = "n"）是在 win 窗口中创建一个宽度和高度为 200 像素、背景色为黄色、线宽为 10 像素、边框文字为"飞船"、文字颜色为红色、字体为楷体、文字位置在正北方向的标签框架。" help 小精灵继续介绍道。

小明和大智想到他们经常乘坐的交通工具飞船，于是设计了以下程序实例。

【例 11-10】 用 Frame 和 LabelFrame 框架设计一个显示飞船图像的程序实例，程序的运行结果如图 11-13 所示。

图 11-13　用户单击按钮的运行结果

分析：该实例的主窗口 Tk 包含上下两个子窗口，上窗口放置飞船图像，且带边框文本，所以用 LabelFrame 框架比较适合；下窗口用 Frame 框架比较适合，因为它包含了一个按钮，该按钮绑定了一个显示飞船图像的事件处理函数，程序代码如下：

```
#容器控件测试：n1110FrameTest. py
from tkinter import *
#按钮单击的事件处理函数
def clickhandler(event):
    l1. config(image = img,width = 200,height = 160,compound = "center") #显示图像
#以下为主程序代码
win = Tk()
win. title("Frame 框架实例")
win. geometry('280x280')                                       #设置主窗口的宽和高
#win. config(bg = "white");                                    #设置主窗口的背景色为白色
img = PhotoImage(file = "./image/photo. gif")                  #创建图像对象 img
#--------------------以下是设计窗口的上面部分--------------------------
f1 = LabelFrame(win,text = "拜拜,Python 城堡!")                #在 win 中创建标签框架窗口 f1
f1. config(bg = "white")                                       #设置 f1 的背景色为白色
f1. pack(side = TOP,expand = YES,fill = BOTH,padx = 10,pady = 10) #上方、扩展和填充、外边距为 10
l1 = Label(f1,bg = "white",padx = 3,pady = 3)                  #在 f1 窗口中创建白色标签对象
l1. pack(side = TOP,anchor = CENTER)                           #l1 停靠在 f1 上方的中间位置
#--------------------以下是设计窗口的下面部分--------------------------
f2 = Frame(win,bg = "yellow")                                  #在 win 中创建普通框架窗口 f2
f2. pack(side = BOTTOM,expand = NO,fill = X,padx = 10,pady = 10) #下方、不扩展、X 填充,外边距 10
b1 = Button(f2,text = "显示图像")                               #在 f2 窗口中创建按钮对象 b1
```

```
b1.bind('<Button-1>',clickhandler)                 #b1 绑定事件处理方法 clickhandler
b1.pack(side=BOTTOM,fill=NONE,pady=10)             #停在 f2 下方、不填充、上下外边距 10
win.mainloop()
```

3. 顶级窗口 Toplevel

"Toplevel 也是一个独立的顶级窗口吗？它同根窗口 Tk 有什么不同？"大智问道。

"Tk 用于创建主窗口，而 Toplevel 用于创建对话框或子窗口，它类似于弹出窗口，创建 Toplevel 对象的格式如下。"help 小精灵答道。

格式：**对象名 = Toplevel()**

"它具有与 Tk 相似的属性和成员函数吧？"小明问道。

"是的，同根窗口 Tk 差不多，表 11-8 列出了其主要的成员函数。"help 小精灵说道。

表 11-8 窗口 Toplevel 包含的主要函数

函数名	功能描述	实例
title ("窗口标题")	设置窗口的标题	win.title ("第一个窗口程序")
iconbitmap ("图标路径")	设置窗口的图标	win.iconbitmap (bitmap = "python.ico")
geometry("宽度 x 高度 + 横坐标 + 纵坐标")	设置窗口大小和位置。注意，宽高之间是字母 x，不是乘号 *	win.geometry("200x100+50+50")
resizable (width = 逻辑值, height = 逻辑值) 或 resizable (逻辑值，逻辑值)	指定窗口的宽度和高度是否可以改变，True 为可变，False 为不可变	win.resizable (width = True, height = False)
iconify()	将窗口图标化（最小化）	win.iconify()
deiconify()	将图标化的窗口恢复显示	win.deiconify()
update()	刷新窗口	win.update()
destroy()	销毁窗体	win.destroy()
attributes(* args)	设置或获取窗口属性，参数 args 的取值有 alpha（透明度，值为 0.0 至 1.0 之间）、disabled（是/否禁用，值为 True 或 False）、fullscreen（是/否全屏显示，值为 True 或 False）、topmost（是/否永远置顶，值为 True 或 False）、modified（是/否改动过）、toolwindow（是/否采用工具窗口样式）、titlepath（窗口代理图标的路径）	win.attributes ("-alpha", 0.5) #窗口半透明
overrideredirect(boolean = None)	如果参数为 True，则忽略窗口的标题栏和边框等部件	win.overrideredirect(True)
transient(win = None)	指定子窗口为 win 的临时窗口	sub.transient (win)
protocol(name = None, func = None)	将事件处理函数 func 与相应的规则 name 绑定，name 参数的值有"WM_DELETE_WINDOW"（窗口被关闭的时候）、"WM_SAVE_YOURSELF"（窗口被保存的时候）、"WM_TAKE_FOCUS"（窗口获得焦点的时候）	win.protocol ("WM_DELETE_WINDOW", deleteWin)

大家设计了一个实例来测试以上若干函数。

【例 11-11】 Toplevel 窗口的应用实例。

功能：本实例用 Toplevel 创建一个根窗口，其中包含一个标题为“创建子窗体”的按钮，如果用户单击该按钮，则调用事件处理函数创建一个半透明的子窗口；如果用户关闭根窗体，则弹出消息框询问是否真的关闭，程序的运行结果如图 11-14 所示。

图 11-14 用户单击按钮 3 次再关闭根窗口的运行结果图

分析：根窗口用 geometry( ) 方法设置其居中显示，子窗口可以用事件处理函数调用 Toplevel( ) 方法创建，并用 attributes( ) 方法设置其属性为半透明和工具窗口样式。另外，关闭根窗体时弹出的消息框用消息对象的 askokcancel( ) 方法来实现，程序代码如下：

```
#容器控件测试：n1111ToplevelTest.py
from tkinter import *                              #导入 tkinter 模块中的对象
import tkinter.messagebox as ms                    #导入消息框对象
#定义按钮的事件处理函数
def createToplevel():
    top = Toplevel()                               #创建 Toplevel 子窗口 top
    top.title("子窗体")                             #设置 top 的窗口标题
    top.attributes("-alpha",0.5)                   #设置 top 为半透明度
    top.attributes("-toolwindow",True)             #设置 top 为工具窗口样式
#定义关闭根窗口的事件处理函数
def deleteWin():
    if ms.askokcancel("关闭窗体","您真的要关闭窗体吗?"):
        win.destroy()                              #销毁窗口
```

```
#以下是主程序代码
win = Tk()
win.title("Toplevel 容器实例")                                    #设置根窗口 win 的标题
winWidth = 200                                                    #定义根窗口宽度
winHeight = 100                                                   #定义根窗口高度
screenWidth = win.winfo_screenwidth()                             #获取屏幕宽度
screenHeight = win.winfo_screenheight()                           #获取屏幕高度
x = int((screenWidth - winWidth) / 2)                             #计算根窗口 x 坐标
y = int((screenHeight - winHeight) / 2)                           #计算根窗口 y 坐标
win.geometry("%sx%s+%s+%s"%(winWidth,winHeight,x,y))              #设置根窗口大小和位置
win.resizable(False,False)                                        #设置根窗口 win 为大小不可变
win.attributes("-topmost",True)                                   #设置根窗口 win 永远置顶显示
win.protocol("WM_DELETE_WINDOW",deleteWin)                        #将事件处理函数与规则绑定
b1 = Button(win,text = "创建子窗体",command = createToplevel)     #创建按钮并绑定处理函数
b1.pack(pady = 30)
win.mainloop()
```

11.4.2 tkinter 的其他组件

“在前面的实例中还遇到了 Label（标签）、Button（按钮）和 Text（文本编辑框）等组件，它们不是容器组件吧？”小明问道。

“对，此外还有 Radiobutton（单选框）、Checkbutton（复选框）、messagebox（消息弹出框）、Entry（输入框）、Listbox（列表）、Scrollbar（滚条）、Scale（滑块）、Spinbox（微调按纽）和 Menu（菜单）等，它们都不是容器组件，这些组件对象都有一些共同的属性，可以用它们的成员函数 config（属性名 1 = 属性值 1，…，属性名 n = 属性值 n）来设置其属性，也可以在创建对象时设置，下面分别介绍它们。”help 小精灵答道。

1. Label 标签

“标签对象用于显示一个文本吗？”大智问道。

“还可以显示图像，创建 Label 的语法格式如下。”help 小精灵答道。

格式：**对象名 = Label（父窗口，属性名 1 = 属性值 1，…，属性名 n = 属性值 n）**

help 小精灵说完，给出了 Label 标签的常见属性，见表 11-9。

表 11-9 Label 标签的常见属性

属性名	属性说明	实例
text	标签显示的文本内容	Label（win，text = ‘内容’）
image	标签显示的背景图像	Label（win，image = photo），可以用 tk.Photoimage（file = "photo.gif"）创建图像对象
compound	标签背景图的位置。值为"top""bottom""left""right""center"分别表示上、下、左、右、中间，如果有文字则覆盖图像	Label(win, image = photo，compound = "center")

（续）

属 性 名	属 性 说 明	实 例
height 和 width	标签的高度（所占行数）和宽度（所占字符个数）	Label(win, text = '内容', height = 2, width = 10)
fg 和 bg	标签的前景颜色和背景颜色	Label(win, text = '内容', fg = 'red', bg = 'blue')
font	设置字体格式和大小	Label(win, text = '内容', font = ("宋体", 8))
justify	多行文本的对齐方式，取值为 LEFT、CENTER、RIGHT，分别是向左、居中、向右对齐	Label(win, text = '内容', justify = tk. LEFT)
padx	文本左右两侧的空格数（默认为 1）	Label(win, text = '内容', padx = 5)
pady	文本上下两侧的空格数（默认为 1）	Label(win, text = '内容', pady = 5)

2. Button 按钮

“按钮用于执行命令操作，通常与事件处理函数绑定，创建按钮的语法格式如下。”help 小精灵继续介绍道。

格式：**对象名 = Button（父窗口，属性名 1 = 属性值 1，…，属性名 n = 属性值 n）**

“按钮也有 text、width、height、fg、bg、font、justify、padx、pady 等属性吧？分别表示按钮显示的文本内容、宽度、高度、文本前景颜色、背景颜色、文本字体与大小、文本的对齐方式、水平边距、垂直边距，对吗？”大智问道。

“是的，按钮还有 activeforeground（按钮按下时文本的前景颜色）、activebackground（按钮按下时的背景颜色）、command（绑定的事件处理函数）、state（按钮的状态，默认是正常 NORMAL，还有不可用 DISABLED）等属性。”help 小精灵答道。

小明给出了创建按钮的以下实例：

```
Button(win,text='内容',width=6,height=2,font=("宋体",8),justify=LEFT)
Button(win,text='内容',fg='red',bg='blue',padx=6,pady=3,state=DISABLED)
Button(win,text='内容',activeforeground='grey',activebackground='white')
Button(win,text='内容',command=函数名)
```

3. Radiobutton 单选按钮

“单选按钮在窗体程序中经常见到，是用来从多个可选值中选取一个的。例如，性别有‘男’和‘女’两种，同组的多个单选按钮在任何时刻都只能选择一个。”小明说道。

“是的，它又叫单选框，除了有 text（文本内容）、fg（文本前景颜色）、bg（背景颜色）、font（字体）、state（按钮的状态）、command（绑定的事件处理函数）等属性，还有 variable（索引变量名）和 value（变量值）等属性，当用户单击单选框时，会将 value 值赋给 variable，并且清除与同一索引变量绑定的其他单选框的选择，程序员可以用 variable 变量的 get()方法来获取该变量的值。”help 小精灵说完后给出了以下创建单选框的语法格式。

格式：**对象名 = Radiobutton（父窗口，属性名 1 = 属性值 1，…，属性名 n = 属性值 n）**

“例如，表示性别‘男’‘女’的两个单选按钮可以用 Radiobutton(win,variable = sex,value ='男') 和 Radiobutton(win,variable = sex,value ='女') 语句来创建，对吗？”大智问道。

“是的，上例可以通过索引变量 sex 的 get()方法来获取其值‘男’或‘女’，另外创建单选框时还可以设置其他属性。” help 小精灵说完后也给出了以下语句：

```
Radiobutton(win,text ='内容',width = 6,height = 2,justify = LEFT)
Radiobutton(win,fg ='red',bg ='blue',padx = 6,pady = 3,state = DISABLED)
Radiobutton(win,activeforeground ='grey',activebackground ='white')
Radiobutton(win,text = "红色",font = ("宋体", 8), variable = color, value ='red')
```

“使用索引变量前必须先生成该变量吗？”小明问道。

“是的，在使用索引变量前必须先生成该变量。” help 小精灵说完给出了以下语句：

```
color = tk. StringVar()
Radiobutton(win,text = "红色",variable = color,value ='red',command = 函数)
Radiobutton(win,text = "绿色",variable = color,value ='green',command = 函数)
```

大家设计了以下单选框的程序实例，用来设置窗体的背景颜色。

【例 11-12】 用单选框设计一个选择背景颜色的程序，并设置窗体的背景颜色为“红”或“绿”或“金”，其运行结果如图 11-15 所示。

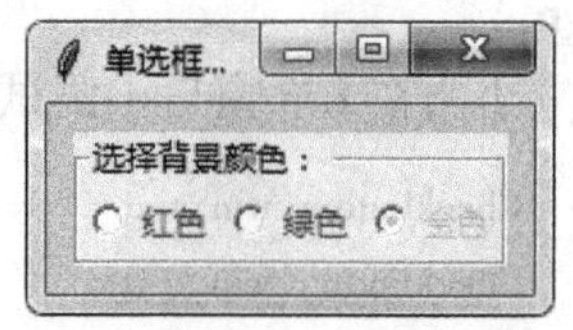

图 11-15 用户选择金色的运行结果图

分析：本实例的根窗体 Tk 中包含 LabelFrame 标签框架子窗体，“红色”“绿色”“金色”3 个单选按钮放在该子窗体中，用户单击某个按钮就会触发事件处理函数去设置窗体的背景颜色，程序源代码如下。

```
#单选框测试：n1112RadiobuttonTestTest. py
from tkinter import *
#单选按钮的事件处理函数
def seleButton():
    n = sv. get()                                    #获取变量 sv 的值
    win. configure(background = n)                   #设置窗体的背景色
#以下是主程序代码
win = Tk()                                           #创建根窗体
win. title("单选框应用实例")                          #设置窗体的标题
win. configure(background = "Red")                   #设置窗体的默认背景色
subFm = LabelFrame(win,text = "选择背景颜色：")        #创建一个子窗体
subFm. grid(column = 0,row = 0,padx = 10,pady = 10)  #设置子窗体的布局与外边距
colors = [("红色","Red"),("绿色","Green"),("金色","gold")] #保存背景颜色的名称和值
```

```
sv = StringVar()                                               #定义单选框的关联变量
sv.set("Red")                                                  #设置变量 sv 的默认值
#以下是用循环语句创建3个单选按钮,并添加到子窗口中
col = 0
for c1,c2 in colors:
    rb = Radiobutton(subFm,text = c1,fg = c2,variable = sv,value = c2,command = seleButton)
    rb.grid(column = col,row = 0,sticky = W)                   #设置单选框的布局
    col = col + 1
win.mainloop()
```

4. Checkbutton 复选按钮

"复选按钮是允许用户一次选中多个按钮，如'个人兴趣'有多种，对吗?"大智问道。

"是的，它又叫复选框，其属性同单选框相似，不过它用 onvalue 和 offvalue 两个属性来保存复选框'选中'或'未选中'状态的值，如果其绑定的是 IntVar()生成的变量，则选中值默认为1，未选中值为0，可以用复选框的 select() 和 deselect()方法来设置其状态。" help 小精灵说完后给出了以下格式。

格式：**对象名 = Checkbutton（父窗口，属性名 1 = 属性值 1，…，属性名 n = 属性值 n）**

小明在 win 窗口中测试了以下语句：

```
Checkbutton(win,text = "兴趣 1",variable = interest,onvalue = 1,offvalue = 0)
Checkbutton(win,text = "兴趣 2",variable = interest,onvalue = 1,offvalue = 0)
Checkbutton(win,text = '内容',width = 6,height = 2,justify = LEFT,font = "宋体")
Checkbutton(win,fg = 'red',bg = 'blue',padx = 6,pady = 3,state = DISABLED)
Checkbutton(win,activeforeground = 'grey',activebackground = 'white')
```

小明和大智设计了以下复选按钮的程序实例。

【例 11-13】 用 Checkbutton 方法设计程序，实现学生选课，运行结果如图 11-16 所示。

图 11-16　用户选择课程后单击普通按钮的运行效果图

分析：本实例的根窗体 Tk 中包含一个 LabelFrame 标签框架子窗体，在该子窗体中包含 text 属性，分别为 Python、C + + 和 Java3 个复选按钮，1 个 text 属性为"请选择"的普

通按钮和1个显示用户选择结果的标签，其中“Python”默认已选择且不可改变。当用户单击“请选择”按钮时，会触发事件处理函数显示选择结果，程序代码如下：

```
#复选框测试: n1113CheckbuttionTest. py
from tkinter import *
#普通按钮的事件处理函数
def clickButton(event):
    s = "您当前的选择是:Python"                              #设置 s 的初值
    if cv2. get() == 1:
        s = s + "、C + +"                                    #如果复选框 2 被选中,则修改 s 的值
    if cv3. get() == 1:
        s = s + "、Java"                                     #如果复选框 3 被选中,则修改 s 的值
    lb1. config(text = s)                                   #用 s 的值去修改标签的文本内容
#以下是主程序代码
win = Tk()
win. title("复选框应用实例")
subFm = LabelFrame(win,text = "选择要学习的语言:")              #在 win 中创建一个标签框架子窗口
subFm. grid(column = 0,row = 0,padx = 10,pady = 10)           #放在网格的 0 行 0 列、外边距为 10
# -------------------------- 复选框 1 ------------------------------
cb1 = Checkbutton(subFm,text = "Python",state = 'disabled')   #创建复选框 1、不可用状态
cb1. grid(row = 0,column = 0,sticky = W)                      #cb1 放在网格的 0 行 0 列、西/左对齐
cb1. select()                                                 #默认选择该复选框
# -------------------------- 复选框 2 ------------------------------
cv2 = IntVar()                                                #创建整型变量
cb2 = Checkbutton(subFm,text = "C + +",variable = cv2)        #创建复选框 2
cb2. grid(row = 0,column = 1,sticky = W)                      #cb2 放在网格的 0 行 1 列、西/左对齐
cb2. deselect()                                               #该复选框默认取消选择
# -------------------------- 复选框 3 ------------------------------
cv3 = IntVar()                                                #创建整型变量
cb3 = Checkbutton(subFm,text = "Java",variable = cv3)         #创建复选框 3
cb3. grid(row = 0,column = 2,sticky = W)                      #cb3 放在网格的 0 行 2 列、西/左对齐
cb3. deselect()                                               #该复选框默认取消选择
# -------------------------- 普通按钮 ------------------------------
b = Button(subFm,text = "请选择",fg = "Red",bg = "white")      #创建普通按钮 b
b. grid(row = 1,column = 2)                                   #b 放在网格的 1 行 2 列
b. bind('<Button-1>',clickButton)                             #b 绑定事件处理函数
# -------------------------- 标签 ------------------------------
lb1 = Label(subFm,text = "您当前的选择是:Python")
lb1. grid(row = 2,column = 0,columnspan = 3,sticky = W)
win. mainloop()
```

5. Entry 输入框

“输入框用于单行文本的输入吧？可以按以下格式创建输入框吗？”大智问道。

格式：**对象名 = Entry（父窗口，属性名 1 = 属性值 1，…，属性名 n = 属性值 n）**

“可以，它又叫文本框，其属性同前面介绍的组件相似，表 11-10 中是其常见属性。” help 小精灵答道。

表 11-10　Entry 输入框的常见属性

属 性 名	属 性 说 明	实　　例
textvariable	输入框关联的变量。需要事先用 x = StringVar( ) 语句生成一个变量再绑定	t1 = Entry(win, textvariable = x)
show	输入框中显示的字符，作为密码框时用，其值是任意字符	t1 = Entry(win, show = " * ") 输入密码时显示 “ * ” 号
width	输入框的宽度（所占字符个数）	t1 = Entry(win, width = 10)
bd	输入框的边框大小，默认为 2 个像素	t1 = Entry(win, bd = 3)
font	输入框的字体	t1 = Entry(win, font = '楷体')
fg 和 bg	输入框文本前景色和输入框的背景颜色	t1 = Entry(win, fg = 'red' , bg = 'blue')
relief	输入框样式，设置控件显示效果，可选的有 FLAT、SUNKEN、RAISED、GROOVE、RIDGE	t1 = Entry(win, relief = FLAT)
state	输入框的状态，默认为 normal，还可设置为：disabled（禁用）、readonly（只读）	t1 = Entry(win, state = 'readonly')

“另外，输入框的以下函数也比较常用。” help 小精灵补充道。

1）get( )：获取输入框中的值。如：s = t1. get( )

2）insert（index，s）：向输入框中的 index 索引位置插入值 s。

如 t1. insert（END，'abcd'）

3）delete（first，last = None）：删除输入框中索引值从 first 到 last 之间的值。

如 t1. delete（1，3）

“现在我们设计一个程序实例，来测试输入框的常见属性吧。” 小明建议道。

【例 11-14】 设计一个测试输入框常见属性的程序实例，其运行结果如图 11-17 所示。

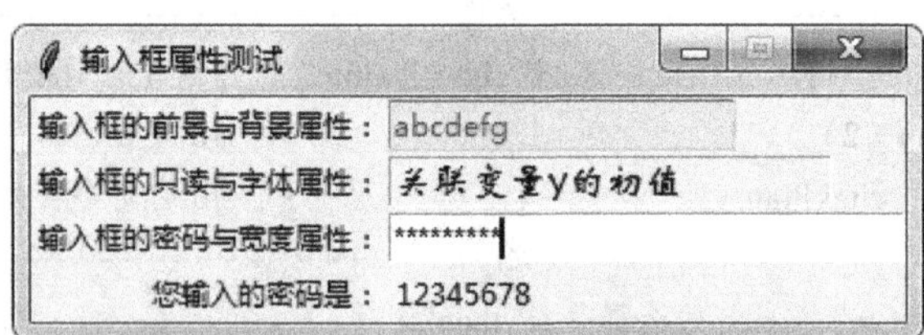

图 11-17　用户在输入框中输入内容的显示结果图

分析：本实例测试输入框的 textvariable、show、width、font、fg、bg 和 state 等属性，其中键盘的 <Key> 事件处理函数用于显示用户输入的密码信息，程序源代码如下：

```
#输入框属性测试:n1114EntryTest.py
from tkinter import *
#定义键盘的<Key>事件处理函数
def keyhandler(event):
    s = x.get()                                              #获取变量 x 的值,赋值给 s
    lb5.config(text = s)                                     #用 s 的值去修改标签的文本内容
#以下是主程序代码
win = Tk()
win.title("输入框属性测试")                                  #配置窗体的标题
win.resizable(False,False)                                   #固定窗体的大小
x = StringVar()                                              #定义输入框关联变量
y = StringVar()                                              #定义输入框关联变量
y.set("关联变量 y 的初值")                                   #给变量 y 赋初值
lb1 = Label(win,text = "输入框的前景与背景属性:")            #创建标签 lb1
lb1.grid(row = 0,column = 0,sticky = E)                      #lb1 放在网格的 0 行 0 列,右对齐
et1 = Entry(win,fg = 'red',bg = 'yellow')                    #创建输入框 et1
et1.grid(row = 0,column = 1,sticky = W)                      #et1 放在网格的 0 行 1 列,左对齐
lb2 = Label(win,text = "输入框的只读与字体属性:")            #创建标签 lb2
lb2.grid(row = 1,column = 0,sticky = E)                      #lb2 放在网格的 1 行 0 列,右对齐
et2 = Entry(win,state = 'readonly',font = '华文新魏',textvariable = y) #创建输入框 et2
et2.grid(row = 1,column = 1,sticky = W)                      #et2 放在网格的 1 行 1 列,左对齐
lb3 = Label(win,text = "输入框的密码与宽度属性:")            #创建标签 lb3
lb3.grid(row = 2,column = 0,sticky = E)                      #lb3 放在网格的 2 行 0 列,右对齐
psw = Entry(win,show = "*",width = 30,textvariable = x)      #创建密码框 psw
psw.grid(row = 2,column = 1,sticky = W)                      #psw 放在网格的 2 行 1 列,左对齐
psw.bind("<Key>",keyhandler)                                 #psw 绑定<Key>事件处理函数
lb4 = Label(win,text = "您输入的密码是:")                    #创建标签 lb4
lb4.grid(row = 3,column = 0,sticky = E)                      #lb4 放在网格的 3 行 0 列,右对齐
lb5 = Label(win,text = "")                                   #创建标签 lb5
lb5.grid(row = 3,column = 1,sticky = W)                      #lb5 放在网格的 3 行 1 列,左对齐
win.mainloop()
```

6. Text 编辑框

“编辑框是用于多行文本的输入吧？创建编辑框的语句是如下格式吗？”小明问道。

格式：**对象名 = Text（父窗口，属性名 1 = 属性值 1，...，属性名 n = 属性值 n）**

“是的，编辑框又叫文本域，它能显示多行文本内容，如前面程序实例中的诗词，允许用不同的样式和属性来显示和编辑它的文本，编辑框中还可以内嵌图像和窗口，表 11-11 中包含了其常见属性。”help 小精灵答道。

表 11-11　Text 编辑框的常见属性

属性名	属性说明	实例
width	编辑框的宽度（所占字符个数）	t1 = Text(win,width = 20)
height	编辑框的高度（所占行数）	t1 = Text(win,height = 10)
padx	水平间距（内容和边框间），单位是像素	t1 = Text(win,padx = 10)
pady	垂直间距（内容和边框间），单位是像素	t1 = Text(win,pady = 10)
bd	编辑框的边框大小，默认为 2 个像素	t1 = Text(win,bd = 5)
font	编辑框的文本字体	t1 = Text(win,font = '宋体')
fg	编辑框文本的前景颜色	t1 = Text(win,fg = 'red')
bg	编辑框的背景颜色	t1 = Text(win,bg = 'blue')
selectforeground	选中文本的前景色	t1 = Text(win,selectforeground = 'green')
selectbackground	选中文本的背景色	t1 = Text(win,selectbackground = 'yellow')
relief	指定边框样式，默认值是 FLAT，还可以设置 SUNKEN、RAISED、GROOVE、RIDGE	t1 = Text(win,relief = SUNKEN)
cursor	指定鼠标在编辑框上飘过时的样式，默认值由系统指定	t1 = Text(win,cursor = 'spider')
xscrollcommand	与水平滚动条的回调函数 set 关联	t1. config(xscrollcommand = 滚动条对象 . set)
yscrollcommand	与垂直滚动条的回调函数 set 关联	t1. config(yscrollcommand = 滚动条对象 . set)

“另外，编辑框还包含以下常用方法。” help 小精灵补充道。

1）get（first，last = None）：获取编辑框中索引值从 first 到 last 之间的值。

例如，s1 = t1. get（'1. 0'，'1. 3'）　#获取 1 行 0 列至 1 行 3 列之间的内容。

2）insert（index，s）：向编辑框中的索引位置 index 插入值 s。

例如，t1. insert（END，'插入的文本信息'）　#在编辑框的末尾插入文本。

3）delete（first，last = None）：删除编辑框中索引值从 first 到 last 之间的值。

例如，t1. delete（'1. 0'，'1. 3'）　#删除 1 行 0 列至 1 行 3 列之间的内容。

说明：以上方法中的“索引值”可以取以下常量。

1）INSERT：光标所在的插入点。

2）CURRENT：鼠标当前单击的位置。

3）END：编辑框的最后一个字符。

4）SEL_FIRST：选中文本域的第一个字符，如果没有选中区域则会引发异常。

5）SEL_LAST：选中文本域的最后一个字符，如果没有选中区域则会引发异常。

6）“m. n”：m 行 n 列。

7）“m. end”：n 行的末尾。

"怎么在编辑框插入图像或者组件呢?"小明问道。

"可以用 window_create( )方法插入组件，用 image_create( )方法插入部分格式的图像，请看以下语句。" help 小精灵说道。

```
b1 = Button(t1,text = '按钮')                          #创建按钮对象 b1
t1. window_create (INSERT, window = b1)               #将 b1 插入到编辑框 t1 中
p1 = PhotoImage (file = 'photo. gif')                 #创建图像对象 p1
t1. image_create (INSERT, image = p1)                 #将 p1 插入到编辑框 t1 中
```

"我们来设计一个测试编辑框的程序实例吧。"大智建议道。

【例 11-15】 编辑框的常见属性与方法的应用测试的实例。

功能：本实例根窗体的上部包含一个编辑框，其中包含了初始文本和按钮，根窗体的下部包含一个 LabelFrame 子窗口，子窗口中包含一个标签，当用户单击编辑框中的按钮时，会删除编辑框中的初始文本，然后将诗词添加到编辑框中，并且在 LabelFrame 包含的标签上显示已经删除的初始文本，程序源代码如下：

```
#编辑框测试: n1115TextTest. py
from tkinter import *
#定义按钮单击的事件处理函数
def show( ):
    s1 = st. get('1. 0','1. 7')                        #获取编辑框中第 1 行 0 列至 6 列的内容
    lb1. config( text = s1)                            #在标签上显示第 1 行 0 列至 6 列的内容
    st. delete('1. 0','1. 7')                          #删除编辑框中第 1 行 0 列至 6 列列内容
    st. insert(END,sc)                                 #将诗词内容插入到编辑框的最后
    #以下是主程序代码
win = Tk( )
win. title(" 编辑框应用实例")
st = Text(win,width = 30,height = 10)                  #创建 30 * 10 的编辑框 st
st. config(fg = 'blue',font = '华文新魏',bd = 5)         #设置编辑框 st 的属性
st. pack( side = TOP,expand = YES,fill = BOTH)          #设置 st 为方位布局
sc = """
长相思 · 诗情画意
文/红尘笠翁:
山连天。水包天。
山下湖旁绿草纤。牛融草地间。
鸟声鲜。蝉声鲜。
鸟叫蝉鸣诗韵添。我迷天籁间。
"""
st. insert(END,"请单击诗词按钮")                          #插入内容到 st 的最后
b1 = Button( st,text = '诗词',command = show)            #创建按钮对象 b1
st. window_create (INSERT, window = b1)                #将按钮 b1 到插入 st 中
subFm = LabelFrame (win, text = " 被删除的内容")          #创建一个子窗口 subFm
```

```
subFm. pack (side = BOTTOM, anchor = W, expand = NO, fill = X)   #设置 subFm 为方位布局
lb1 = Label (subFm, text = "")                                   #在 subFm 中创建标签对象 lb1
lb1. pack (side = LEFT)                                          #设置 lb1 为方位布局
win. mainloop()
```

程序的运行结果如图 11-18 所示。

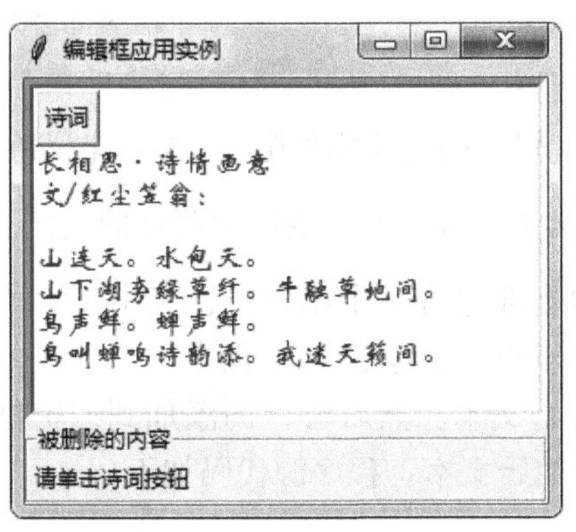

图 11-18　用户单击按钮后的运行结果图

7. Listbox 列表框

“列表框在窗体程序中也经常用到，它能显示多行文本供用户选择，用户可以选中其中的一行或多行，请问是按照如下语法格式创建列表吗?”小明问道。

格式：**对象名 = Listbox（父窗口，属性名 1 = 属性值 1，...，属性名 n = 属性值 n）**

“是的，不过列表框控件中的所有文本只能使用一种字体，不能像编辑框一样混合使用多种字体。至于用户能选择一行，还是多行，由其 selectmode 属性决定，表 11-12 中给出了列表框的常见属性。”help 小精灵答道。

表 11-12　Listbox 列表框的常见属性

属 性 名	属 性 说 明	实　　例
selectmode	列表框中条目的选择模式，有：①BROWSE：通过鼠标的移动选择一个条目；②SINGLE：也是一次只能选中一个条目，但不支持鼠标拖动模式选择；③MULTIPLE：鼠标单击选择多个连续或不连续的条目；④EXTENDED：shift 键或 ctrl 键配合鼠标选择多个连续或不连续的条目	lb1 = Listbox(win, selectmode = SINGLE)
listvariable	与列表框关联的变量，可以用 tk. StringVar() 创建变量，用 set (s) 和 get() 的方法设置和获取变量值	x = StringVar(); lb1 = Listbox(win, listvariable = x)
width	列表框的宽度，默认值为 20 字符	lb1 = Listbox(win, width = 10)
height	列表框的高度，默认值是 10 行	lb1 = Listbox(win, height = 5)
font	列表框中的文本字体	lb1 = Listbox(win, font = '宋体')

（续）

属 性 名	属 性 说 明	实 例
relief	边框样式，默认值是SUNKEN，还有FLAT、RAISED、GROOVE和RIDGE等效果	lb1 = Listbox (win, relief = RIDGE)
cursor	鼠标位于列表框区域时的光标形状	lb1 = Listbox (win, cursor = 'spider')
foreground 或 fg	列表框中文本的前景颜色	lb1 = Listbox(win, fg = 'blue')
background 或 bg	列表框的背景颜色，默认是系统指定颜色	lb1 = Listbox(win, bg = 'green')
selectforeground	选中条目的前景颜色，默认是反白显示	lb1 = Listbox (win, selectforeground = 'red')
selectbackground	选中条目的背景颜色，默认值是蓝色	lb1 = Listbox (win, selectbackground = 'white')
disabledforeground	列表框的状态为 tk. DISABLED 时的文本前景颜色	lb1 = Listbox(win, disabledforeground = 'red')
highlightcolor	当列表框获得焦点的时候，边框的高亮颜色	lb1 = Listbox(win, highlightcolor = 'red')
highlightbackground	当列表框失去焦点的时候，边框的高亮颜色	lb1 = Listbox (win, highlightbackground = 'blue')
borderwidth 或 bd	列表框的边框宽度	lb1 = Listbox(win, bd = 10)
selectborderwidth	选中的条目会用一个虚线的矩形框框住，此参数定义矩形边框的宽度，默认值是1	lb1 = Listbox(win, selectborderwidth = 3)
highlightthickness	高亮边框的宽度	lb1 = Listbox (win, highlightthickness = 8)
state	标签的状态，可以是 NORMAL 或者 DISABLED	lb1 = Listbox(win, state = DISABLED)
activestyle	列表框中被选中的文本样式，有 Underline（下画线）、dotbox（点画线虚框）和 none（没有显示效果）三种	lb1 = Listbox(win, activestyle = 'dotbox')
takefocus	用户是否能够使用 Tab 键移动焦点到组件上，默认是 False 不能	lb1 = Listbox(win, takefocus = True)
exportselection	是否可以复制选中的文本内容，默认为 True 可复制	lb1 = Listbox (win, exportselection = False)
xscrollcommand 和 yscrollcommand	与水平或垂直滚动条的回调函数 set 关联	lb1. config(yscrollcommand = 滚动条对象 . set)

“另外，列表框还包含表 11-13 中的常见函数。” help 小精灵补充道。

表 11-13　Listbox 列表框的常见函数

函 数 名	功 能 说 明	实　　例
insert(index,elements)	在指定索引之前插入新项，其中索引 index 可以是常量 tkinter. ACTIVE（列表前）和 tkinter. END（列表尾）	lbx. insert（END," 新 条 目"）
delete(first, last = None)	删除给定范围内的条目	lbx. delete(1,2)
select_set(first, last = None)	选中给定范围内的条目	lb1. select_set(2,3)
select_clear(first,last = None)	取消选中给定范围内的条目	lb1. select_clear(2,3)
curselection()	返回一个元组，其中包含当前选中条目的索引，从 0 开始计数。如果未选择任何元素，则返回一个空元组	lb1. curselection()
get(first,last = None)	获取给定范围内存在的列表值	lb1. get(0,2)
selection_includes (index)	判断当前选中的项目中是否包含 index 项，返回 True 或 False	lb1. selection_includes(3)
size()	获取列表中项目的个数	lb1. size()

“我们来设计一个实例测试列表框的以上属性和函数吧。”大智建议道。

【例 11-16】 设计一个列表框的属性和方法的测试实例，程序的运行结果如图 11-19 所示。

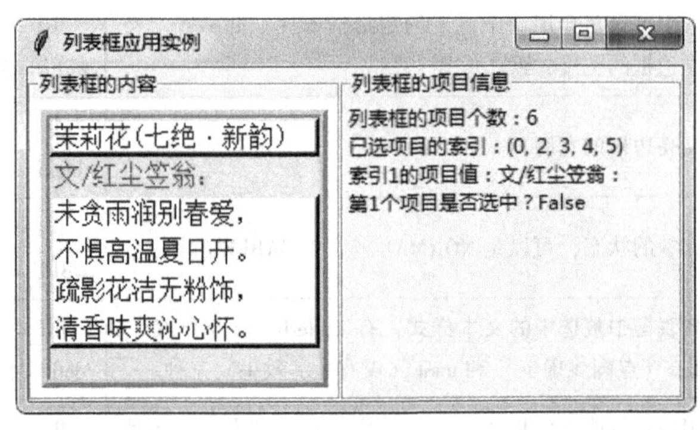

图 11-19　用户单击 F1 键后显示的结果图

分析：本实例的根窗体包含左右两个 LabelFrame 子窗体，左子窗体包含一个列表框，右子窗体包含一个标签，可以定义“F1”键的事件处理函数在标签上显示列表框的属性，程序源代码如下：

```
#列表框测试: n1116ListboxTest. py
from tkinter import *
#定义 F1 键的事件处理函数
```

```
def show(event):
    s1 = F"列表框的项目个数:{lbx.size()}"
    s1 = s1 + F"\n已选项目的索引: {lbx.curselection()}"
    s1 = s1 + F"\n索引1的项目值: {lbx.get (1)}"
    s1 = s1 + F"\n第1个项目是否选中? {lbx.select_includes (1)}"
    lb1.config (text = s1)                                                    #标签上显示内容
#以下是主程序代码
win = Tk()
win.title("列表框应用实例")
win.geometry ("400x200 + 50 + 50")
subFm1 = LabelFrame (win, text = "列表框的内容")                              #创建一个子窗口
subFm1.pack (side = LEFT, anchor = N, expand = NO, fill = Y)                 #子窗口方位布局
lbx = Listbox (subFm1, width = 20, height = 9, font = '宋体')                #创建列表框
lbx.config (relief = RIDGE, cursor = 'spider', fg = 'red', bg = 'yellow')    #设置列表框属性
lbx.config (selectforeground = 'blue', selectbackground = 'white')           #设置列表框属性
lbx.config (highlightcolor = 'green', highlightbackground = 'white')         #设置列表框属性
lbx.config (bd = 5, selectborderwidth = 3, highlightthickness = 6)           #设置列表框属性
lbx.config (selectmode = EXTENDED, activestyle = 'dotbox', takefocus = True) #设置列表框属性
lbx.pack (side = TOP)                                                        #列表框方位布局
lt = ['aa', 'bb', '未贪雨润别春爱,', '不惧高温夏日开。']
for i in lt:                                                                 #重复执行插入操作
    lbx.insert (END, i)                                                      #添加元素到列表尾
lbx.delete (0, 1)                                                            #删除0到1的项目
lbx.insert (ACTIVE," 茉莉花 (七绝·新韵)"," 文/红尘笠翁:")                    #列表前添加2个元素
lbx.insert (END," 疏影花洁无粉饰,")                                          #列表尾添加1个元素
lbx.insert (END," 清香味爽沁心怀。")                                         #列表尾添加1个元素
lbx.select_set(0,5)                                                          #选中0到5项目
lbx.select_clear(1)                                                          #取消1项目选中
subFm2 = LabelFrame(win,text = "列表框的项目信息")                            #创建一个子窗口
subFm2.pack(side = RIGHT,anchor = N,expand = YES,fill = BOTH)                #子窗口的方位布局
lb1 = Label(subFm2,text = "提示:按 F1 键显示项目信息",justify = LEFT)         #创建标签对象
lb1.pack(side = TOP,anchor = W)                                              #标签方位布局
win.bind('<F1>',show)                                                        #绑定事件处理函数
win.mainloop()
```

8. Scrollbar 滚动条

“滚动条在窗体软件中见过，一般出现在 Entry、Text 和 Listbox 组件中，对吗?”大智问道。

“是的，当要显示的内容大于以上组件的容量时，可以利用滚动条（Scrollbar）的移动来显示内容，下面介绍滚动条的创建方法和常见属性。”help 小精灵答道。

格式：**对象名 = Scrollbar（父窗口，属性名1 = 属性值1，...，属性名n = 属性值n）**

Scrollbar 的常见属性：

1）orient：滚动条的类型，有 "horizontal"（水平滚动条）和 "vertical"（垂直滚动条）两种。

例如，sb = Scrollbar(win,orient = "vertical")。

2）width：滚动条的宽度，默认值是 16 像素。

例如，sb = Scrollbar(win,width = 30)。

3）cursor：当鼠标停在滚动条上方时的样式。

例如，sb = Scrollbar(win,cursor = 'spider')。

4）command：当滚动条更新时回调的函数，通常是对应组件的 xview() 或 yview() 函数。

例如，sb = Scrollbar(win,command = 组件对象.yview)。

小明建议设计一个实例，给 Text 和 Listbox 组件添加滚动条。

【例 11-17】 设计一个包含滚动条的应用实例，其运行结果如图 11-20 所示。

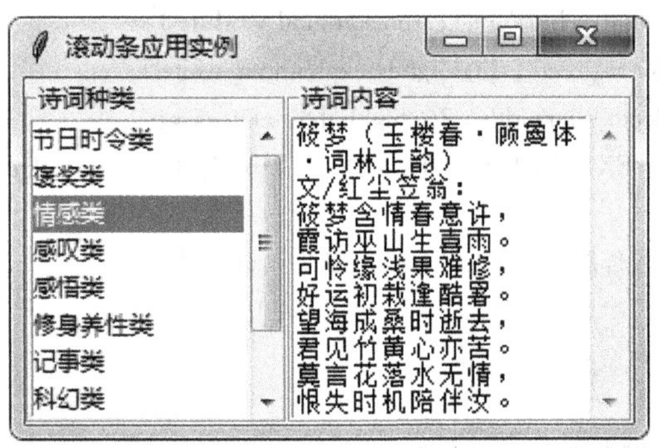

图 11-20 例 11-17 的运行结果图

分析：本实例的根窗体中包含左右两个 LabelFrame 子窗口，左子窗口包含 Listbox 组件，右子窗口包含 Text 组件，它们都有滚动条，程序源代码如下：

```
#滚动条测试：n1117ScrollbarTest.py
from tkinter import *
win = Tk()
win.title("滚动条应用实例")
win.geometry("300x150 +50 +50")
subFm1 = LabelFrame(win,text = "诗词种类")                    #创建一个子窗口 1
subFm2 = LabelFrame(win,text = "诗词内容")                    #创建一个子窗口 2
subFm1.pack(side = LEFT,anchor = N,expand = NO,fill = Y)      #子窗口 1 的方位布局
subFm2.pack(side = RIGHT,anchor = N,expand = YES,fill = BOTH) #子窗口 2 的方位布局
#下面编写带滚动条列表框
sc = ["节日时令","褒奖","情感","感叹","感悟","修身养性","记事","科幻","其他"]
lbx = Listbox(subFm1,width = 15,selectmode = MULTIPLE)        #创建列表框
lbx.pack(side = LEFT,fill = Y)                                #列表框方位布局
for s in sc:                                                  #重复执行插入操作
```

```
    lbx.insert(END,f"{s}类")                                  #添加元素到列表框尾部
sb1 = Scrollbar(subFm1,command = lbx.yview)                   #创建滚动条,lbx.yview 是回调函数
sb1.pack(side = RIGHT,fill = Y)                               #滚动条方位布局
lbx.config(yscrollcommand = sb1.set)                          #指定列表框的回调函数 sb1.set
lbx.select_set(2)                                             #选中列表框的第 2 项
#下面编写带滚动条编辑框
sb2 = Scrollbar(subFm2,width = 20,cursor = 'spider')          #创建滚动条
sb2.pack(side = RIGHT,fill = Y)                               #滚动条方位布局
tt = Text(subFm2)                                             #创建编辑框
tt.pack(side = LEFT,expand = YES,fill = BOTH)                 #编辑框方位布局
tt.config(yscrollcommand = sb2.set)                           #指定编辑框的回调函数 sb2.set
sb2.config(command = tt.yview)                                #指定滚动条的回调函数 tt.yview
tt.insert(END,'筱梦(玉楼春·顾敻体·词林正韵)\n')                  #插入内容到 tt 的最后
tt.insert(END,'文/红尘笠翁:\n')                                 #插入内容到 tt 的最后
tt.insert(END,'筱梦含情春意许,\n 霞访巫山生喜雨。\n')             #插入内容到 tt 的最后
tt.insert(END,'可怜缘浅果难修,\n 好运初栽逢酷暑。\n')             #插入内容到 tt 的最后
tt.insert(END,'望海成桑时逝去,\n 君见竹黄心亦苦。\n')             #插入内容到 tt 的最后
tt.insert(END,'莫言花落水无情,\n 恨失时机陪伴汝。')               #插入内容到 tt 的最后
win.mainloop()
```

程序的运行结果如图 11-20 所示。

“另外，tkinter 的 scrolledtext 子包中的 ScrolledText 类是自带滚动条的编辑框，如果用它则不需要另外添加滚动条。”help 小精灵补充道。

小明和大智在小精灵的帮助下又设计了以下实例：

```
from tkinter import *
from tkinter.scrolledtext import ScrolledText
win = Tk()
win.geometry("350x100 +50 +50")
win.title ("带滚动条的文本框实例")
t1 = ScrolledText (win)
s = '''《四叶草 (定风波·欧阳炯体·词林正韵)》
文/红尘笠翁：\n
荒野安居乱石旁，开花数朵自芬芳。
肥沃不贪贫瘠纳，无杂，安然自若好时光。
暴雨狂风根咬定，坚劲，千锤百炼显坚强。
四季绿多生命旺，希望，生机永葆运殊祥。
'''
t1.insert (END, s)    #插入 s 到 t1 的最后
t1.pack()
win.mainloop()
```

程序的运行结果如下：

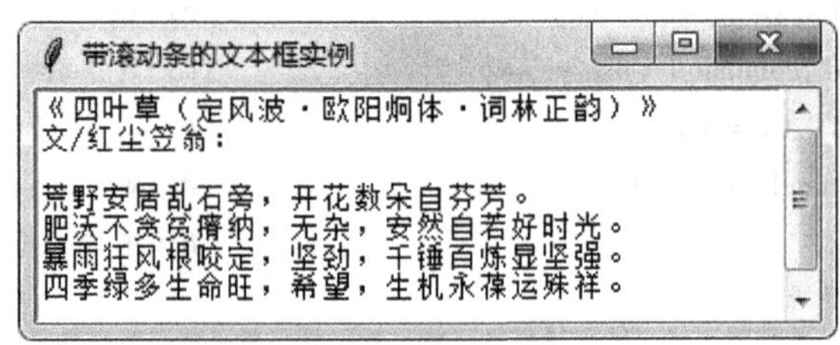

9. Message 消息对象

"消息对象用于显示文本内容，功能类似于 Label 部件，但它能够使文本自动换行，自动地调整文本到给定的宽度或比率，创建 Message 的语法格式如下。" help 小精灵说道。

格式：**对象名 =Message（ 父窗口，属性名 1 =属性值 1，… ，属性名 n =属性值 n）**

"它也有 text（显示的文本）、font（字体）、justify（对齐方式）、width（宽度）、fg（文本前景颜色）、bg（背景颜色）、cursor（光标样式）、relief（边框样式）、bd（边框宽度）、padx（水平边框距）和 pady（垂直边框距）等属性吧?" 大智问道。

"是的，其关联变量属性是 textvariable，请看以下实例。" help 小精灵答道。

例如，msg = Message(win ,text = " 这是一则消息" , justify = " right" , fg = 'red', bd = 5, width = 200, padx = 10, relief = SUNKEN, cursor = 'spider', textvariable = = x)

【例 11-18】 用消息对象设计一个应用实例，程序的运行结果如图 11-21 所示。

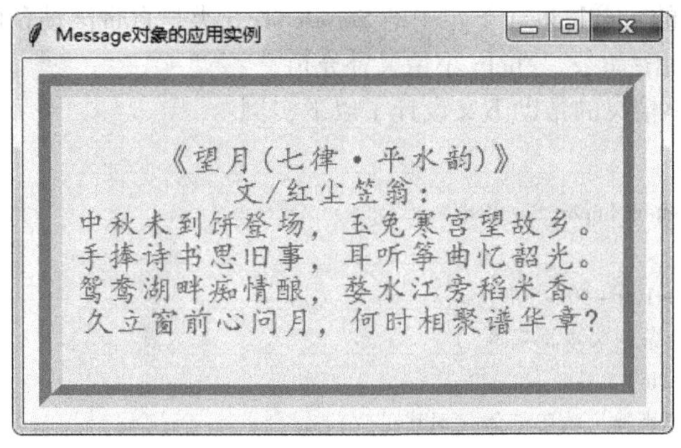

图 11-21　例 11-18 的运行结果图

分析：本实例用来测试消息对象的 fg、bg、textvariable、font、width、bd、pady、relief、justify 和 cursor 等属性，程序源代码如下：

```
#消息对象测试：n1118MessageTest. py
from tkinter import *
win = Tk( )
win. title( " Message 对象的应用实例" )
s1 = "《望月(七律・平水韵)》\n 文/红尘笠翁:\n"
s1 = s1 + " 中秋未到饼登场,玉兔寒宫望故乡。\n"
```

```
s1 = s1 + "手捧诗书思旧事,耳听筝曲忆韶光。\n"
s1 = s1 + "鸳鸯湖畔痴情酿,婺水江旁稻米香。\n"
s1 = s1 + "久立窗前心问月,何时相聚谱华章?"
s2 = StringVar( )
s2. set(s1)
msg = Message( win,fg = 'red',bg = "yellow" ,textvariable = s2 ,font = " 楷体 16" ,width = 400)
msg. config( bd = 15 ,pady = 30 ,relief = GROOVE,justify = " center" ,cursor = 'spider')
msg. pack( padx = 10 ,pady = 10)
win. mainloop( )
```

10. MessageBox 消息框

“在前面介绍的顶级窗口 Toplevel 实例中用到了 ms. askokcancel( )方法，它是 ms 消息框对象的成员函数吗?” 小明问道。

“是的，消息框对象用于弹出提示、警告、提问、确定与取消等提示信息，可以通过按钮、菜单等组件的相关事件触发它，使用前必须用 import tkinter. messagebox as ms 语句导入，Python 消息框成员函数的语法格式如下。” help 小精灵答道。

格式：**ms. 成员函数名（title ="标题"，message ="内容"）**

“除了 askokcancel( )函数，消息框还有哪些成员函数?” 大智问道。

“我们根据弹出的信息类别来学习吧，以下是其常见的成员函数。” help 小精灵说道。

1）askokcancel( )函数：弹出“确定”“取消”框，返回'True'或'False'。例如，ms. askokcancel（'确定与取消框'，'您真的要回去吗？'）的结果如图 11-22a 所示。

2）askyesno( )函数：弹出“是”“否”框，返回'True'或'False'。例如，ms. askyesno（'是与否框'，'您是 Python 城堡居民吗？'）的结果如图 11-22b 所示。

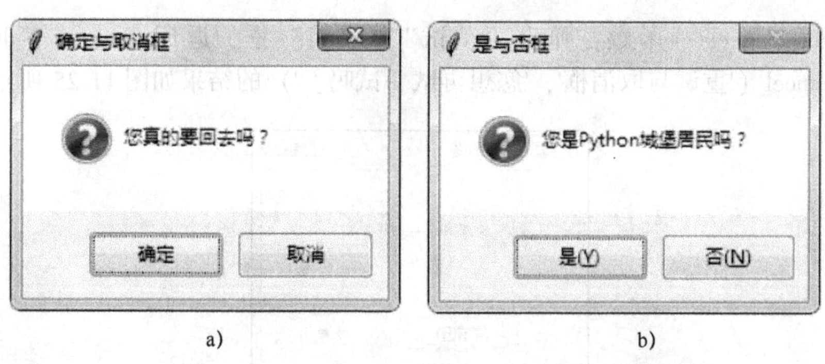

图 11-22　确定与取消框和是与否框的运行结果图

3）showinfo( )函数：弹出提示框，返回'ok'。例如，ms. showinfo（'提示框'，'向东走是 Python 游戏大厅。'）的结果如图 11-23a 所示。

4）showwarning( )函数：弹出警告框，返回'ok'。例如，ms. showwarning（'警告框'，'开车时不能打电话！'）的结果如图 11-23b 所示。

5）showerror( )函数：弹出错误框，返回'ok'。例如，ms. showerror（'错误框'，'对不起，操作失误。'）的结果如图 11-24a 所示。

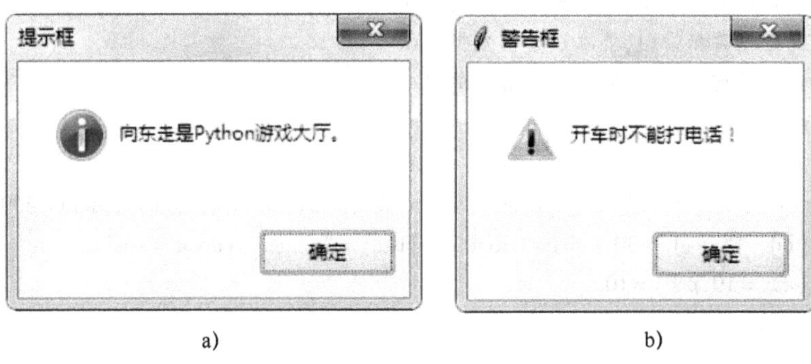

a) b)

图 11-23 提示框和警告框的运行结果图

6）askquestion( )函数：弹出提问框，返回'yes'或者'no'。例如，ms. askquestion（'提问框'，'您近来忙吗？'）的结果如图 11-24b 所示。

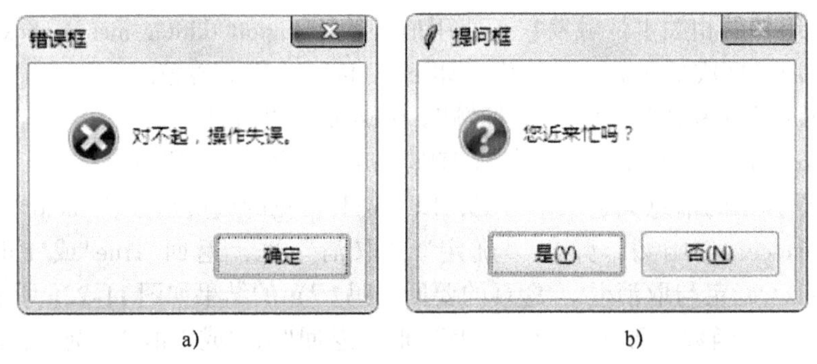

a) b)

图 11-24 错误框和提问框的运行结果图

7）askretrycancel( )函数：弹出“重试”“取消”框，返回 True 或 False。例如，ms. askretrycancel（'重试与取消框'，'您想再试一试吗？'）的结果如图 11-25 所示。

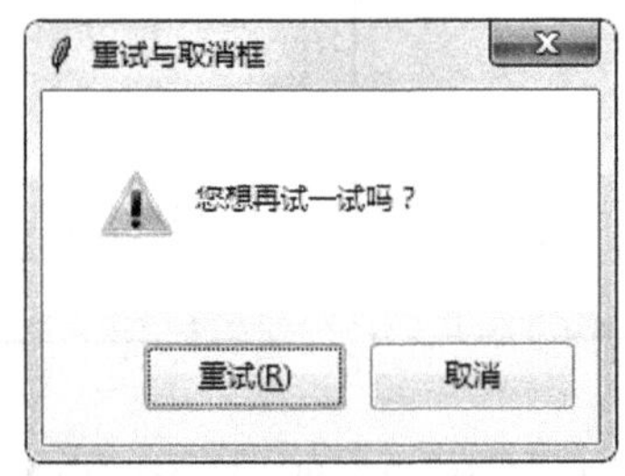

图 11-25 重试与取消框的运行结果图

11. Scale 滑动条

“滑动条在媒体软件中经常用到，如拖动其滑块控制音量或者播放进度。”大智说道。

“是的，它又称为尺度条，它允许用户通过改变滑块位置来设置数字，以下是创建滑动条的语句格式。”help 小精灵答道。

格式：**对象名 = Scale（ 父窗口，属性名 1 = 属性值 1，...，属性名 n = 属性值 n）**

help 小精灵还给出了滑动条的常见属性，见表 11-14。

表 11-14　Scale 滑动条的常见属性

属 性 名	属 性 说 明	实　例
label	滑块的标题	sc = Scale(win,label = '下载进度')
length	滑块的长度，单位是像素	sc = Scale(win,length = 500)
from_	滑块的最小值。注意有下画线，不要写成“from”，因为 from 关键字已经被使用	sc = Scale(win,from_ = 0, to = 100)
to	滑块的最大值	sc = Scale(win,from_ = 0, to = 100)
resolution	滑块步长，即滑块移动一格的大小，默认为 1	resolution = 5
tickinterval	滑块上显示的刻度间隔	sc = Scale(win,tickinterval = 10)
orient	滑块的方向，默认值是垂直方向，如果要设置成水平方向可用 HORIZONTAL 常量	sc = Scale(win,orient = HORIZONTAL)
show	拖动滑块时是否显示其值，默认为 1 表示显示，为 0 则不显示	sc = Scale(win,show = 0)
fg	滑块的文本前景颜色，默认值由系统指定	sc = Scale(win,fg = "red")
bg	滑块的背景颜色，默认值由系统指定	sc = Scale(win,bg = "yellow")
variable	滑块绑定的变量	sc = Scale(win,variable = x)
command	滑块的回调函数	sc = Scale(win,command = 函数名)

Scale 的主要函数如下。

1） get()：获取当前滑块位置的值，如 sc. get()。

2） set（值）：设置滑块的值，如 sc. set（10）。

“我们来设计一个 Scale 组件的应用实例吧。”小明建议道。

【例 11-19】 设计一个 Scale 的应用实例，程序的运行结果如图 11-26 所示。

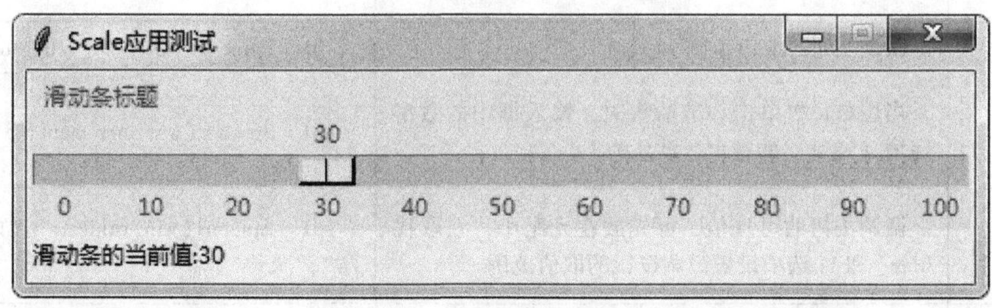

图 11-26　拖动滑块后的结果图

分析：本实例用来测试 Scale 的属性和函数，在根窗体中放了一个 Scale 组件和一个标签，拖动滑块会触发其回调函数，把 Scale 的当前值在标签上显示，程序代码如下：

```
#Scale 测试：n1119Scale. py
from tkinter import *
#Scale 的回调函数
```

```
def setSpinbox(w):                                                    #Scale 的回调函数必须有形参
    lb1. config(text = "滑动条的当前值:" + x. get())           #在标签上显示内容
#以下是主程序代码
win = Tk()
win. title("Scale 应用测试")
win. geometry ('500x110')
win. resizable (False, False)
x = StringVar()
sc = Scale(win, label = '滑动条标题', from_ = 0, to = 100, length = 500, variable = x, command =
setSpinbox)
sc. config (resolution =5, tickinterval = 10, fg = "red", bg = "yellow", orient = HORIZONTAL)
sc. pack (side = TOP, anchor = N)
lb1 = Label (win, text = "滑动条的当前值: 0")
lb1. pack (side = LEFT, anchor = N)
mainloop()
```

12. Spinbox 微调按钮

“微调按钮 Spinbox 是 Entry 组件的变体吧？它由输入框和调节箭头组成，可以通过调节箭头来改变输入框的值，对吗？”小明问道。

“是的，该组件可以通过范围或者元组来指定允许用户输入的内容，以下是创建 Scale 的语句格式。”help 小精灵答道。

格式：**对象名 = Spinbox（父窗口，属性名 1 = 属性值 1，…，属性名 n = 属性值 n）**

另外，help 小精灵还给出了 Spinbox 的常见属性（见表 11-15）。

表 11-15　Spinbox 微调按钮的常见属性

属 性 名	属 性 说 明	实　例
width	微调按钮输入框的宽度，以字符为单位，默认值是 20	sp1 = Spinbox(win, width = 50)
from_和 to	微调按钮的取值范围	sp1 = Spinbox(win, from_ = 0, to = 100)
increment	当用户每次单击调节箭头时，输入框中的数字递增（递减）的精度，默认为 1	sp1 = Spinbox(win, increment = 5)
values	微调按钮的可选值，可先放在元组中，它取代 from_ 和 to 选项设置微调按钮的取值范围	sp1 = Spinbox(win, values = ("语文","数学","英语"))
wrap	用户单击向上（或向下）调节箭头到输入框的值是第一个（或最后一个）时，内容是否回到最后一个（或第一个），即内容是否循环显示，默认为 Flase	sp1 = Spinbox(win, wrap = True)
state	Spinbox 的状态，有:"normal","disabled" 或"readonly"，默认值是"normal"	sp1 = Spinbox(win, state = "readonly")

（续）

属 性 名	属 性 说 明	实　　例
foreground 或 fg	文本前景颜色，默认值由系统指定	sp1 = Spinbox(win,fg = "red")
background 或 bg	背景颜色，默认值由系统指定	sp1 = Spinbox(win,bg = "yellow")
textvariable	输入框关联的变量（通常是 StringVar）	sp1 = Spinbox(win, textvariable = x1)
command	用户单击调节箭头时的回调函数	sp1 = Spinbox(win, command = 函数名)

Spinbox 微调按钮的主要函数见表 11-16。

表 11-16　Spinbox 微调按钮的主要函数

函 数 名	功 能 说 明
get()	返回 Spinbox 当前的值。如：sp1. get()
insert (index, text)	将 text 参数的内容插入到 index 指定的位置，位置可用常量"insert"（光标位置）、"end"（末尾）等。如 sp1. insert("end", text)
delete (first, last = None)	删除 first 到 last 范围内的所有内容。如 sp1. delete(0,"end")
selection ('from', index)	设置 index 值为选中范围的起始位置。如 sp1. selection('from', 0)
selection('to', index)	设置 index 值为选中范围的结束位置。如 sp1. selection('to', 9)
selection('range', start, end)	设置 start 到 end 之间为选中范围。如 sp1. selection('range', 3, 6)
selection_clear()	取消选中状态。如 sp1. selection_clear()
selection_element (element = None)	如果 element 为空，则获得当前的选择范围，否则设置包含 element 值的选择范围。如 x = sp1. selection_element()

【例 11-20】 用 Spinbox 设计一个应用实例，程序的运行结果如图 11-27 所示。

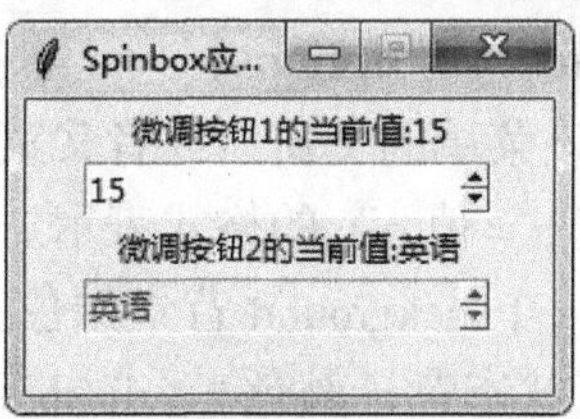

图 11-27　调节微调按钮后的结果图

分析：本实例的根窗体中第 1 个 Spinbox 组件用 from_和 to 属性来指定其数值范围，第 2 个 Spinbox 组件用 values 属性来指定其可选值，修改 Spinbox 组件的值会在其上面的标签中显示，程序源代码如下：

```
#Spinbox 测试：n1120Spinbox. py
from tkinter import *
#Spinbox 的回调函数 1
def setScale1():
    lb1. config(text = "微调按钮 1 的当前值:" + x1. get())        #在标签上显示内容
#Spinbox 的回调函数 2
```

```
def setScale2():
    lb2.config(text="微调按钮 2 的当前值:" + x2.get())          #在标签上显示内容
#以下是主程序代码
win=Tk()
win.title("Spinbox 应用测试")
win.geometry ('200x110')
win.resizable (False, False)
x1 = StringVar()
x2 = StringVar()
lb1 = Label(win,text="微调按钮 1 的当前值: 0")
lb2 = Label (win, text="微调按钮 2 的当前值: 语文")
sp1 = Spinbox (win, from_=0, to=100, increment=5, wrap=True, textvariable=x1, command=
setScale1)
sp2 = Spinbox (win, values= ("语文","数学","英语"), textvariable=x2, command=setScale2)
sp2.config (fg="red", bg="yellow", state=" readonly")
lb1.pack()
sp1.pack()
lb2.pack()
sp2.pack()
mainloop()
```

13. Menu 菜单

"菜单是由父菜单、子菜单（下级菜单）、菜单项构成的，请问怎么创建它们?"大智问道。

"第一步是用以下构造函数创建父菜单和子菜单。"help 小精灵答道。

格式：**Menu (master=None, **options)**

其中，参数 master 代表包含该菜单的父窗口或者父菜单，参数 options 是菜单的属性，用"属性名 1=值 1，…，属性名 n=值 n"的格式表示。菜单常见的属性有 font（字体）、fg（foreground 文本前景颜色）、bg（background 背景颜色）、activeforeground（活跃状态前景颜色）、activebackground（活跃状态背景颜色）、disabledforeground（不活跃状态前景颜色）、tearoff（是否可以被撕下，True 为默认值，False 表示不可以）等，如：

```
menubar=Menu(win,disabledforeground='red')                #创建顶级菜单
editMenu=Menu(menubar,bg='yellow',tearoff=False)          #创建子菜单
```

"第二步是向子菜单中添加菜单项吗?"小明问道。

"对，有命令菜单项、复选菜单项、单选菜单项以及分割线，可以用以下函数把它们添加到菜单中。"help 小精灵答道。

- 添加命令菜单项：add_command (**options) 函数
- 插入命令菜单项：insert_command (index, **options) 函数
- 添加复选菜单项：add_checkbutton (**options) 函数
- 插入复选菜单项：insert_checkbutton (index, **options) 函数

- 添加单选菜单项：add_radiobutton(** options)函数
- 插入单选菜单项：insert_radiobutton(index, ** options)函数
- 添加分割线：add_separator()函数
- 插入分割线：insert_separator(index)函数

“以上函数中的 index 参数表示菜单项的插入位置，options 参数包含的属性有 label（文本）、command（关联的函数）、accelerator（加速键）、state（状态，默认值是"normal"，还可以是"disabled" 或"readonly"）、image（图像）、bitmap（位图）属性。如果是复选菜单项，则增加 variable 属性，用于设置与菜单项关联的变量，如果是单选菜单项，则再增加 value（选中时的变量值）属性，请看以下实例。” help 小精灵补充道。

```
editMenu.add_command (label = "拷贝", accelerator = 'Ctrl + C', command = copy)
editMenu.add_checkbutton (label = "可用清空", variable = del, value = True)
editMenu.insert_separator (1)      #在 1 位置插入分割线
editMenu.insert_command (2, label = "清空", command = clear)
```

“好像也可以用 add(type, ** options)或 insert(index,type, ** options)函数添加或插入‘command’、‘checkbutton’和‘radiobutton’菜单项，以及分割线 separator 和子菜单 cascade 类型（type），请看以下实例。”小明说道。

```
editMenu.add(type = "command",label = "剪切",command = cut)   #添加命令菜单项
editMenu.insert(1,type = "command",label = "粘贴",command = paste)
```

“怎么删除或修改子菜单中的内容呢？”大智问道。

“可用 delete(index1,index2 = None)函数删除菜单中 index1 到 index2（包含）的所有菜单项，用 entryconfig(index, ** options)函数修改 index 菜单项的属性。如果要修改菜单的属性，可用 config(** options)函数。” help 小精灵给出了以下实例。

```
editMenu.entryconfig(1,label = '保存',command = save)   #修改菜单项 1 的属性
editMenu.config(tearoff = True)                        #修改菜单的属性
```

“第三步是把子菜单添加到父菜单中吗？”小明问道。

“是的，可以用以下函数将子菜单添加或插入到父菜单中。” help 小精灵答道。

- 添加子菜单：add_cascade(** options)函数
- 插入子菜单：insert_cascade(index, ** options)函数

其中，参数 index 表示位置，参数 options 是属性列表。常见的属性有 label（文本）、menu（子菜单）、state（状态，默认值是"normal"，还可以是"disabled" 或"readonly"）属性。如：

```
menubar.add_cascade(label = "编辑",menu = editMenu) 或
menubar.insert_cascade(1,label = "编辑",menu = editMenu)
```

“第四步是将顶级父菜单添加到窗口中吗？”大智问道。

“是的，可以用 win.config(menu = menubar)或者 win["menu"] = menubar 语句实现。” help 小精灵答道。

“另外，如果 popmenu 是弹出式菜单，则按以下步骤完成。” help 小精灵补充道。

首先，定义鼠标右键的事件处理函数如下：

```
def popup(event):
    popmenu.post(x,y)            #在位置(x,y)弹出 popmenu 菜单
```

然后，用 win.bind（"<Button-3>"，popup）语句将窗口 win 与 popup 函数绑定。

“以上过程是假设已经先定义了菜单项的事件处理函数吧?” 小明问道。

“是的，下面我们来看一个包含菜单的程序实例。” help 小精灵答道。

【例 11-21】 编写一个包含“文件”“编辑”“设置”3 个下拉菜单和 1 个弹出菜单的窗口程序。

功能分析：实例中的菜单按以下要求设计：

1）“文件”下拉菜单包含“打开”“保存”和“退出”3 个菜单项和分割线，当菜单禁用时为红色，除了“保存”的事件处理函数是弹出提示信息，没有实现文件保存功能，其他菜单项的事件处理函数都已经实现了相关功能，如图 11-28a 所示。

2）“编辑”下拉菜单的背景为黄色，包含“拷贝”“剪切”“粘贴”“清空”4 个菜单项和分割线，其菜单项的事件处理函数实现了对编辑框的相关文字处理功能，菜单项也定义了加速键，如图 11-28b 所示。

3）“设置”下拉菜单，包含“保存可用”“保存禁用”2 个单选菜单项和 1 个“可撕下设置”的复选菜单项，其中单选菜单项用于设置是否禁止使用“文件”中的“保存”菜单项，复选菜单项用于设置是否允许将“设置”菜单从菜单条中撕下，如图 11-28c 所示。

4）弹出菜单包含“拷贝”“剪切”“粘贴”3 个菜单项，菜单项选中时为红色，其事件处理函数的功能同编辑菜单一样，如图 11-28d 所示。

最终使程序的运行结果如图 11-28 所示：

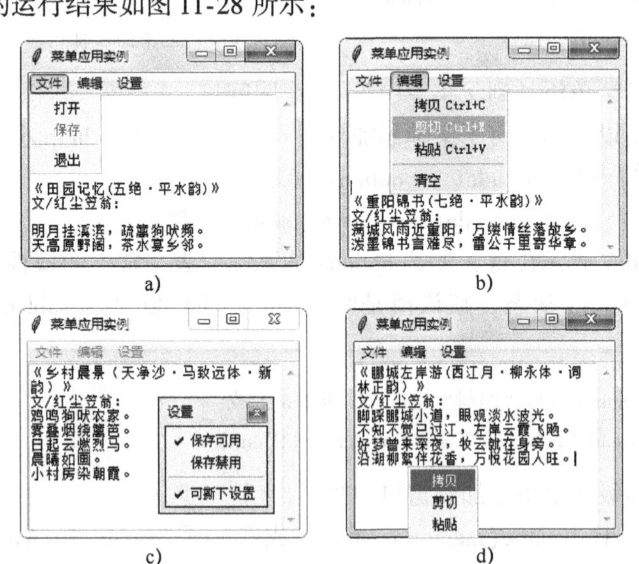

图 11-28　程序的运行结果

设计分析：本实例“文件”菜单中，菜单项的事件处理函数要用到打开文件对话框filedialog类和消息框messagebox类；“编辑”菜单中的菜单项实现“拷贝”“剪切”“粘贴”“清空”的功能，所以要用到前面介绍的编辑框及其相关函数；“设置”菜单中的菜单项可用entryconfig()函数来修改“保存”菜单项的属性，用config()函数来修改“设置”菜单的属性；弹出菜单的功能同“编辑”菜单一样，程序源代码如下：

```
#菜单测试：n1121MenuTest.py
from tkinter.scrolledtext import ScrolledText
from tkinter import *
import tkinter.messagebox as ms
import tkinter.filedialog as fd
win = Tk()
win.title("菜单应用实例")
win.geometry('250x150')
myText = ScrolledText(win)                          #或者 myText = Text(win)
myText.pack(expand = YES,fill = BOTH)               #pack 方位布局
saveMark = BooleanVar()                             #菜单项"保存"的状态
setMark = BooleanVar()                              #菜单项"设置"的状态
saveMark.set(True)                                  #"保存"菜单项的可用标志
#定义"文件"菜单的事件处理函数
def fileHandling():
  ms.showinfo('提示框','文件处理功能还没有实现。')
#定义文件菜单的打开事件处理函数
def openFile():
  fn = fd.askopenfilename(title ="选择一个文件",filetypes = [("文本文件",".txt"),("所有文件",".*")])
  with open(fn,"r+") as f:
    s = f.read()
    myText.insert(END,s)                            #插入 s 到 myText 的最后
  return
#定义"编辑"菜单的事件处理函数
def copy():
  data = myText.get(SEL_FIRST,SEL_LAST)             #获得选中内容
  myText.clipboard_clear()                          #清除剪贴板
  myText.clipboard_append(data)                     #将内容写入剪贴板
def cut():
  data = myText.get(SEL_FIRST,SEL_LAST)             #获得选中内容
  myText.delete(SEL_FIRST,SEL_LAST)                 #删除选中内容
  myText.clipboard_clear()                          #清除剪贴板
  myText.clipboard_append(data)                     #将内容写入剪贴板
def paste():
  myText.insert(INSERT,myText.clipboard_get())      #插入剪贴板内容
```

```
def clear( ):
    myText. delete('1. 0',END)                        #删除全部内容
#定义"设置"菜单的事件处理函数
def setState( ):
    mark = saveMark. get( )                           #获取"保存"菜单项的状态
    if mark:                                          #如果为 True,则:
        fileMenu. entryconfig(1,state = "normal")     #修改其属性为"正常"
    else:                                             #否则:
        fileMenu. entryconfig(1,state = "disabled")   #修改其属性为"不可用"
def setTearoff( ):
    mark = setMark. get( )                            #获取"设置"菜单项的状态
    setMenu. config( tearoff = mark)                  #修改"设置"菜单的属性
#创建顶级父菜单 menubar
menubar = Menu( win)
#创建"文件"下拉菜单,并添加相关菜单项,然后将其添加到顶级父菜单中
fileMenu = Menu( menubar,disabledforeground = 'red',tearoff = False)
fileMenu. add_command( label = "打开",command = openFile)
fileMenu. add_command( label = "保存",command = fileHandling)
fileMenu. add_separator( )
fileMenu. add_command( label = "退出",command = win. destroy)
menubar. add_cascade( label = "文件",menu = fileMenu)
#创建"编辑"下拉菜单,添加相关菜单项,然后将其添加到顶级父菜单中
editMenu = Menu( menubar,bg = 'yellow',tearoff = False)
editMenu. add_command( label = "拷贝",accelerator = 'Ctrl + C',command = copy)
editMenu. add_command( label = "剪切",accelerator = 'Ctrl + X',command = cut)
editMenu. add_command( label = "粘贴",accelerator = 'Ctrl + V',command = paste)
editMenu. add_separator( )
editMenu. add_command( label = "清空",command = clear)
menubar. add_cascade( label = "编辑",menu = editMenu)
#创建"设置"下拉菜单,添加相关菜单项,然后将其添加到顶级父菜单中
setMenu = Menu( menubar,tearoff = False)
setMenu. add_radiobutton( label = "保存可用",variable = saveMark,value = True,command = setState)
setMenu. add_radiobutton( label = "保存禁用",variable = saveMark,value = False,command = setState)
setMenu. add_separator( )
setMenu. add_checkbutton( label = "可撕下设置",variable = setMark,command = setTearoff)
menubar. add_cascade( label = "设置",menu = setMenu)
#将顶级父菜单添加到窗体中
win. config( menu = menubar)
#创建弹出式菜单,添加相关菜单项
popupMenu = Menu( win,activebackground = 'red',tearoff = False)
popupMenu. add_command( label = "拷贝",command = copy)
popupMenu. add_command( label = "剪切",command = cut)
```

```
popupMenu. add_command(label = "粘贴",command = paste)
#定义弹出式菜单的事件处理函数
def popup(event):
  popupMenu. post(event. x_root,event. y_root)  #显示弹出菜单
#将事件处理函数绑定鼠标右键
win. bind(" <Button-3 > ",popup)
win. mainloop()
```

"终于学完了。"：大智兴奋地说道。

"是啊，听说J博士和P博士的准备工作也已经完成。" 小明答道。

"是的，现在可以正式开始软件的修复工作了。" help 小精灵建议道。

于是，他们联系了J博士和P博士。

11.5 GUI 编程实验

实验名称：Python 的窗体程序开发。

实验目的：

1）熟悉 tkinter 的布局管理方法。

2）明白 tkinter 的事件处理原理。

3）熟练掌握 tkinter 的常用组件。

4）学会综合应用以上知识点编程。

实验内容：

1）利用部分组件编写一个有关布局管理的程序。

2）利用部分组件编写一个有关事件处理的程序。

11.6 习题

一、判断题

1. tkinter 是 Python 3. x 默认集成的，用于进行窗口设计的模块。 (　　)
2. GUI 是英文单词 Graphical User Interface（图形用户接口）的缩写。(　　)
3. 满足 GUI 的程序叫窗口程序，DOS 程序属于 GUI 程序。 (　　)
4. tkinter 通常用 win. delete()函数来销毁 win 窗体。 (　　)
5. tkinter 有 pack、gird 和 place 3 种布局管理器规定组件的摆放。 (　　)
6. place 布局能精确定位组件在容器中的坐标位置和大小，但很少使用。(　　)
7. tkinter 的事件处理用于处理程序运行过程中可能发生的错误。 (　　)
8. 事件源的事件与事件监听器中的处理函数建立的联系称为事件绑定。 (　　)
9. 组件只能使用 bind()函数来绑定事件处理函数。 (　　)
10. 键盘任意键的按下事件用 <Key>（或 <KeyPress>）表示。 (　　)
11. 事件 <Property>表示组件属性发生改变。 (　　)

12. 组件 LabelFrame 是 Label 的子类，用于显示文本和图像。 (   )
13. Toplevel 是顶级窗口，用于创建主窗口，功能比 Tk 强。 (   )
14. Python 中的 Label 标签对象只能显示文本，不能显示图像。 (   )
15. 输入框 Entry 的 show 属性用于设置输入密码时显示的字符。 (   )
16. scrolledtext 子包中的 ScrolledText 类是自带滚动条的编辑框。 (   )
17. Scale 滑动条只能用 get( ) 函数获取当前滑块位置的值，无法设置值。 (   )
18. tkinter 的菜单包含 JMenu 和 JMenuItem 组件。 (   )

二、单选题

1. Python 用以下哪个函数启动事件循环？(   )。

A. window. loop( )　　B. window. main( )
C. window. mainloop( )　　D. window. eventloop( )

2. 以下 Button 绑定 clickhandler 事件处理函数正确的是（   ）。

A. Button(win,text='按钮',command=clickhandler)
B. Button(win,text='按钮',command='clickhandler')
C. Button(win,text='按钮',bind=clickhandler)
D. Button(win,text='按钮',bind='clickhandler')

3. 创建一个窗口以下选项正确的是（   ）。

A. win=newWindow( )　　B. win=Window( )
C. win=Frame( )　　D. win=Tk( )

4. 创建一个框架以下选项正确的是（   ）。

A. frame=newWindow(win)　　B. frame=Window(win)
C. frame=Frame(win)　　D. frame=Tk(win)

5. 要在父窗口下创建标签，应该使用（   ）语句。

A. label=Label(text="标签"，bg="white")
B. label=Label(window,text="标签")
C. label=Label(text="标签"，fg="red")
D. label=Label(fg="red"，bg="white")

6. 假设 v1=IntVar( )，在 win 下创建一个单选按钮，并绑定 v1 变量和值 1，正确的是（   ）。

A. Checkbutton(win,text="诗"，command=process)
B. Checkbutton(win,text="词"，variable=v1. get( ))
C. Radiobutton(win,text="诗"，variable=v1，command=process)
D. Radiobutton(win,text="词"，variable=v1，value=1，command=process)

7. 以下哪些 GUI 组件用于显示多行文本？(   )。

A. Message　　B. Button　　C. Entry　　D. Label

8. 以下哪些 GUI 组件用于创建编辑框？(   )。

A. Message　　B. Text　　C. Entry　　D. Label

9. 假设 v1 = IntVar( )，如何设置 v1 的值为 2？（　　）。

A. v1 = 2　　B. v1. set（2）　　C. v1. get（2）　　D. v1. setValue（2）

10. 假设 x = StringVar( )，如何在框架 f1 下创建 Entry 输入框，并绑定变量 x？（　　）。

A. Entry(f1, font = '华文新魏', textvariable = x)

B. Entry(f1, variable = x, value = "城堡")

C. Entry(f1, variable = x, command = process)

D. Entry(f1, text = x, command = process)

11. 假设 x = IntVar( )，如何在框架 f1 下创建一个复选按钮，其变量绑定到 x？（　　）。

A. Checkbutton(f1, text = "诗词", command = process)

B. Checkbutton(f1, text = "诗词", variable = x. get( ))

C. Checkbutton(f1, text = "诗词", variable = x, command = process)

D. Checkbutton(f1, text = "诗词", variable = x. set( ), command = process)

12. 要在其父容器中的指定行和列放置按钮，应该使用什么布局管理器？（　　）。

A. pack　　B. gird　　C. place　　D. GridLayout

13. 以下哪个语句将组件放在容器的左边位置？（　　）。

A. component. pack(LEFT)　　B. component. pack(side = LEFT)

C. component. pack(side = "LEFT")　　D. component. pack("LEFT")

14. 网格布局 gird 可以使用（　　）设置组件纵向跨越的行数。

A. row　　B. column　　C. rowspan　　D. columnspan

15. 要创建图像，应该使用（　　）。

A. image = Image("filename")

B. image = PhotoImage("filename")

C. image = Image(file = "filename")

D. image = PhotoImage(file = "filename")

16. 函数 PhotoImage( ) 可以用（　　）格式的文件创建图像。

A. . png　　B. . gif　　C. . bmp　　D. . jpg

17. 要在窗口中创建菜单，应该使用（　　）。

A. menubar = Menu(window)　　B. menubar = MenBar(window)

C. menubar = Menu( )　　D. menubar = MenBar( )

18. 要在菜单中添加子菜单，应该用的函数是（　　）。

A. add_command(** options)　　B. add_checkbutton(** options)

C. add_radiobutton(** options)　　D. add_cascade(** options)

19. 要在菜单中添加复选菜单项，应该用的函数是（　　）。

A. add_command(** options)　　B. add_checkbutton(** options)

C. add_radiobutton(** options)　　D. add_cascade(** options)

20. 要在菜单中添加单选菜单项，应该用的函数是（　　）。

A. add_command(** options)　　B. add_checkbutton(** options)

C. add_radiobutton(** options)　　　　D. add_cascade(** options)

21. 要在菜单中添加命令菜单项，应该用的函数是（　　）。

A. add_command(** options)　　　　B. add_checkbutton(** options)

C. add_radiobutton(** options)　　　　D. add_cascade(** options)

22. 要在菜单中添加分割线，应该用的函数是（　　）。

A. add_command(** options)　　　　B. add_checkbutton(** options)

C. add_radiobutton(** options)　　　　D. add_separator( )

23. 要在菜单中插入命令菜单项，应该用的函数是（　　）。

A. add_command(** options)　　　　B. add_cascade(** options)

C. insert_command(index, ** options)　　　　D. insert_cascade(index, ** options)

24. 要将菜单条 menubar 添加到窗体中，应该用（　　）实现。

A. window. config(menubar)　　　　B. window. config(menu = menubar)

C. window. configure(menu = menubar)　　　　D. window. configure(menubar)

25. 要显示弹出菜单，应该用的函数是（　　）。

A. menu. display( )　　　　B. menu. post( )

C. menu. display（300，300）　　　　D. menu. post（300，300）

26. 要使窗口 win 的鼠标左键单击事件绑定处理函数 show，应该使用（　　）实现。

A. win. left（show）　　　　B. win. bind（'Button-1'，show）

C. win. bind（'< Button-1 >'，show）　　　　D. win. bind（'< Button-3 >'，show）

27. 要使窗口 win 的鼠标右键单击事件绑定处理函数 show，应该使用（　　）实现。

A. win. left（show）　　　　B. win. bind（'Button-1'，show）

C. win. bind（'< Button-2 >'，show）　　　　D. win. bind（'< Button-3 >'，show）

28. 以下属于鼠标单击事件的是（　　），其中 n 的取值为 1、2 和 3，分别代表鼠标的左键、中键和右键。

A. < Button-n >　　　　B. < Double – Button-n >

C. < ButtonPress-n >　　　　D. < ButtonRelease-n >

29. 以下属于鼠标双击事件的是（　　），其中 n 的取值为 1、2 和 3，分别代表鼠标的左键、中键和右键。

A. < Button-n >　　　　B. < Double – Button-n >

C. < ButtonPress-n >　　　　D. < ButtonRelease-n >

30. 以下属于鼠标按下事件的是（　　），其中 n 的取值为 1、2 和 3，分别代表鼠标的左键、中键和右键。

A. < Button-n >　　　　B. < Double – Button-n >

C. < ButtonPress-n >　　　　D. < ButtonRelease-n >

31. 以下属于鼠标释放事件的是（　　），其中 n 的取值为 1、2 和 3，分别代表鼠标的左键、中键和右键。

A. < Button-n >　　　　B. < Double – Button-n >

C. < ButtonPress-n >　　　　D. < ButtonRelease-n >

32. 以下属于鼠标左键拖动事件的是（　　）。

A. <Button-n>　　B. <B1-Motion>　　C. <B2-Motion>　　D. <B3-Motion>

33. 以下属于鼠标中键拖动事件的是（　　）。

A. <Button-n>　　B. <B1-Motion>　　C. <B2-Motion>　　D. <B3-Motion>

34. 以下属于同时按下键盘的<Ctrl + C>键的是（　　）。

A. <Control-C>　　B. <Control-KeyPress-C>

C. <Shift - C>　　D. <Control-Alt-KeyPress-C>

35. 以下语句弹出消息框 ms“确定与取消”对话框的是（　　）。

A. ms. askokcancel("标题","内容")　　B. ms. askyesno("标题","内容")

C. ms. showinfo("标题","内容")　　D. ms. showwarning("标题","内容")

36. 以下语句弹出消息框 ms“警告”对话框的是（　　）。

A. ms. askokcancel("标题","内容")　　B. ms. askyesno("标题","内容")

C. ms. showinfo("标题","内容")　　D. ms. showwarning("标题","内容")

37. 以下语句弹出消息框 ms“错误”对话框的是（　　）。

A. ms. askretrycancel("标题","内容")　　B. ms. showerror("标题","内容")

C. ms. askquestion("标题","内容")　　D. ms. showwarning("标题","内容")

38. 以下语句弹出消息框 ms“提问”对话框的是（　　）。

A. ms. askretrycancel("标题","内容")　　B. ms. showerror("标题","内容")

C. ms. askquestion("标题","内容")　　D. ms. showwarning("标题","内容")

三、程序分析题

1. 请写出下列程序代码的运行结果。

```
from tkinter import *
tk = Tk()
for i in range(3):
  for j in range(3):
    Label(tk,text = i * j). grid(row = i,column = j,ipadx = 10,ipady = 10)
#主事件循环
mainloop()
```

2. 请写出下列程序代码的运行结果。

```
from tkinter import *
root = Tk()
root. title("Place 布局")
#设置窗口的 width x height + x_offset + y_offset
root. geometry("220x150 +30 +30")
books = ('Python 程序设计','软件设计模式', 'Java 程序设计')
for i in range(len(books)):
  lb = Label(root,text = books[i],bg = 'White' )
```

```
    lb.place(x=20,y=20+ i*36,width=180,height=30)
root.mainloop()
```

3. 请写出下列程序代码的运行结果。

```
from tkinter import *
win=Tk()
win.title("父容器")
win.geometry("180x100+50+50") #宽*高+x 轴+y 轴
#创建子容器 subWin1,其父容器为 win
subWin1=LabelFrame(win,text="子容器标题 1")
subWin1.grid(row=0,column=0,padx=5,pady=5)
#创建子容器 subWin2,其父容器为 subWin1
subWin2=LabelFrame(subWin1,text="子容器标题 2")
subWin2.grid(row=0,column=0,padx=5,pady=5)
#创建子容器 2 中的按钮
button1=Button(subWin2,text="按钮",font=("宋体",15),fg="red")
button1.grid(row=0,column=0)
win.mainloop()
```

四、程序设计题

1. 使用 tkinter 的 Grid（网格）布局编写窗口登录程序，要求如果用户输入的用户名和密码正确，则在窗口中显示“登录成功!”，否则显示“登录失败!”，其运行结果如题图 11-1 所示。

2. 使用 Listbox 组件设计一个包含列表框的窗口，并将['C++程序设计', 'java 编程', 'python 语言', 'php 程序设计']添加到列表框中，其运行结果如题图 11-2 所示。

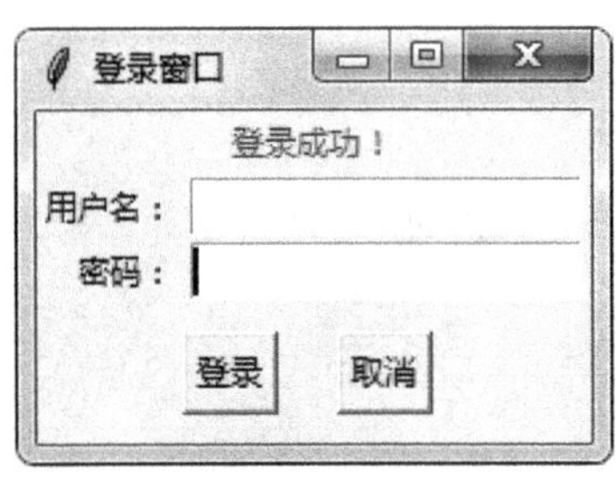

题图 11-1

题图 11-2

3. 在窗口中包含一个标题为“点击我呀”的按钮，用户单击该按钮，其标题改为“我被点击了”，运行结果如题图 11-3 所示，编程实现其功能。

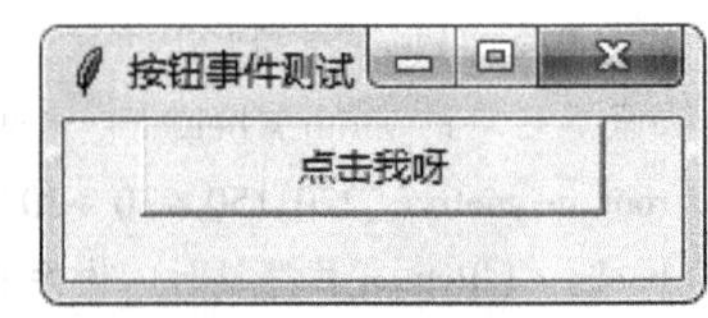

题图 11-3

4. 编写一个包含如题图 11-4 所示菜单的窗口程序，用户单击“菜单”中的某个菜单项会弹出一个“菜单项被点击”的消息框，用户单击“退出”菜单，则程序运行结束。

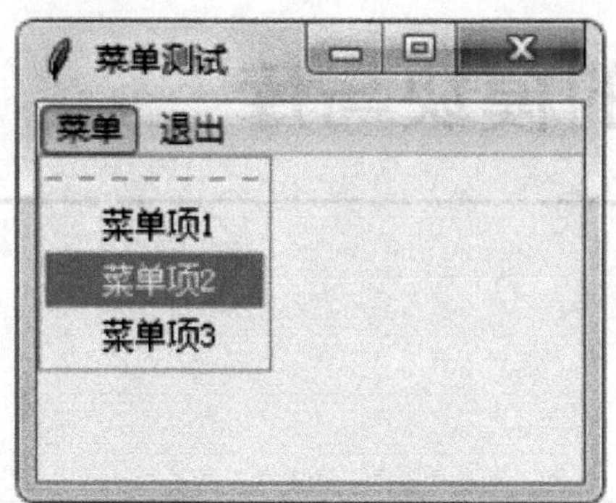

题图 11-4

第 12 章

Python 的模块与库

本章学习目标

了解模块、包与库的基本概念；
熟悉模块的导入方法和用户自定义模块；
熟悉 Python 包的相关知识与组织管理方法；
掌握 Python 的标准库与第三方库的应用方法；
掌握网络爬虫的基本技能。

本章重点内容

用户自定义模块；
包的组织管理方法；
Python 标准库的应用；
Python 第三方库的安装与应用；
网络爬虫与网络编程技术。

经过几天的努力，大家终于修复了软件谷和基因库中的相关管理软件和数据。小明和大智告别了城堡居民。但是，在经过系统空间时，电脑管家建议他们再待几天，尽管清除了城堡中的黑客线程，但还没有找到黑客源，黑客以后可能会再次入侵。

“Python 提供了很多模块、包和库资源，借用它们可以方便地找到黑客源。例如，网络模块的网络爬虫技术有利于发现待在云空间的黑客源。”操作系统建议道。

听了电脑管家和操作系统的建议，小明和大智决定再待几天，学习一下 Python 的模块与库。

12.1 模块

12.1.1 模块的概念与分类

“模块是一组程序功能的组合吗？在前面的程序实例中，我们通过 import 语句导入和使用过它们。”小明问道。

“是的，它们由变量、语句、函数、类、对象等内容组成，你们之前编写的以 .py 为后缀的程序属于用户自定义模块。”操作系统答道。

“用户自定义模块存盘后同样允许其他程序导入和使用。”电脑管家补充道。

“那些系统定义好的，随 Python 解释器一起安装的模块是什么模块?”大智问道。

“它们是 Python 内置模块。另外，其他第三方机构也发布了很多扩展模块，可以通过 pip install 指令安装和使用它们。”操作系统答道。

“也就是说，模块分为 Python 内置模块、扩展（第三方）模块和用户自定义模块 3 种。”小明总结道。

12.1.2　模块的导入与执行

“所有模块在使用前都必须先将它们导入到内存中吗?”大智问道。

“是的，有两种导入方法，方法 1 是导入多个模块，方法 2 是导入一个模块中的若干成员，请看以下语句格式。”电脑管家答道。

```
方法 1 import <模块 1>[,<模块 2>,…  <模块 n>][as <模块别名>]
方法 2 from <模块 1> import <成员 1>[,<成员 2>[,… <成员 n>]]
```

“如果用方法 1 语句导入，则后面的程序可以用模块名或者模块别名来访问该模块中的相关函数和属性；如果用方法 2 语句导入，则以后访问该模块中的成员函数或属性时不需要写模块名和模块别名。”操作系统说完，给出了以下导入实例。

```
import collections,heapq              #导入系列模块和堆模块
import pickle,shutil,os               #导入对象持久化、目录管理和 os 模块
import tkinter as tk                  #导入 GUI 模块,并起别名 tk
from sqlite3 import *                 #导入 sqlite3 数据库模块中的所有成员
from math import sin,cos,tan          #导入 math 模块中的正弦、余弦和正切函数
```

“如果要同时导入‘内置模块’‘第三方（扩展）模块’‘用户自定义模块’多个模块，通常按什么顺序导入?”小明问道。

“先导入内置模块，再导入扩展模块，最后导入用户自定义模块，这是因为扩展模块或自定义模块中可能调用了内置模块中的某些功能。”操作系统答道。

“我们来设计一个用户自定义模块吧。”大智建议道。

【例 12-1】 按照以下过程设计一个包含读文件函数的用户自定义模块，然后编写一个测试程序来导入并运行模块中的函数。

首先，定义一个读文件内容的函数，并且按 n1201moduleTest. py 存盘，代码如下：

```
def readFile(fname):
    with open(fname,"r") as f:
        print(f.read())
    return
```

然后，按照导入模块的方式导入 n1201module，代码如下：

```
import n1201module as m1
m1.readFile("酒后嫦娥共舞.txt")
```

运行测试代码，结果如下：

```
============== RESTART: E:\PyCode\chapter12\n1201moduleTest.py ==============
《酒后嫦娥共舞（西江月·柳永体·新韵）》
文/红尘笠翁：
浓酒阳台赏月，朦胧仙宇浮空。
踩云攀桂步蟾宫，牵手嫦娥舞动。
好梦清茶唤醒，繁华海市无踪。
抬头观月入云中，闪电秋风寒送。
2020-09-25
```

12.2 包

“当模块比较多时，怎么组织和管理模块？是将多个功能相似或相关的模块文件按分层目录结构放在文件夹中吗？”大智问道。

“是的，只要在包含模块文件的文件夹中添加一个__init__. py 文件，该文件夹就成为‘包’了。”操作系统说道。

“从文件名可以看出__init__. py 是用来初始化的，对吗？”大智继续问道。

“是的，它是包的标志性文件，可以写入一些当包被导入时的初始化代码。当然，其内容也可以为空，用来识明该文件夹是包。”电脑管家解释道。

“能介绍下包的创建过程吗？”小明建议道。

操作系统给出了以下实例。

【例 12-2】 按照以下过程创建和使用用户自定义包。

创建用户自定义包：

① 首先创建文件夹，例如，n1202package

② 在 n1202package 文件夹内创建__init__. py 文件，代码如下：

```
# 定义包的标志文件
if __name__ =='__main__':
    print ('该代码作为主程序运行！')
else:
    print ('包 n1202package 被初始化！')
```

③ 在 n1202package 文件夹内创建两个模块文件。

```
# 模块 1:module1. py 的代码
print(f"包 n1202package 中的 module1 模块被导入!")
def personalInfo (name, *hobby):
        print (f"姓名: {name} \t 爱好: {hobby}")
        return
# 模块 2: module2. py 的代码
print (f" 包 n1202package 中的 module2 模块被导入!")
def  calculate ( *fraction):
      s=i=0
      for data in fraction:
```

```
        s += data
            i += 1
    print (f"总分为: {s}, 均分为: {s/i}")
    return
```

以上包设计好以后，就可以按以下步骤使用该用户自定义包了。

① 在 n1202package 包外创建测试程序，代码如下：

```
# 包的测试代码 n1202packageTest. py
import n1202package. module1 as m1
import n1202package. module2 as m2
m1. personalInfo("张三","音乐","美术","体育")
m2. calculate (87, 95, 88)
```

② 运行 n1202packageTest. py 的结果如下：

```
============== RESTART: E:\PyCode\chapter12\n1202packageTest.py ==============
包n1202package被初始化!
包n1202package中的module1模块被导入!
包n1202package中的module2模块被导入!
姓名: 张三        爱好: ('音乐', '美术', '体育')
总分为: 270, 均分为: 90.0
```

"以上实例中的__init__. py 代码只在第一次导入模块时调用了一次，后面重复导入不会被重复执行，对吗？" 小明问道。

"是的，模块文件也是第一次导入时被自动运行，并创建模块中 def 定义的函数对象，供其他程序调用。" 电脑管家说道。

"可以使用 help（m1）命令查看 m1 模块的相关信息，请看如下运行结果。" 操作系统补充道。

```
>>> help(m1)
Help on module n1202package.module1 in n1202package:

NAME
    n1202package.module1 - # 模块module1.py的代码

FUNCTIONS
    personalInfo(name, *hobby)

FILE
    e:\pycode\chapter12\n1202package\module1.py
```

12.3 标准库

"Python 具有强大的标准库和第三方库，那么库是指功能相关的模块或包的集合吗？" 小明问道。

"是的，其中 Python 标准库也称为内置库，它随 Python 解释器一起安装在系统中，包含了很多模块，下面介绍比较常用的模块。" 电脑管家答道。

12.3.1 math 数学函数模块

"该模块提供了一些常用数学运算函数，对吗？是用 import math 语句导入吗？" 大智问道。

“是的，它还包含了一些常量，如圆周率 pi、自然常数 e 等，表 12-1 中列出了 math 模块的常用函数。”操作系统答道。

表 12-1 math 模块的常用函数

函 数 名	功 能 描 述	实 例
fabs(x)	获取 x 的绝对值	math. fabs(-9) 的值是 9. 0
fsum(iter,start)	对列表、元组或集合的序列进行求和运算	math. fsum([1,2,3,4,5]) 的值是 15. 0
trunc(x)	返回 x 的整数部分	math. trunc (3. 14) 的值是 3
ceil(x)	返回大于或等于 x 的最小整数，即 x 的上限	math. ceil(3. 14) 的值是 4
floor(x)	返回小于或等于 x 的最大整数，即 x 的下限	math. floor(3. 14) 的值是 3
pow(x,y)	返回 x 的 y 次方，即 x ** y	math. pow(2, 3) 的值是 8. 0
exp(x)	返回 e 的 x 次方	math. exp(3) 的值是 20. 085536923187668
sqrt(x)	返回 x 的平方根	math. sqrt(64) 的值是 8. 0
log(x,a)	返回 x 的以 a 为底的对数，若不写 a 默认为 e	math. log(100, 10) 的值是 2. 0, math. log (100) 的值是 4. 605170185988092
log10(x)	返回 x 的以 10 为底的对数	math. log10(100) 的值是 2. 0
factorial(x)	返回 x 的阶乘	math. factorial(5) 的值是 120
degrees(x)	将角 x 从弧度转换成角度	math. degrees (math. pi) 的值是 180. 0
radians(x)	把角 x 从角度转换成弧度	math. radians(180) 的值是 3. 141592653589793
sin(x)	返回 x 的正弦	math. sin (math. pi/3) 的值是 0. 8660254037844386
cos(x)	返回 x 的余弦	math. cos (math. pi/3) 的值是 0. 5000000000000001
tan(x)	返回 x 的正切	math. tan (math. pi/3) 的值是 1. 7320508075688767
asin(x)	返回 x 的反正弦	math. asin (0. 87) 的值是 1. 0552023205488061
acos(x)	返回 x 的反余弦	math. acos (0. 50) 的值是 1. 0471975511965979
atan(x)	返回 x 的反正切	math. atan (1. 73) 的值是 1. 0466843936522807

小明和大智设计了以下实例来测试以上函数。

【例 12-3】 设计一个程序，实现 Python 中 math 模块的应用测试。

程序源代码如下：

```
#Python 的 math 模块应用测试：n1203mathTest. py
import math
l1 = [1,2,3,4,5,6]
print(f'列表{l1}的和是：{math. fsum(l1)}')
print(f'pi 的整数部分是：{math. trunc(math. pi)}')
print(f'pi 的上限是：{math. ceil(math. pi)}')
print(f'pi 的下限是：{math. floor(math. pi)}')
print(f'2 的 3 次方是：{math. pow(2,3)}')
print(f'64 的平方根是：{math. sqrt(64)}')
print(f'100 的以 10 为底的对数是：{math. log(100,10)}')
print(f'sin(pi/3)的值是：{math. sin(math. pi/3)}')
print(f'asin(0. 87)的值是：{math. asin(0. 87)}')
```

程序的运行结果如下：

```
=============== RESTART: E:\PyCode\chapter12\n1203mathTest.py ===============
列表[1, 2, 3, 4, 5, 6]的和是：21.0
pi的整数部分是：3
pi的上限是：4
pi的下限是：3
2的3次方是：8.0
64的平方根是：8.0
100的以10为底的对数是：2.0
sin(pi/3)的值是：0.8660254037844386
asin(0.87)的值是：1.0552023205488061
```

12.3.2 random 随机函数模块

“我们在之前设计的程序实例中用过随机函数模块，是用 import random 语句导入的，对吗？”小明问道。

“是的，表 12-2 中所示为 random 模块的常用函数。”电脑管家说道。

表 12-2 random 模块的常用函数

函 数 名	功 能 描 述	实 例
random()	生成一个 0 到 1 之间的随机浮点数，范围是 [0,1]	random. random () 的值可能是 0. 61632974 35347304
uniform(a,b)	返回 a 到 b 之间的随机浮点数，范围 [a,b] 或 [a,b)，取决于四舍五入，a 不一定要比 b 小	random. uniform(13,19) 的值可能是 13. 4 75107842480618
randint(a,b)	返回 a 到 b 之间的整数，范围是 [a,b]，注意：输入参数必须是整数，且 a 要比 b 小	random. randint(13,19) 的值可能是 17
randrange([start], stop[,step])	返回 start 到 stop 之间步长为 step 的整数。其中，start、stop 和 step 必须是整数，如果没有 start 则从 0 开始，没有 step 则步长为 1	random. randrange(1,9,2) 的值可能是 5，random. randrange(9) 的值可能是 8

（续）

函数名	功能描述	实例
choice(sequence)	从列表、元组和字符串等序列中随机获取一个元素	random.choice(["C++","Python","Java"]) 的值可能是'Python'
sample(sequence,k)	从指定序列中随机获取 k 个元素作为一个列表返回，sample 函数不会修改原有序列	random.sample("Python",3) 的值可能是['n','o','y']
shuffle(x)	用于将列表 x 中的元素打乱，俗称洗牌。它会修改原有序列	lst = ["C++","Python","Java"] 和 random.shuffle(lst) 后，lst 可能是['Python', 'Java', 'C++']

【例 12-4】 设计一个程序，实现 Python 中 random 模块的应用测试。

程序源代码如下：

```
#Python 的 random 模块应用测试：n1204randomTest.py
import random
print(f'[0,1]间的随机浮点数：{random.random()}')
print(f'[2,9]间的随机浮点数：{random.uniform(2,9)}')
print(f'[2,9]间的随机整数：{random.randint(2,9)}')
print(f'取[1,9]间的单数：{random.randrange(1,9,2)}')
l1 = ["C++","Python","Java"]
print (f'从 {l1} 中随机取值：{random.choice (l1)} ')
print (f'从"Python"中随机取 3 个字符：{random.sample("Python",3)}')
l2 = [1,3,5,7,9]
random.shuffle(l2)
print(f'对[1,3,5,7,9]随机排列：{l2}')
```

程序的运行结果如下：

```
============== RESTART: E:\PyCode\chapter12\n1204randomTest.py ==============
[0,1]间的随机浮点数: 0.043175481999061405
[2,9]间的随机浮点数: 2.605868402201711
[2,9]间的随机整数: 6
取[1,9]间的单数: 1
从['C++', 'Python', 'Java']中随机取值: Python
从"Python"中随机取3个字符: ['P', 'y', 'h']
对[1,3,5,7,9]随机排列: [7, 1, 3, 5, 9]
```

12.3.3 time 模块与 datetime 模块

“日期和时间主要包含 time 模块和 datetime 模块，在前面的实例中也用到过。”大智刚刚说完，操作系统就给出了相关模块的信息与实例。

1. time 模块

time 模块用于对时间的处理，表 12-3 列出了 time 模块的常用函数。

表 12-3　time 模块的常用函数

函 数 名	功 能 描 述
time( )	返回当前时间的时间戳，时间戳表示的是从 1970 年 1 月 1 日 00:00:00 开始按秒计算的偏移量
localtime([secs])	将时间戳 secs 转换为当前时区的 struct_time，如果 secs 参数未提供，则以当前时间为准
time. strftime(format[,t])	把一个代表时间的元组或者 struct_time（如由 time. localtime( ) 返回）转化为格式化的时间字符串。其中，格式化字符中的%Y、%m、%d、%H、%M、%S 是完整的年份、月份、日、时、分、秒的格式表示

小明和大智测试了以下程序的代码。

【例 12-5】 设计一个程序，实现 Python 中 time 模块的应用测试。

程序源代码如下：

```
# Python 的 time 模块应用测试：n1205timeTest. py
import time
timeStamp = time. time( )
print (f'当前时间的时间戳是：{timeStamp}')
locaolTime = time. localtime (timeStamp)
print (f'当前时间的 struct_time 信息是：{locaolTime} ')
strTime = time. strftime ('%Y - %m - %d %H:%M:%S', locaolTime)
print (f'当前时间的格式化显示：{strTime}')
```

程序的运行结果如下：

```
=============== RESTART: E:\PyCode\chapter12\n1205timeTest.py ===============
当前时间的时间戳是:1610674463.7861218
当前时间的struct_time信息是:time.struct_time(tm_year=2021, tm_mon=1, tm_mday=15,
 tm_hour=9, tm_min=34, tm_sec=23, tm_wday=4, tm_yday=15, tm_isdst=0)
当前时间的格式化显示: 2021-01-15 09:34:23
```

2. datetime 模块

datetime 模块比 time 模块高级很多，它提供了更多实用的函数。该模块定义了 date、time、datetime、timedelta 和 tzinfo 5 个类，分别是日期类、时间类、日期时间类、时间间隔类和时区信息类。

1）datetime 的常用类属性和类方法见表 12-4。

表 12-4　datetime 的常用类属性和类方法

属性/函数名	功 能 描 述
datetime. date	表示日期属性
datetime. time	表示时间属性
datetime. now( ) 或者 datetime. today( )	返回当前日期时间 datetime 对象
datetime. strptime (timeStr,format)	将字符串转换为指定格式的 datetime 对象

2）datetime 的常用对象属性和对象方法见表 12-5。

表 12-5　datetime 的常用对象属性和对象方法

属性/函数名	功能描述（设 dt = datetime. now( )）
dt. year	表示 dt 对象的年
dt. month	表示 dt 对象的月
dt. day	表示 dt 对象的日
dt. hour	表示 dt 对象的时
dt. minute	表示 dt 对象的分
dt. second	表示 dt 对象的秒
dt. microsecond	表示 dt 对象的毫秒
dt. date( )	返回 dt 的日期 date 对象
dt. time( )	返回 dt 的时间 time 对象
dt. weekday( )	返回 dt 的星期，取值范围[0,6],0 表示星期一
dt. isoweekday( )	返回 dt 的星期，取值范围[1,7],1 表示星期一
dt. timetuple( )	返回 dt 的 time. struct_time 对象
dt. strftime(format)	返回 dt 的 format 格式字符串
dt. replace(year,month,day)	修改给定日期，但不改变原日期

【例 12-6】 设计一个程序，实现 Python 中 datetime 模块的应用测试。

程序源代码如下：

```
#Python 的 datetime 模块应用测试：n1206datetimeTest. py
from datetime import datetime
timeStr = '1975 - 11 - 13 08:30:18'
dt1 = datetime. strptime(timeStr,'%Y - %m - %d %H:%M:%S')
print(f'datetime 对象的初值:{dt1}')
dt2 = datetime. now( )      #或者 dt2 = datetime. today( )
print(f'datetime 对象的当前值:{dt2}')
print(f'当前的日期显示 1:{dt2. year}年{dt2. month}月{dt2. day}日')
print(f'当前的时间显示 1:{dt2. hour}时{dt2. minute}分{dt2. second}秒')
print(f'当前的 date( )值:{dt2. date( )}')
print(f'当前的 time( )值:{dt2. time( )}')
print(f'当前的 weekday( )值:{dt2. weekday( )}')
tup2 = dt2. timetuple( )
print(f'当前的日期显示 2:{tup2. tm_year}/{tup2. tm_mon}/{tup2. tm_mday}')
print(f'当前的时间显示 2:{tup2. tm_hour}:{tup2. tm_min}:{tup2. tm_sec}')
str2 = dt2. strftime('%Y - %m - %d %H:%M:%S')
print(f'当前的日期时间显示 3:{str2}')
dt3 = dt1. replace(1994,8,8)
print(f'replace 后 datetime 对象的原值:{dt1}')
```

```
print(f'replace 后 datetime 对象的修改值:{dt3}')
print(f'今年与 1994 年相差{dt2.year - dt3.year}年')
```

程序的运行结果如下：

```
============= RESTART: E:\PyCode\chapter12\n1206datetimeTest.py =============
datetime对象的初值: 1975-11-13 08:30:18
datetime对象的当前值: 2021-02-13 21:56:36.293095
当前的日期显示1: 2021年2月13日
当前的时间显示1: 21时56分36秒
当前的date()值: 2021-02-13
当前的time()值: 21:56:36.293095
当前的weekday()值: 5
当前的日期显示2: 2021/2/13
当前的时间显示2: 21: 56: 36
当前的日期时间显示3: 2021-02-13 21:56:36
replace后datetime对象的原值: 1975-11-13 08:30:18
replace后datetime对象的修改值: 1994-08-08 08:30:18
今年与1994年相差27年
```

12.3.4 os 模块与 os.path 模块

"这两个模块，谁最熟悉?"大智问道。

"当然是我，请看以下说明。"操作系统笑道。

1. os 模块

该模块提供了对操作系统进行操作的接口，主要包含路径操作、文件管理等功能，表 12-6 介绍了 os 模块的常用函数。

表 12-6 os 模块的常用函数

函 数 名	功 能 描 述
os.mkdir(path)	创建文件夹
os.rename(path, newpath)	文件或文件夹重命名
os.rmdir(path)	删除文件夹
os.getcwd()	返回当前程序的工作路径
os.chdir(path)	修改当前程序操作的路径

2. os.path 模块

该模块专门用于操作和处理文件路径，表 12-7 介绍了 os.path 模块的常用函数。

表 12-7 os.path 模块的常用函数

函 数 名	功 能 描 述
abspath(path)	返回 path 在当前系统中的绝对路径
relpath(path)	返回当前程序与文件之间的相对路径
dirname(path)	返回 path 中的目录名称
basename(path)	返回 path 中最后的文件名字
commonpath(paths)	接受包含多个路径的序列 paths，返回 paths 的最长公共子路径。如果 paths 同时包含绝对路径和相对路径，或 paths 在不同的驱动器上，或 paths 为空，则抛出 ValueError 异常

（续）

函 数 名	功 能 描 述
normpath(path)	通过折叠多余的分隔符和对上级目录的引用来标准化路径名，所以 A//B、A/B/、A/./B 和 A/P/../B 都会转换成 A/B
join(path, * paths)	合理地拼接一个或多个路径部分。如果参数中某个部分是绝对路径，则绝对路径前的路径都将被丢弃，并从绝对路径部分开始连接
split(path)	将路径 path 拆分为一对，即（head，tail），其中，tail 是路径的最后一部分，而 head 里是除最后部分外的所有内容
exists(path)	判断当前 path 对应文件或者目录是否存在，返回 True 或者 False。对于失效的符号链接，返回 False
isdir(path)	判断 path 是否是已经存在的目录，返回 True 或者 False
isfile(path)	判断 path 是否是已经存在的文件，返回 True 或者 False
isabs(path)	如果 path 是一个绝对路径，则返回 True。在 Unix 上，它是以斜杠开头，而在 Windows 上，它可以是去掉驱动器号后以斜杠（或反斜杠）开头
getsize(path)	返回 path 对应文件的大小，以字节为单位。如果该文件不存在或不可访问，则抛出 OSError 异常
getctime(path)	返回 path 对应文件或目录的创建时间。返回值是一个数，为纪元秒数（参见 time 模块）。如果该文件不存在或不可访问，则抛出 OSError 异常
getmtime(path)	返回 path 对应文件或目录上一次的修改时间。返回值是一个数，为纪元秒数（参见 time 模块）。如果该文件不存在或不可访问，则抛出 OSError 异常
getatime(path)	返回 path 对应文件或目录上一次的访问时间。返回值是一个数，为纪元秒数（参见 time 模块）。如果该文件不存在或不可访问，则抛出 OSError 异常

【例 12-7】 设计一个程序，实现 Python 中 os 模块与 os. path 模块的应用测试。

过程如下：

```
>>> import os              #导入 os 模块
>>> os.mkdir('F:/PythonData/mydir')
>>> os.rename('F:/PythonData/mydir','F:/PythonData/newdir')
>>> os.rmdir('F:/PythonData/newdir')
>>> os.getcwd()
'C:\\Program Files\\Python37-32'
>>> os.chdir('F:/PythonData')
>>> os.getcwd()
'F:\\PythonData'
>>> import os.path as p   #导入 os.path 模块
>>> p.abspath("pic.gif")
'F:\\PythonData\\pic.gif'
>>> p.relpath("F:/PythonData/pic.gif")
'pic.gif'
```

```
>>> p.dirname("F:/PythonData/pic.gif")
'F:/PythonData'
>>> p.basename("F:/PythonData/pic.gif")
'pic.gif'
>>> p.commonpath(['F:/PythonData','F:/PythonData/TempCode'])
'F:\\PythonData'
>>> p.normpath("F:/A//B/./C/../D/")
'F:\\A\\B\\D'
>>> p.join("F:/PythonData","pic.gif")
'F:/PythonData\\pic.gif'
>>> p.split("F:/PythonData/pic.gif")
('F:/PythonData','pic.gif')
>>> p.exists("F:/PythonData/pic.gif")
True
>>> p.isdir("F:/PythonData")
True
>>> p.isfile("F:/PythonData/pic.gif")
True
>>> p.isabs("PythonData")
False
>>> p.getsize("pic.gif")
32092
>>> p.getctime("pic.gif")
1573621195.2870142
>>> p.getmtime("pic.gif")
1573621195.7150388
>>> p.getatime("pic.gif")
1573621158.951936
```

12.3.5 urllib.request 模块

"urllib.request 模块中的类可用于网络爬虫吗?"小明问道。

"可以，该模块属于网络请求模块，它同 urllib.parse（地址解析模块）、urllib.robotparser（robots.txt 文本解析模块）和 urllib.error（网络异常处理模块）都是 urllib 模块的子模块。"操作系统答道。

"urllib.request 模块有哪些主要函数?"大智问道。

"主要有 Request()函数和 urlopen()函数，它们分别可以获得 Request 对象和 HTTPResponse 对象，下面分别介绍这两个对象。"电脑管家说道。

1. url 请求对象 Request

"该对象是在用户输入网址，向 WEB 服务器发出请求时产生的吗?"小明问道。

"是的，其构造函数是 Request(url, data = None, headers = {}, origin_req_host = None, unverifiable = False, method = None), Request()函数中的参数见表 12-8。”操作系统说道。

表 12-8 Request()函数中的参数

参数名	功能描述
url	请求访问的网址
data	请求提交的 bytes 字节流数据
headers	请求头数据
origin_req_host	请求的原始主机（不带端口）
unverifiable	是否不可验证
method	请求方式，如 GET、POST、PUT 等

具体用法如下：

```
>>> import urllib.request as ureq                        #导入请求模块
>>> url = "http://download.csdn.net/user/cflynn"         #访问的网址
>>> requ = ureq.Request(url,method = "GET")              #生成请求对象
>>> type(requ)                                           #返回:<class 'urllib.request.Request'>
```

2. HTTP 响应对象 HTTPResponse

“该对象是用户发出 Request 请求后，服务器的响应对象吗?”大智问道。

“是的，可以用函数 urlopen(url, data = None, [timeout,] *, cafile = None, capath = None, cadefault = False, context = None)来获取，urlopen()函数中的参数见表 12-9”操作系统说道。

表 12-9 urlopen()函数中的参数

参数名	功能描述
url	可以是请求访问的网址或者 Request 对象
data	请求提交的数据
timeout	网站访问的超时时间，单位为秒
cafile	一组被 HTTPS 请求信任的 CA 证书，它指向一个包含 CA 证书的包
capath	一组被 HTTPS 请求信任的 CA 证书，它指向一个散列的证书文件目录
cadefault	被忽略
context	一个 ssl. SSLContext 实例描述各种 SSL 选项

具体用法如下：

```
>>> import urllib.request as ureq                        #导入请求模块
>>> url = "http://download.csdn.net/user/cflynn"         #访问的网址
>>> resp = ureq.urlopen(url)                             #用 url 创建响应对象
>>> type(resp)                                           #返回:<class 'http.client.HTTPResponse'>
```

“如果前面已经生成了 Request 对象，也可以用它来创建 HTTPResponse 对象。”电脑管家补充道。

具体用法如下：

```
>>> requ = ureq. Request(url,method = "POST")                #生成请求对象
>>> resp = ureq. urlopen (requ)                               #用 Request 创建响应对象
```

“HTTPResponse 对象有什么作用？”小明问道。

“可以爬取网页的相关信息，HTTPResponse 对象的常用属性和函数见表 12-10。”电脑管家答道。

表 12-10　HTTPResponse 对象的常用属性和函数

属性或函数名	功能描述	实　　例
status 和 reason	Http 的响应状态码和状态信息	print(resp. status，resp. reason) #如果请求成功完成，则返回：200 OK
getcode()	返回 Http 响应状态码	print(resp. getcode()) #返回 200
geturl()	获取页面的真实 URL	print(resp. geturl()) #返回：https://download. csdn. net/user/cflynn
getheaders()	获取响应信息头	resp. getheaders()
getheader("属性名")	获取响应信息头中的某属性值	resp. getheader ("Content-Type") #返回：'text/html；charset = utf－8'
info()	返回 httplib. HTTPMessage 对象，表示远程服务器返回的头信息	ms = resp. info()，可以用 print (ms) 函数输出 ms 头信息
readline()	读取网页的一行内容	html = resp. readline()，可以用 print(html. decode ("utf-8")) 函数将读到的字节转为字符输出
readlines()	读取页的所有行内容	html = resp. readlines()
read(size)	读取页的 size 个字节，如果无 size 参数则读取所有内容	html = resp. read (200)
close()	关闭 HTTPResponse 对象	resp. close()

小明和大智利用以上函数设计了读取网页信息的程序实例。

【例 12-8】　编程读取 http：//download. csdn. net/user/cflynn 网页的信息。

程序源代码如下：

```
#urllib. request 模块的应用测试：n1208requestTest. py
import urllib. request as ureq                                 #导入请求模块
url = "http://download. csdn. net/user/cflynn"                  #要访问的网址
resp = ureq. urlopen(url)                                      #获取 HTTPResponse 对象
print("Http 的响应状态是:",resp. status,resp. reason)          #输出响应状态信息
if resp. status == 200:                                        #如果请求成功,则
```

```
head = resp.getheader("Content-Type")              #获取响应头字段的值
print(f"响应头字段 Content-Type 的值:{head}")        #输出响应头字段的值
print("以下是网页的前 200 个字节的内容:")
html = resp.read(200)                               #读取网页的前 200 个字节
print(html.decode("utf-8"))                         #将字节转为字符输出
resp.close()
```

程序的运行结果如下：

```
============== RESTART: E:\PyCode\chapter12\n1208requestTest.py ==============
Http的响应状态是: 200
响应头字段Content-Type的值: text/html;charset=UTF-8
以下是网页的前200个字节的内容:
<!DOCTYPE html>
<html>
<head>
  <title>教学设计文档下载地址、java资源下载-&#32418;&#23576;&#31520;&#32705;的资
源-CSDN下载</title>
  <meta charset="UTF-8">
  <meta name="author" con
```

12.4 第三方库

12.4.1 第三方库简介

“利用前面介绍的 Python 内置标准库可以实现 Python 的基础功能，但随着 Python 的应用普及和发展，市场上产生了超过 14 万个 Python 的第三方库，而且还在不断增加。”电脑管家说道。

“噢，怎么下载和使用它们?”小明问道。

“可以利用 Python 安装包自带的 pip 工具从 Python 的官网中下载和安装它们。”电脑管家说道。

12.4.2 第三方库的安装方法

“安装 Python 第三方库的常用方法有在线安装和离线安装两种，它们都在 Windows 的 DOS 终端进行，按键盘的 win 键 + R 键会弹出对话框，输入 cmd 后按 <Enter> 键进入 DOS 终端。”操作系统补充道。

1. 使用 pip 命令进行在线安装

“在线安装是指在连网状态安装吗?”大智问道。

“是的，连网后在 DOS 终端输入‘pip install <模块名>’命令即可，例如，pip install newspaper3k 是安装新闻抓取模块。”电脑管家答道。

“怎么确定安装成功了呢? 是看能否用 import 成功导入该模块吗?”小明问道。

“是的，还可在 DOS 终端输入‘pip list’命令查看已经安装的模块。另外，如果要卸载已安装的模块，可用‘pip uninstall <模块名>’命令。”操作系统答道。

2. 下载 .gz 格式或者 whl 格式文件后离线安装

“离线安装的前提是已经从 Python 官网中下载了准备安装的模块文件，对吗?”小明

问道。

“是的，下载方法是单击官网顶栏的 PyPI 菜单，输入自己需要下载的模块名（如 newspaper）进行搜索，选择同自己安装的 python （如 pythton3.7）以及操作系统（如 win64）一致的版本后单击 Download files，下载 tar.gz 文件或者 whl 文件。”电脑管家介绍道。

“tar.gz 文件和 whl 文件的安装方法是否不同?”大智问道。

“如果是 tar.gz 格式文件，安装前要将其拷贝到 Python 安装目录的 Lib 子目录中，然后在 DOS 终端输入‘python-m pip install --user <模块名>’命令，例如：python -m pip install --user newspaper3k 是安装新闻抓取模块。”操作系统答道。

“如果是 whl 格式文件，在 DOS 终端进入保存该文件的目录，执行‘pip install <文件名.whl>’命令。例如：pip install newspaper3k-0.2.8-py3-none-any.whl 也是安装新闻抓取模块。”电脑管家补充道。

“安装完成后，也是用前面介绍的方法验证是否安装成功。”小明说道。

12.4.3 网络爬虫库的应用实例

“前面安装的新闻抓取模块（newspaper）是网络爬虫使用比较多的，下面以它为例介绍第三方库的使用方法。”电脑管家说道。

“是用 import newspaper 导入 newspaper 模块吧?”大智问道。

“是的，导入成功后，可用 newspaper.languages()函数查看它支持的语言种类，如 zh 是中文。”操作系统答道。

“该模块中有哪些常见的类?”小明问道。

“主要有 Article 和 Source 类，下面分别介绍它们。”电脑管家答道。

1. Article 类

“也可以用‘from newspaper import Article’语句导入 Article 类吧?”小明问道。

“是的，该类具有 title（文章标题）、authors（文章作者）、keywords（文章中的关键字）、summary（文章摘要）、text（文章正文）、publish_date（文章发表日期）、top_image（文章顶部图像链接）、images（或者 imgs，所有图像链接）、movies（视频链接）和 html（网页源代码）等属性，另外还具有文章下载 download()函数和网页解析 parse()函数。”电脑管家答道。

“怎么创建 Article 对象呢?”大智问道。

“可以用其构造函数‘Article（网址，language = <语言>）’来创建该对象。”电脑管家答道。

小明喜欢诗词，于是用 Article 类设计了一个爬取红尘笠翁的诗词的程序实例。

【例 12-9】 设计一个程序，用 Article 对象爬取网上文章的信息。

程序源代码如下：

```
# newspaper 模块的 Article 应用测试：n1209ArticleTest.py
from   newspaper import Article                    #导入 Article 类
```

```
url = "http://www.zgshige.com.cn/c/2019-06-20/9990080.shtml"
article = Article(url,language = 'zh')              #创建 Article 对象
article.download()                                  #下载文章
article.parse()                                     #网页解析
print ("title = ", article.title)                   #获取文章标题
print ("author = ", article.authors)                #获取文章作者
print ('keywords = ', article.keywords)             #获取文章关键字
print ("summary = ", article.summary)               #获取文章摘要
print ("text = ", article.text," \n")               #获取文章正文
print ("publish_date = ", article.publish_date)     #获取文章日期
print ("top_image = ", article.top_image)           #获取顶部图像链接
#print ("images = ", article.images)                #获取所有图像链接
#print ("imgs = ", article.imgs)                    #获取所有图像链接
print ("movies = ", article.movies)                 #获取文章视频链接
print ("html = ", article.html)                     #获取 html 源代码
```

程序的运行结果如下：

```
Loading model cost 3.579019546508789 seconds.
Prefix dict has been built succesfully.
title= 诗人红尘笠翁的主页-中国诗歌网
author= []
keywords= []
summary=
text= 1）夏天的记忆（五律·平水韵）

皎月送银光，蛙鸣鸟语忙。

清风撩叶舞，天籁驾云飏。

百亩农夫地，千家稻米香。

桩桩童记忆，历历在心藏。

2021-07-14


2）夏日游园（五绝·平水韵）

夏日入园林，清风送籁音。

鸟鸣蝉伴奏，韵味暖人心。

2021-07-5
```

2. Source 新闻源对象

“新闻源对象也是用来从 html 中提取文章或者新闻信息的吧？怎么创建该对象呢？”大智问道。

“该对象不是用构造函数创建，而是用 newspaper 模块的‘build（网址，language = <语言>，memoize_articles = True）’函数来创建，如果参数 memoize_articles 为 True，则缓存以前下载的文章，不重新下载；如果为 False 则不缓存，每次访问都重新下载。”操作系统介绍道。

电脑管家给出了以下测试语句：

```
>>> import newspaper          #导入 newspaper 模块
>>> url = 'http://mooc1.chaoxing.com/course/206823155.html'
>>> newsSource = newspaper.build(url,language = 'zh')
>>> type(newsSource)          #返回 <class 'newspaper.source.Source'>
```

“新闻源对象包含哪些属性和函数?”小明问道。

“主要有以下这些。”操作系统答道。

1）Source：对象的主要属性。

2）brand：新闻源的品牌。

3）description：新闻源的描述。

4）articles：新闻源中的所有文章列表。

Source 对象的主要函数：

1）size()：获取新闻源中的文章数量。

2）category_urls()：获取新闻源的所有类别链接列表。

3）feed_urls()：获取新闻源的所有提要链接列表。

于是，大家利用新闻源对象设计了以下程序实例。

【例 12-10】 设计一个程序，利用新闻源对象爬取网上文章的信息。

程序源代码如下：

```
#新闻源对象的应用测试：n12010newspaperTest.py
import newspaper
url = "http://mooc1.chaoxing.com/course/219097085.html"
#创建新闻源对象
newsSource = newspaper.build(url,language = 'zh',memoize_articles = False)
print (f"新闻源品牌：{newsSource.brand}")
print (f"新闻源描述：{newsSource.description}")
print (f"共获取 {newsSource.size()} 篇文章")
print ("新闻源的所有类别链接:")
for category in newsSource.category_urls():
  print (category)
print ("新闻源的所有提要链接:")
for feed_url in newsSource.feed_urls():
  print (feed_url)
print ("新闻源的所有文章链接:")
articles = newsSource.articles          #提取所有文章
for article in articles:
  print (article.url)                   #输出文章链接
for i in range (len (articles)):
  article = articles [i]                #第 i 篇文章
  article.download()                    #下载文章
  article.parse()                       #解析文章
```

```
print (f"第 {i+1} 篇文章:")
print ("标题:", article.title)
print ("正文:", article.text)
```

程序的运行结果如下：

```
============ RESTART: E:\PyCode\chapter12\n12010newspaperTest.py ============
新闻源品牌: chaoxing
新闻源描述:
共获取0篇文章
新闻源的所有类别链接:
http://mooc1.chaoxing.com/course/219097085.html
新闻源的所有提要链接:
新闻源的所有文章链接:
```

学到这里，小明和大智基本掌握了 Python 的模块与库的使用方法，也明白了如何上网爬取网络资源。为了尽快找到黑客源数据，他们又自学了 beautifulSoup4 库、Scrapy 库、Django 库、TensorFlow 库和 pymysql 库，在电脑管家和操作系统的帮助下，他们直接深入云空间，彻底铲除了黑客。

12.5 模块与库的应用实验

实验名称：模块与库的使用练习。

实验目的：

1）掌握模块的导入与用户自定义模块。

2）掌握包的组织管理方法。

3）学会标准库与第三方库的应用。

4）学会使用 urllib. request 和 newspaper 网络编程。

实验内容：

1）用模块和包的知识编写用户自定义模块实例。

2）用标准库编写程序实例。

3）用 urllib. request 或 newspaper 模块爬取网络信息。

12.6 习题

一、判断题

1. 尽管可以使用 import 语句一次导入任意多个标准库或扩展库，但是仍建议每次只导入一个标准库或扩展库。 （ ）

2. jieba 库是 python 内置函数库，可以直接使用，不需要 import 导入。 （ ）

3. 假设 random 模块已导入，那么表达式 random. sample(range(10)，7) 的作用是随机生成 7 个不重复的 0 至 9 之间的整数。 （ ）

4. 首先 import math，然后运行 sqrt(4) 就可以成功对 4 开根号。 （ ）

5. 计算 x 的 y 次方，有以下三种方法：①x**y；②pow(x，y)；③import random

random. pow(x,y)。 ( )

6. 使用 random 模块的函数 randint(1,100) 获取随机数，可能会得到 100 的值。 ( )

7. 执行语句 from math import sin 之后，可以直接使用 sin() 函数，如 sin(3)。 ( )

8. 只有 Python 扩展库才需要导入后才能使用其中的对象，Python 标准库不需要导入即可使用其中的所有对象和方法。 ( )

9. 模块就是一组程序功能的组合，它可以包含变量、Python 语句、函数定义、类定义、对象声明等内容，它对应以 . py 为后缀的程序文件。 ( )

10. 在 Python 中，用户无法自定义模块，只能使用内置模块和第三方模块。 ( )

11. 可以通过 pip install 指令安装和使用第三方机构提供的模块。 ( )

二、单选题

1. 导入 mok 模块的方式错误的是（ ）。

A. import mok　　B. from mok import *

C. import mok as m　　D. import m from mok

2. 以下关于模块说法错误的是（ ）。

A. 一个 xx. py 就是一个模块

B. 任何一个普通的 xx. py 文件都可以作为模块导入

C. 模块文件的扩展名不一定是 . py

D. 运行时会从制定的目录搜索导入的模块，如果没有，会报错异常

3. 关于 import 的引用，以下选项中描述错误的是（ ）。

A. 使用 import turtle 引入 turtle 库

B. 可以使用 from turtle import setup 引入 turtle 库

C. 使用 import turtle as t 引入 turtle 库，取别名为 t

D. import 保留字用于导入模块或者模块中的对象

4. 以下关于 random 库的描述，正确的是（ ）。

A. 设定相同种子，每次调用随机函数生成的随机数不相同

B. 通过 from random import * 引入 random 随机库的部分函数

C. uniform(0,1) 与 uniform(0.0,1.0) 的输出结果不同，前者输出随机整数，后者输出随机小数

D. randint(a,b) 是生成一个 [a,b] 之间的整数

5. 关于 random. uniform(a,b) 的作用描述，以下选项中正确的是（ ）。

A. 生成一个 [a,b] 之间的随机小数

B. 生成一个均值为 a，方差为 b 的正态分布

C. 生成一个 (a,b) 之间的随机数

D. 生成一个 [a,b] 之间的随机整数

6. 以下关于随机运算函数库的描述，错误的是（　　）。

A. random 库里提供的不同类型的随机数函数是基于 random. random( ) 函数扩展的

B. 伪随机数是计算机按一定算法产生的，可预见的数，所以是“伪”随机数

C. Python 内置的 random 库主要用于产生各种伪随机数序列

D. uniform(a,b) 产生一个 a 到 b 之间的随机整数

7. random 库的 seed(a) 函数的作用是（　　）。

A. 生成一个 [0.0,1.0) 之间的随机小数

B. 生成一个 k 比特长度的随机整数

C. 设置初始化随机数种子 a

D. 生成一个随机整数

8. 以下程序不可能的输出结果是（　　）。

```
from random import *
print(round(random(), 2))
```

A. 0.47　　B. 0.54　　C. 0.27　　D. 1.87

9. 以下程序不可能的输出结果是（　　）。

```
from random import *
x=[30,45,50,90]
print(choice(x))
```

A. 30　　B. 45　　C. 90　　D. 55

10. 以下程序不可能的输出结果是（　　）。

```
from random import *
print(sample({1,2,3,4,5},2))
```

A. [5,1]　　B. [1,2]　　C. [4,2]　　D. [1,2,3]

11. 以下不是程序输出结果的选项是（　　）。

```
import random as r
ls=[12,34,56,78]
r.shuffle(ls)
print(ls)
```

A. [12,78,56,34]　　B. [56,12,78,34]

C. [12,34,56,78]　　D. [12,78,34,56]

12. Python Web 开发方向的第三方库是（　　）。

A. Django　　B. scipy　　C. pandas　　D. requests

13. Python 机器学习方向的第三方库是（　　）。

A. PIL　　B. PyQt5　　C. TensorFlow　　D. random

14. 以下选项中不是 Python 数据分析的第三方库是（　　）。

A. numpy　　B. scipy　　C. pandas　　D. requests

15. 以下选项中，Python 网络爬虫方向的第三方库是（　　）。

A. numpy　　B. openpyxl　　C. PyQt5　　D. scrapy

16. 以下属于 Python HTML 和 XML 解析的第三方库是（　　）。

A. Django　　B. Networkx　　C. Requests　　D. BeautifulSoup

17. 用于安装 Python 第三方库的工具是（　　）。

A. Jieba　　B. Yum　　C. Loso　　D. Pip

18. 以下关于 Python 内置库、标准库和第三方库的描述，正确的是（　　）。

A. 第三方库需要单独安装才能使用

B. 内置库里的函数不需要 import 就可以调用

C. 第三方库有三种安装方式，最常用的是 pip 工具

D. 标准库跟第三方库的发布方法不一样，是跟 python 安装包一起发布的

19. 以下不属于 Python 的 pip 工具命令的选项是（　　）。

A. show　　B. Install　　C. download　　D. get

20. 以下选项中使 Python 脚本程序转变为可执行程序的第三方库是（　　）。

A. pygame　　B. PyQt5　　C. PyInstaller　　D. random

21. 以下选项中，不是 Python 中用于开发用户界面的第三方库是（　　）。

A. PyQt　　B. wxPython　　C. pygtk　　D. turtle

22. 以下关于 TensorFlow 库应用领域的描述，正确的是（　　）。

A. 机器学习　　B. 数据可视化　　C. Web 开发　　D. 文本分析

23. 以下选项中，不是 Python 中用于进行数据分析及可视化处理的第三方库是（　　）。

A. Pandas　　B. mayavi2　　C. Mxnet　　D. numpy

24. 以下选项中，不是 Python 中用于进行 Web 开发的第三方库是（　　）。

A. Django　　B. Scrapy　　C. Pyramid　　D. flask

25. 以下属于 Python 中文分词方向第三方库的是（　　）。

A. Pandas　　B. beautifulsoup 4　　C. python-docx　　D. jieba

26. 以下生成词云的 Python 第三方库的是（　　）。

A. Matplotib　　B. TVTK　　C. Mayavi　　D. Wordcloud

27. 执行后可以查看 Python 版本的是（　　）。

A. import sys 和 print(sys. Version)　　B. import sys 和 print(sys. version)

C. import system 和 print(system. Version)　　D. import system 和 print(system. version)

28. 关于 jieba 库的描述，以下选项中错误的是（　　）。

A. jieba. cut(s) 是精确模式，返回一个可迭代的数据类型

B. jieba. lcut(s) 是精确模式，返回列表类型

C. jieba. add_word(s) 是向分词词典里增加新词 s

D. jieba 是 Python 中一个重要的标准函数库

29. 关于 time 库的描述，以下选项中错误的是（　　）。

A. time 库提供获取系统时间并格式化输出功能

B. time. sleep(s) 的作用是休眠 s 秒
C. time. perf_counter()返回一个固定的时间计数值
D. time 库是 Python 中处理时间的标准库
30. 关于 random 库，以下选项中描述错误的是（　　）。
A. 设定相同种子，每次调用随机函数生成的随机数都相同
B. 通过 from random import * 可以引入 random 随机库
C. 通过 import random 可以引入 random 随机库
D. 生成随机数之前必须要指定随机数种子
31. 哪个选项是使用 PyInstaller 库对 Python 源文件打包的基本使用方法？（　　）。
A. pip-h　　B. pip install <拟安装库名>
C. pip download <拟下载库名>　　D. pyinstaller <Python 源程序文件名>
32. 以下选项中对于 import 保留字描述错误的是（　　）。
A. import 可以用于导入函数库或者库中的函数
B. 可以使用 from jieba import lcut 引入 jieba 库
C. 使用 import jieba as jb，引入函数库 jieba，取别名 jb
D. 使用 import jieba 引入 jieba 库
33. TCP/IP 系统中的端口号是一个（　　）位的数字，它的范围是 0 到 65535。
A. 8　　B. 16　　C. 32　　D. 64

三、简答题

1. 简述模块的概念与分类。
2. urllib. request 模块的作用是什么？
3. 访问网络资源，会用到 HTTPS 或者 HTTP 两种协议，请问它们有什么区别？
4. urllib. request 模块中 Request()函数的 method 参数有 get 和 post 等请求方式，请问它们有什么区别？
5. IP 地址分为哪两类？两种的主要区别是什么？

四、程序分析题

阅读以下程序代码，写出其运行结果。

```
import urllib. request as ureq
url = "http: //download. csdn. net/user/cflynn"
resp = ureq. urlopen (url)
html = resp. read (300)
print (html. decode ("utf-8"))
resp. close()
```

五、程序设计题

请先设计一个包含求阶乘函数的用户自定义模块，然后编写一个测试程序导入并访问模块中的函数。